Priorisierung technischer Risiken zur Planung der Eigenschaftsabsicherung auf Basis von Unsicherheit

Prioritization of technical risk for uncertainty-based V&V planning

Von der Fakultät für Maschinenwesen
der Rheinisch-Westfälischen Technischen Hochschule Aachen
zur Erlangung des akademischen Grades eines
Doktors der Ingenieurwissenschaften
genehmigte Dissertation

vorgelegt von

Jan Kukulies

Berichter:

Univ.-Prof. Dr.-Ing. Robert Heinrich Schmitt
Univ.-Prof. Dr.-Ing. Kai-Uwe Schröder

Tag der mündlichen Prüfung: 29. November 2018

ERGEBNISSE AUS DER PRODUKTIONSTECHNIK

Jan Kukulies

Priorisierung technischer Risiken zur Planung der Eigenschaftsabsicherung auf Basis von Unsicherheit

Herausgeber:
Prof. Dr.-Ing. T. Bergs
Prof. Dr.-Ing. Dipl.-Wirt. Ing. G. Schuh
Prof. Dr.-Ing. C. Brecher
Prof. Dr.-Ing. R. H. Schmitt

Band 2/2019

WZL | RWTHAACHEN UNIVERSITY

Fraunhofer
IPT

Bibliografische Information der Deutschen Nationalbibliothek
Die Deutsche Nationalbibliothek verzeichnet diese Publikation in der Deutschen Nationalbibliografie; detaillierte bibliografische Daten sind im Internet über https://portal.dnb.de abrufbar.

Jan Kukulies:

Priorisierung technischer Risiken zur Planung der Eigenschaftsabsicherung auf Basis von Unsicherheit

1. Auflage, 2019

Gedruckt auf holz- und säurefreiem Papier, 100% chlorfrei gebleicht.

Apprimus Verlag, Aachen, 2019
Wissenschaftsverlag des Instituts für Industriekommunikation und Fachmedien an der RWTH Aachen
Steinbachstr. 25, 52074 Aachen
Internet: www.apprimus-verlag.de, E-Mail: info@apprimus-verlag.de

Druck: KN Digital Printforce GmbH, Stuttgart

ISBN 978-3-86359-686-6

D 82 (Diss. RWTH Aachen University, 2018)

Kurzfassung der Arbeit

Komplexe technische Produkte weisen oftmals in ihrer Herstellungs- und Betriebsphase entwicklungsbedingte Fehler auf, die im Rahmen einer vorgelagerten, entwicklungsbegleitenden Eigenschaftsabsicherung hätten entdeckt und behoben werden können. Eine Ursache für dieses Defizit liegt darin begründet, dass es bestehenden Ansätzen zur Planung der Eigenschaftsabsicherung an quantitativer Entscheidungsunterstützung bei der Auswahl absicherungsrelevanter Produktmerkmale mangelt. Weder werden die Ergebnisse einer technischen Risikobewertung standardisiert in die Absicherungsplanung überführt, noch werden wissensbezogene Unsicherheiten – sogenannte epistemische Unsicherheiten – berücksichtigt, die im Zuge der Produktentstehung bei der Bewertung von technischen Risiken vorherrschen.

Um diese Problemstellung zu adressieren, wurde im Rahmen der Dissertation eine *Methodik zur unsicherheitsbasierten Eigenschaftsabsicherung* entwickelt, prototypisch implementiert und validiert. Die Methodik ermöglicht es, technische Risiken auf Basis von wissensbezogenen Unsicherheiten zu priorisieren und somit eine quantitative Entscheidungsunterstützung für die Auswahl absicherungsrelevanter Produktmerkmale bei der Absicherungsplanung bereitzustellen. Zur Berechnung von epistemischen Unsicherheiten wird auf die Evidenztheorie nach DEMPSTER/SHAFER zurückgegriffen: aus unterschiedlichen Quellen werden vorliegende, ggf. unspezifische Bewertungen zu technischen Risiken unabhängig voneinander in Form von Evidenzen modelliert und miteinander kombiniert. Hierdurch können für jedes vorliegende technische Risiko geeignete Unsicherheitskennwerte auf Basis von Unspezifität und Widersprüchlichkeit der vorliegenden Aussagen berechnet werden. Diese Unsicherheitskennwerte werden anschließend mithilfe von unterschiedlichen Berechnungsansätzen dazu genutzt, eine Priorisierung von technischen Risiken vorzunehmen, welche der Entscheidungsunterstützung bei der Planung der Eigenschaftsabsicherung dient.

Die Validierung der Methodik hat anhand von Fallstudien gezeigt, dass die unsicherheitsbasierte Risikopriorisierung aus Sicht von unternehmerischen Experten dazu beitragen kann, die Auswahleffektivität von potenziell fehlerbehafteten und daher absicherungsrelevanten Produktmerkmalen bei der Planung der Eigenschaftsabsicherung zu steigern. Jedoch ist zum einen die fortführende Validierung von zusätzlichen Funktionalitäten der Methodik erforderlich, um den quantitativen Einfluss von Absicherungsaktivitäten auf die vorherrschende epistemische Unsicherheit bezüglich technischer Risiken zu untersuchen. Zum anderen bedarf es weiterer Entwicklungsaktivitäten zur softwaretechnischen Integration der Priorisierungsergebnisse in die Planung der Eigenschaftsabsicherung, um die bereitgestellte Entscheidungsunterstützung auszubauen.

Abstract

Regarding complex product systems (CoPS), development-related defects can often be detected during manufacturing and operational phases. One major cause of this deficiency is related to lack of quantitative decision support during design verification and validation (V&V) planning concerning the process of selecting critical product characteristics. Neither results of technical risk analysis nor risk-related epistemic uncertainties are considered during V&V planning in a standardized way.

The present thesis shows the development of a *methodology for uncertainty-based V&V planning* as well as its implementation and scientific evaluation using a MATLAB software prototype. The methodology provides quantitative decision support by prioritizing technical risks based on epistemic uncertainties in the process of risk assessment. Modeling epistemic uncertainties is carried out according to the Dempster-Shafer Theory of Evidence (DST). In order to calculate epistemic uncertainties, non-specific risk assessments from various information sources are modeled and combined using basic probability assignments (BPA). Based on the combination of different BPA, uncertainty measures for nonspecifity and conflict can be calculated and assigned to each technical risk. Based on these uncertainty measures, a prioritization of technical risks using different calculation methods is carried out to provide decision support for V&V planning.

The scientific evaluation based on case studies demonstrates, that different technical experts from manufacturing companies confirm the potential of the methodology to improve selection effectiveness for critical product characteristics during V&V planning. Nevertheless, further research need has been identified. On the one hand, an evaluation of additional functionalities of the methodology needs to be carried out in order to investigate the effect of V&V activities on reducing epistemic uncertainties in technical risk assessment. On the other hand, further software development is necessary to integrate prioritization results into V&V planning tools for enhanced decision support.

Vorwort

„Die vorliegende Arbeit entstand im Rahmen meiner Tätigkeit als wissenschaftlicher Mitarbeiter…"

Einer internen Untersuchung zufolge beginnen über 90% aller Vorworte in Dissertationen aus dem ingenieurwissenschaftlichen Bereich mit dem vorgenannten oder zumindest einem sinngemäß ähnlichen Wortlaut.[1] Auch das Werk, das du – lieber Leser – in der Hand hältst und dessen Vorwort du gerade aufmerksam liest,[2] wurde im Zuge eines erinnerungswürdigen Lebensabschnitts verfasst, der sich zu großen Teilen in den Räumlichkeiten der RWTH Aachen, genau genommen denen des Werkzeugmaschinenlabors WZL abgespielt hat.

Dafür, dass diese Dissertation nun in gedruckter Form vorliegt und ich die Zeit am WZL als erinnerungswürdigen Lebensabschnitt bezeichnen darf, möchte ich verschiedenen Personen meinen Dank aussprechen:

- Mein besonderer Dank gilt Ihnen, *Herr Professor Schmitt*, sowohl für die mir gegebene Möglichkeit zur Promotion an Ihrem Lehrstuhl für Fertigungsmesstechnik und Qualitätsmanagement als auch für die gewährten Freiräume und das entgegengebrachte Vertrauen. Die Zeit der persönlichen Entwicklung an Ihrem Lehrstuhl habe ich als Bereicherung wahrgenommen und bin sehr dankbar dafür, ein Teil des Teams gewesen zu sein.
- Darüber hinaus möchte ich Ihnen, *Herr Professor Schröder*, herzlich dafür danken, dass Sie im Rahmen meines Promotionsverfahrens die Rolle des Zweitgutachters übernommen haben. Durch unser persönliches Vorgespräch haben Sie mir noch einmal die Gelegenheit gegeben, verschiedene Aspekte meiner Arbeit aus einem anderen Blickwinkel zu betrachten, wodurch sich wiederum neue Erkenntnisse ergeben haben.
- *Herr Professor Abel*, Ihnen danke ich für Ihre Bereitschaft, dass Sie die Rolle des Prüfungsvorsitzenden übernommen und das Promotionsverfahren geleitet haben.

Weiterhin möchte ich allen (ehemaligen) Kolleginnen und Kollegen dafür danken, dass sich die Zeit am WZL für mich als ein erinnerungswürdiger Lebensabschnitt darstellt. Ein besonderer Dank gilt dabei den folgenden Personen:

- Lieber *Björn*, ich möchte dir sowohl für die jahrelange vertrauensvolle Zusammenarbeit als auch für die fortlaufende Betreuung dieser Arbeit ganz herzlich danken.
- Lieber *Thilo*, dir danke ich für die großartige gemeinsame Projektzeit in München, bei der ich sehr viel über die erfolgreiche Bearbeitung von Beratungsprojekten gelernt habe.

---

[1] Die Untersuchung wurde im August 2018 anhand von 105 ingenieurwissenschaftlichen Dissertationen unterschiedlicher Universitäten und Jahrgänge durchgeführt. Bei 31 Arbeiten wurde exakt der oben genannte Wortlaut im Vorwort vorgefunden, bei 65 Arbeiten konnte ein sinngemäß ähnlicher Wortlaut festgestellt werden.

[2] Erfahrungsgemäß wird das Vorwort einer Dissertation aufmerksamer gelesen als manch anderer Abschnitt der wissenschaftlichen Arbeit. Eine empirische Untersuchung hierzu war ebenfalls angedacht, wurde aber aus zeitlichen Gründen nicht durchgeführt.

- Lieber *Jan*, danke, dass du mich im Jahr 2009 bei dir als HiWi am WZL aufgenommen und mir die Gelegenheit gegeben hast, ausführlich am Projektalltag teilzunehmen. Deine persönliche Entwicklung, die ich über Jahre miterleben durfte, war für mich der ausschlaggebende Faktor, mich am WZL als wissenschaftlicher Mitarbeiter zu bewerben.
- Lieber *Hannes*, lieber *Henning*, euch beiden gebührt ein großer Dank für eure geduldige Durchsicht dieser Arbeit sowie die vielen guten Anmerkungen, die ihr mir gegeben habt und die ihren entsprechenden Beitrag zur „Reifegradsteigerung" der Arbeit geleistet haben.
- Liebe *Antonia*, liebe *Verena*, lieber *Hannes*, lieber *Henning*, lieber *Marco*, lieber *Max*, vielen Dank für die freundschaftliche Zusammenarbeit sowie die vielen unvergesslichen Erlebnisse der vergangenen Jahre, welche meine Erinnerungen an die WZL-Zeit maßgeblich geprägt haben.
- Lieber *Max*, lieber *Nico*, lieber *Paul*, danke, dass ihr mich als HiWis in verschiedenen Abschnitten meiner Zeit am WZL tatkräftig unterstützt habt. Lieber *Kai*, dir gebührt ein ganz besonderer Dank für die außergewöhnliche Unterstützung, die du über all die Jahre geleistet hast.

Die Erstellung einer wissenschaftlichen Arbeit ist stets mit persönlichen Hoch- und Tiefphasen verbunden. Ich bin dankbar dafür, dass mir in beiden Phasen sowohl meine Freunde als auch meine Familie zur Seite standen. Einen besonderen Dank möchte ich an die folgenden Personen richten:

- Lieber *Sebastian* (†), ich danke dir für die schönen Gespräche und die gemeinsame Zeit, die ich mit dir erleben durfte.
- Liebe *Anne*, vielen Dank für unsere Freundschaft und die vielen gemeinsamen musikalischen Stunden in den verganenen Jahren.
- Lieber *Cööla*, dir möchte ich ganz besonders danken; sowohl für die langjährige Freundschaft als auch für die enge musikalische Verbundenheit, die mir beide sehr viel bedeuten.
- Lieber *Simon*, lieber *David*, lieber *Tim*, danke, dass ihr als meine Geschwister stets für mich da gewesen seid und wir viele schöne gemeinsame Stunden verbracht haben.
- Liebe *Mama*, lieber *Papa*, euch gebührt ein ganz besonderer Dank. Eure durchgängige Unterstützung und die mir gewährten Freiräume haben diese Arbeit überhaupt erst möglich gemacht.

Der letzte Dank in diesem Vorwort gebührt einem ganz besonderen Menschen:

- Liebe *Sina*, danke, dass du mich über all die Jahre stets ermutigt und unterstützt hast. Ich bin dir für die vielen schönen Momente, die wir gemeinsam erleben durften, sehr dankbar und freue mich nun auf alles, was jetzt noch kommt.

Aachen, im Dezember 2018

Jan Kukulies

„Auch wenn die Zeit stillzustehen scheint,
der Tag neigt sich irgendwann dem Ende.
Aber eines das ist sicher
und das, was uns bleibt,
ist die Erinnerung,
sie begleitet dich dein Leben lang.“

Fast Forward - Egal was kommt

I Inhaltsverzeichnis

II Formelzeichen und Abkürzungen

Formelzeichen	Beschreibung
$\rightarrow$	Abbildung auf
$\in$	Element
$\forall$	Für alle
$\emptyset$	Leere Menge
$\neg$	Nicht
∂	Partielles Differenzial
$\subseteq$	Teilmenge
∞	Unendlich
$\cup$	Vereinigung
Γ	Beobachtungsfunktion (Evidenztheorie)
μ	Zuverlässigkeit eines Sensors (Evidenztheorie)
Ω	Sensormenge (Evidenztheorie)
ω	Sensor (Evidenztheorie)
Θ	Wahrnehmungsrahmen (Evidenztheorie)
AU	Aggregierte Unsicherheit (Evidenztheorie)
AW	Aggregierte Intervallbreite („Aggregated Width“)
Bel	Glaubensfunktion (Evidenztheorie)
BF	Bewertungsfaktor (PORT-Ansatz)
CV	Vertrauenswert („Confidence Value“)
d	Totales Differenzial

Formelzeichen	Beschreibung
$\underline{d}$	Vektor mit feststehenden Eingangsgrößen (ESReDA-Rahmenwerk)
DN	Dissonanz (Evidenztheorie)
$E_{Auswahl}$	Auswahleffektivität
EV	Erwartungswert („Expected Value")
G	Abbildungsfunktion (ESReDA-Rahmenwerk)
g	Fokales Element (Evidenztheorie)
GH	Generalized-Hartley Wert (Evidenztheorie)
H	Informationsentropie
H_0	Nullhypothese
H_A	Alternativhypothese
K	Konfliktgrad (Evidenztheorie)
m	Evidenz (Evidenztheorie)
p	Wahrscheinlichkeit
PFV	Prioritization Factor Value (PORT-Ansatz)
PKZ	Prioritätskennzahl
Pl	Plausibilitätsfunktion (Evidenztheorie)
s	Sensitivitätsindex
WP	Weighted Priority (PORT-Ansatz)
w	Gewichtung (Evidenztheorie, PORT-Ansatz)
$\underline{x}$	Vektor mit unsicheren Eingangsvariablen (ESReDA-Rahmenwerk)
$\underline{Z}$	Vektor mit Zielgrößen (ESReDA-Rahmenwerk)

Abkürzung	Beschreibung
a.a.O.	am angegebenen Ort
AQL	Acceptable Quality Limit
ARM	Appraisal Risk Model
BAuA	Bundesanstalt für Arbeitsschutz und Arbeitsmedizin
BZ	Bewertungszahl
CP	Customer Priority
CRF	Centro Ricerche Fiat
CSV	Comma-Separated Values
CVM	Canonical VVT Model
D. h.	Das heißt
DC	Daimler Chrysler AG
DIN	Deutsches Institut für Normung
DVP&R	Designverifizierungsplan ("Design Verification Plan and Report")
E/E	Elektrik- und Elektroniksysteme
EA	Eigenschaftsabsicherung
EN	Europäische Norm
ESReDA	European Safety and Reliability Data Association
Et al.	Et alii („und andere")
EU	Europäische Union
FLoTASQ	Fuzzy Logic Testselection with Automated Synergy of Quality risks
FMEA	Fehlermöglichkeits- und Einflussanalyse
FMECA	Failure Mode and Effects and Criticality Analysis

Abkürzung	Beschreibung
FP	Fault Proneness
FTA	Fehlerbaumanalyse („Fault Tree Analysis")
GuK	Garantie- und Kulanzkosten
HS	Hispano-Suiza
IAI	Israel Aerospace Industries
IATF	International Automotive Task Force
IC	Implementation Complexity
IEC	International Electrotechnical Commission
IEEE	Institute of Electrical and Electronics Engineers
IESE	Institut für Experimentelles Software Engineering
IPP	Imprecise Probability Propagation
IPT	Institut für Produktionstechnologie
IRM	Impact Risk Model
ISO	International Organization for Standardization
IT	Informationstechnologie
KBA	Kraftfahrt-Bundesamt
NASA	National Aeronautics and Space Administration
OG	Oberer Grenzwert
PORT	Prioritization of Requirements for Testing
ProdSG	Produktsicherheitsgesetz
RAPEX	Rapid Alert System for dangerous non-food products
RPZ	Risikoprioritätszahl

Abkürzung	Beschreibung
RV	Requirements Volatility
SIL	Safety Integrity Level
TPCA	Tetra Pak Carton Ambient
TR	Technisches Risikomanagement
UbEa	Unsicherheitsbasierte Eigenschaftsabsicherung
UG	Unterer Grenzwert
VDA	Verband der Automobilindustrie
VDI	Verein Deutscher Ingenieure
Vgl.	Vergleiche
V&V	Verifikation und Validierung
VSM	VVT Strategy Model
VVT	Verification, Validation and Testing
Z. B.	Zum Beispiel

III Abbildungsverzeichnis

IV Tabellenverzeichnis

1 Einleitung

1.1 Praktische und theoretische Problemstellung

Komplexe technische Produkte, die entwicklungsbedingte Fehler in ihrer Herstellungs- und Betriebsphase aufweisen, können bedeutende wirtschaftliche Konsequenzen für das inverkehrbringende Unternehmen nach sich ziehen. Wird ein Entwicklungsfehler während des Produktionsanlaufs entdeckt, so führt dies zu technischen Produkt- und Prozessänderungen, welche den Anlauf des Produktionssystems stören[1] und schließlich eine reduzierte Ausbringungsleistung, verspätete Auslieferung sowie zusätzliche Kosten zur Folge haben.[2] Werden entwicklungsbedingte Fehler erst während der Betriebsphase des Produktes identifiziert, hat dies schwerwiegendere Auswirkungen. Neben erhöhten Gewährleistungs- und Kulanzkosten[3] besteht die Gefahr, dass ein Produktrückruf aufgrund der Nichterfüllung von Sicherheits- oder Zulassungsanforderungen erforderlich ist. Ein derartiger Rückruf zieht aufseiten des inverkehrbringenden Unternehmens enorme finanzielle Belastungen nach sich.[4] Zudem ist mit einem Imageverlust durch ungewollte „Erprobung beim Kunden"[5] zu rechnen.

Entwicklungsbedingte Fehler, die bis zur Herstellungs- oder Betriebsphase eines technischen Produktes unentdeckt geblieben sind, können auf Defizite bei der Eigenschaftsabsicherung zurückgeführt werden, die im Zuge der vorhergehenden Produktentstehung durchgeführt wird. Ziel der Eigenschaftsabsicherung ist die Sicherstellung, dass „die tatsächlichen mit den gewünschten Systemeigenschaften übereinstimmen"[6]. Diese gewünschten Systemeigenschaften, die sich auch unter dem Begriff der Anforderungen zusammenfassen lassen,[7] beinhalten neben erforderlichen Beschaffenheitsmerkmalen (z. B. Form, Abmessung oder Werkstoff)[8] insbesondere Funktionsmerkmale, die durch geeignete Aktivitäten der Eigenschaftsabsicherung während der Produktentstehung zu untersuchen sind.[9]

Defizite bei der Eigenschaftsabsicherung leiten sich aus einer mangelhaften Planung von erforderlichen Absicherungsaktivitäten ab. Insbesondere bei komplexen technischen Produkten, die in umfangreichen Projekten entwickelt werden, stellt die adäquate Absicherungsplanung

[1] Vgl. Letmathe, P.; Rößler, M.: Learning for Production Ramp-ups, 2016, S. 111.; Gartzen, T.: Diskrete Migration als Anlaufstrategie, 2012, S. 42.; Ball, P.; Roberts, S., et al.: Production ramp-up of engineering products, 2011, S. 961.; Lanza, G.: Simulationsbasierte Anlaufunterstützung, 2004, S. 3.

[2] Vgl. Elstner, S.; Biele, A., et al.: Umgang mit Änderungen im Serienanlauf, 2013, S. 962.; Tücks, G.: Ramp-Up Management, 2010, S. 35 f.

[3] Prefi schätzt, dass ca. 30-40% der Garantie- und Kulanzkosten auf entwicklungsbedingte Fehler zurückzuführen sind, vgl. Prefi, T.: Qualitätsmanagement in der Produktentwicklung, 2014, S. 403.

[4] Dai, H.; Tseng, M. M., et al.: Traceability systems for product recall, 2014, S. 511.

[5] Lindemann, U.: Methodische Entwicklung technischer Produkte, 2009, S. 198.

[6] VDI: Entwicklungsmethodik für mechatronische Systeme, 2004, S. 30.

[7] Vgl. Baumgart, I.: Requirements Engineering, 2016, S. 426.; Bhise, V. D.: Systems Engineering Processes, 2014, S. 72.; Ponn, J.: Konzeptentwicklung und Gestaltung technischer Produkte, 2011, S. 39.; a. a. O., S. 35.; Lindemann, U.: Methodische Entwicklung technischer Produkte, 2009, S. 329.

[8] Vgl. DIN: Begriffe und Benennungen, Juli 2013, S. 7.

[9] Vgl. Lindemann, U.: Methodische Entwicklung technischer Produkte, 2009, S. 160.

eine große Herausforderung dar, was zur Folge hat, dass eine Vielzahl an Unternehmen suboptimale Absicherungsprozesse durchführt.[10]

Eine zentrale, herausfordernde Aufgabe bei der Planung der Eigenschaftsabsicherung ist die zielgerichtete Auswahl derjenigen Produkteigenschaften, die möglicherweise fehlerbehaftet und somit durch Absicherungsaktivitäten näher zu untersuchen sind. Diese Auswahl ist insbesondere bei der Entwicklung von komplexen technischen Produkten erforderlich, da es aufgrund der jeweils zur Verfügung stehenden Entwicklungszeit und des Absicherungsbudgets nicht möglich ist, alle geforderten Eigenschaften des Produktes abzusichern.[11] Der Prozess zur Auswahl bzw. Priorisierung der zu untersuchenden Produkteigenschaften wird jedoch dadurch erschwert, dass im Zuge der Produktentstehung noch keine ausreichenden Informationen darüber vorliegen, welche Eigenschaften des Produktes fehlerbehaftet sind und welche nicht.

Hinweise für die Auswahl von Produkteigenschaften, die möglicherweise fehlerbehaftet und daher abzusichern sind, liefern Methoden des technischen Risikomanagements, die im Zuge der Produktentstehung eingesetzt werden. Technische Risiken umfassen potenzielle Fehler eines Produktes sowie deren Eintrittswahrscheinlichkeiten und zugehörige Auswirkungen.[12] Diese potenziellen Fehler lassen sich durch etablierte Methoden des technischen Risikomanagements, wie z. B. anhand der Fehlermöglichkeits- und Einflussanalyse (FMEA), identifizieren, analysieren und bewerten.[13] Folglich liefert das technische Risikomanagement im Hinblick auf die Planung der Eigenschaftsabsicherung relevante Anhaltspunkte zur Auswahl von möglicherweise fehlerbehafteten Produkteigenschaften.

Derzeitige Vorgehensweisen zur Planung der Eigenschaftsabsicherung nehmen jedoch nur eine unzureichende Integration von Ergebnissen der technischen Risikobewertung vor. Zwar wird in verschiedenen Ansätzen der wissenschaftlichen Literatur auf den Zusammenhang zwischen Risikobewertung und Absicherungsplanung in allgemeiner Form hingewiesen, eine direkte Überführung von quantitativen Bewertungsergebnissen aus etablierten Methoden (z. B. der FMEA) in die Auswahl von absicherungsrelevanten Produkteigenschaften existiert bisher jedoch nicht.

Neben der unzureichenden Integration von quantitativen Ergebnissen des technischen Risikomanagements nehmen derzeitige Ansätze zur Absicherungsplanung zudem keine explizite Berücksichtigung von Unsicherheiten vor, die bei der Risikobewertung in der Produktentwicklungsphase vorherrschen. Insbesondere bei der Entwicklung neuer Produkte ist die Informationslage bezüglich der Eintrittswahrscheinlichkeit und Auswirkungen von möglichen Fehlern unvollständig. Die Eigenschaftsabsicherung besitzt jedoch das Potenzial, verlässliche Informationen zur validen Bewertung der technischen Risiken zu liefern und somit das vorherrschende Unwissen zu reduzieren. Folglich kann diese wissensbezogene Unsicherheit bei der

---

[10] Vgl. Shabi, J.; Reich, Y.: Planning systems verification, 2012, S. 429.

[11] Vgl. Engel, A.: Verification, validation, and testing, 2010, S. 19.

[12] Vgl. Damm, J.: Risikobezogene Aufwandreduktion für Eignungsnachweise, 2015, S. 48.; Zentis, T.: Bewertung und Kontrolle technischer Risiken, 2013, S. 18.

[13] Vgl. Zentis, T.: Bewertung und Kontrolle technischer Risiken, 2013, S. 24.

technischen Risikobewertung ein wichtiges Entscheidungskriterium zur gezielten Auswahl von absicherungsrelevanten Produkteigenschaften darstellen. Aktuelle Forschungsarbeiten auf dem Gebiet der Unsicherheitsmodellierung beschäftigen sich zwar mit der Fragestellung, wie Unwissen bei der Bewertung von technischen Risiken quantifiziert werden kann, eine direkte Verknüpfung dieser quantitativen Modellierung mit einer zugehörigen Planung der Eigenschaftsabsicherung hat bisher jedoch noch nicht stattgefunden.

Die mangelhafte quantitative Integration von Methoden des technischen Risikomanagements in die Planung der Eigenschaftsabsicherung sowie die gleichzeitig fehlende Berücksichtigung von wissensbezogenen Unsicherheiten bei der technischen Risikobewertung führen dazu, dass es derzeitigen Vorgehensweisen zur Absicherungsplanung an verlässlicher Entscheidungsunterstützung bei der Auswahl von absicherungsrelevanten Produkteigenschaften mangelt. Der Anwender ist bei der Planung der Eigenschaftsabsicherung weitestgehend auf seine Intuition angewiesen, was insbesondere bei komplexen technischen Produkten zu einer fehlerhaften Absicherungsplanung führen kann.[14]

1.2 Zielsetzung und Forschungsfrage

Ziel dieser Arbeit ist die *Entwicklung und prototypische Implementierung einer Methodik zur Priorisierung von technischen Risiken auf Basis von wissensbezogenen Unsicherheiten*, um eine quantitative Entscheidungsunterstützung bei der Planung der Eigenschaftsabsicherung, insbesondere bei der Auswahl von absicherungsrelevanten Produkteigenschaften von komplexen technischen Produkten, bereitzustellen. Hierfür ist die Unsicherheit in Form von Unwissen, welches bei der Risikobewertung in der Produktentwicklungsphase vorherrscht, mathematisch zu modellieren, um eine unsicherheitsbasierte Risikopriorisierung für die Absicherungsplanung zur Verfügung zu stellen.

Durch die Bereitstellung von zusätzlicher Entscheidungsunterstützung soll der Einsatz der Priorisierungsmethodik eine verbesserte Auswahl von absicherungsrelevanten Produkteigenschaften bei der Planung der Eigenschaftsabsicherung ermöglichen. Hierdurch lassen sich entwicklungsbedingte Fehler von komplexen technischen Produkten frühzeitig während der Produktentstehungsphase aufdecken und beheben, sodass entsprechende Fehlerkosten in der Herstellungs- und Betriebsphase reduziert werden können.

Auf Basis dieser Zielsetzung lässt sich die folgende grundlegende Forschungsfrage formulieren, welche richtungsweisenden Charakter[15] für die Forschungsaktivitäten dieser Arbeit besitzt:

Kann die Auswahleffektivität von fehlerbehafteten Produkteigenschaften bei der Planung der Eigenschaftsabsicherung durch eine unsicherheitsbasierte Priorisierung von technischen Risiken gesteigert werden?

---

[14] Vgl. Shabi, J.; Reich, Y.: Planning systems verification, 2012, S. 429.

[15] Vgl. Rumelt, R. P.; Schendel, D., et al.: Fundamental issues in strategy, 1994, S. 39.

Die Formulierung der Forschungsfrage sei nachfolgend kurz erläutert: Als Messgröße für die Verbesserung der Absicherungsplanung soll die Kennzahl der Auswahleffektivität verwendet werden. Diese ist eng mit der von HOPPE ET AL. vorgeschlagenen Kenngröße der Absicherungseffektivität[16] verbunden und wird durch BLANK wie folgt definiert:[17]

$$E_{Auswahl} = \frac{Fehler_{gefunden}}{Fehler_{gesamt}} \quad 1.1$$

Demnach setzt die Auswahleffektivität die Anzahl an Fehlern, die im Zuge von Absicherungsaktivitäten entdeckt werden, ins Verhältnis zu der gesamten Anzahl an vorhandenen Fehlern. Die Forschungsfrage leitet daher die Untersuchung an, inwiefern durch eine neuartige, unsicherheitsbasierte Priorisierung von technischen Risiken eine verbesserte Auswahl an Absicherungsaktivitäten bei der Planung der Eigenschaftsabsicherung erreicht werden kann, welche eine höhere Anzahl an entwicklungsbedingten Fehlern aufdeckt als Absicherungsaktivitäten, die mit bisherigen Vorgehensweisen geplant werden.

1.3 Forschungsmethodik und Aufbau der Arbeit

Gemäß der zuvor dargestellten Problem- und Zielsetzung ist die vorliegende ingenieurwissenschaftliche Arbeit den gestalterischen Wissenschaften zuzuordnen. Diese besitzen das Ziel, Wissen zu entwickeln, welches von Fachleuten genutzt werden kann, um Lösungen für Probleme aus ihrem Anwendungsbereich zu gestalten.[18] Folglich handelt es sich bei gestalterischen Wissenschaften um Wissenschaftsdisziplinen, bei denen die Entwicklung pragmatischer Lösungen wichtiger ist als das Verständnis von Zusammenhängen, was als Ziel der erklärenden Wissenschaften angesehen werden kann.[19]

Die vorliegende Arbeit baut auf der methodischen Vorgehensweise der gestaltungsorientierten Forschung auf, die in der englischsprachigen Literatur unter dem Begriff „Design Science Research" geführt wird. Abbildung 1.1 stellt die Forschungsmethodik nach HEVNER als Wechselspiel aus drei Aktivitätszyklen dar:

- Relevanzzyklus (Relevance Cycle)
- Stringenzzyklus (Rigor Cycle)
- Gestaltungszyklus (Design Cycle)

[16] Die Autoren stellen die Kenngröße *VVT effectiveness* als Indikator für die Qualität der Absicherungsplanung vor, welche die Fähigkeit einer geplanten Auswahl an Absicherungsaktivitäten beschreibt, produktbezogene Fehler aufzudecken, vgl. Hoppe, M.; Engel, A., et al.: SysTest, 2007, S. 333.

[17] Vgl. Blank, M.: Berücksichtigung von Qualitätsrisiken, 2010, S. 104.

[18] Vgl. van Aken, J. E.: Management Research as a Design Science, 2005, S. 20.

[19] Vgl. a. a. O., S. 22.

Nachfolgend wird eine kurze Zusammenfassung der Forschungsmethodik auf Basis der Ausführungen von HEVNER[20] vorgenommen, um die Aktivitäten und Ergebnisse der vorliegenden Arbeit in den Kontext der gestaltungsorientierten Forschung einordnen zu können.[21]

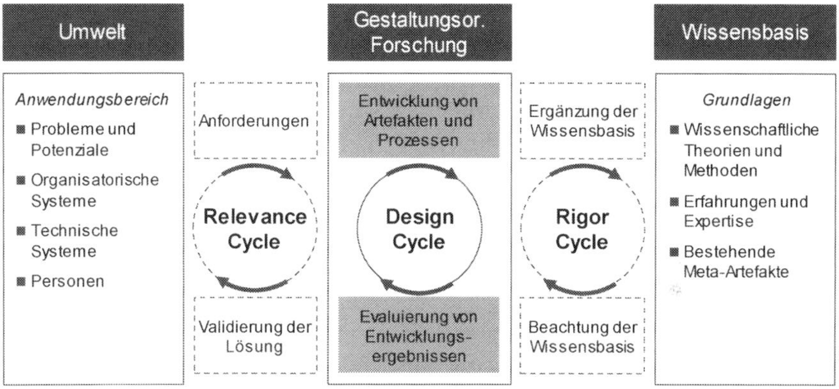

Abbildung 1.1: Gestaltungsorientierte Forschungsmethodik nach HEVNER[22]

Motivation und Ausgangspunkt der gestaltungsorientierten Forschung ist der Verbesserungsbedarf eines ausgewählten Anwendungsbereichs. Gute gestaltungsorientierte Forschung beginnt daher mit der Identifikation und Darstellung von Problemen und Verbesserungspotenzialen in einem konkreten Anwendungsgebiet. Dies wird im Rahmen der Aktivitäten zum *Relevance Cycle* vorgenommen, indem der zu untersuchende Anwendungsbereich mit der zugehörigen Problemstellung analysiert sowie Anforderungen an die zu entwickelnde Lösung formuliert werden. Weiterhin wird im Rahmen des Relevance Cycle das Ergebnis des Forschungsprozesses im untersuchten Anwendungsbereich erprobt, um im Sinne einer Validierung die Anwendbarkeit der entwickelten Lösung zu bewerten.[23]

Einen zweiten Aktivitätszyklus der gestaltungsorientierten Forschung stellt der *Rigor Cycle* dar. Forschungsergebnisse aus dem Bereich Design Science Research bauen stets auf dem bestehenden Stand der Forschung auf. Dieser umfasst zum einen relevante Theorien und Methoden aus angrenzenden Forschungsgebieten. Zum anderen werden im Rahmen des Rigor Cycle bereits existierende Lösungsartefakte untersucht und hinsichtlich ihrer Anwendbarkeit für die vorliegende Problemstellung bewertet. Somit wird sichergestellt, dass existierendes

---

[20] Vgl. Hevner, A. R.: Design Science Research, 2007, S. 87 ff.

[21] Für eine weiterführende Darstellung der gestaltungsorientierten Forschungsmethodik sei auf folgende Arbeiten verwiesen: Dresch, A.; Lacerda, D. P., et al.: Design science research, 2015, S. 47 ff.; March, S. T.; Storey, V. C.: Design Science, 2008, S. 725 ff.; Peffers, K.; Tuunanen, T., et al.: A Design Science Research Methodology, 2008, S. 48 ff.; Hevner, A. R.: Design Science Research, 2007, S. 87 ff.; Iivari, J.: Analysis of Information Systems, 2007, S. 39 ff.; Hevner, A. R.; March, S. T., et al.: Design Science, 2004, S. 76 ff.

[22] In Anlehnung an Hevner, A. R.: Design Science Research, 2007, S. 88.

[23] Vgl. a. a. O., S. 88 f.

Wissen in den Aktivitäten zur gestaltungsorientierten Forschung berücksichtigt wird. Wissenschaftliche Stringenz beruht demnach auf der erfolgreichen Auswahl und Anwendung von bestehenden Theorien, Methoden und Lösungsartefakten, um eine neue Lösung für die vorliegende Problemstellung zu entwickeln. Gleichzeitig wird durch stringente Ergebnisse der gestaltungsorientierten Forschung die bestehende Wissensbasis durch Aktivitäten im Rigor Cycle, beispielsweise in Form von wissenschaftlichen Publikationen, erweitert.[24]

Das Kernelement der gestaltungsorientierten Forschungsmethodik ist der *Design Cycle*. Hier findet die Entwicklung eines neuartigen Lösungsartefakts auf Basis der Anforderungen aus dem Relevance Cycle und Ergebnissen der Untersuchung zur Wissensbasis aus dem Rigor Cycle statt. Dieses Lösungsartefakt kann aus Konstrukten, Modellen, Methoden oder Software-Instanziierungen bestehen.[25] Die im Design Cycle vorgenommenen Iterationen sind kurzzyklisch und beinhalten die Konstruktion von neuen Lösungsartefakten, deren Evaluation sowie die Rückführung der Erkenntnisse in die Verfeinerung der Artefakte, bevor diese im Rahmen des Relevance Cycle einem Feldtest unterzogen werden.[26]

Anhand der zuvor dargestellten gestaltungsorientierten Forschungsmethodik lässt sich der Aufbau der vorliegenden Arbeit erläutern (vgl. Abbildung 1.2).

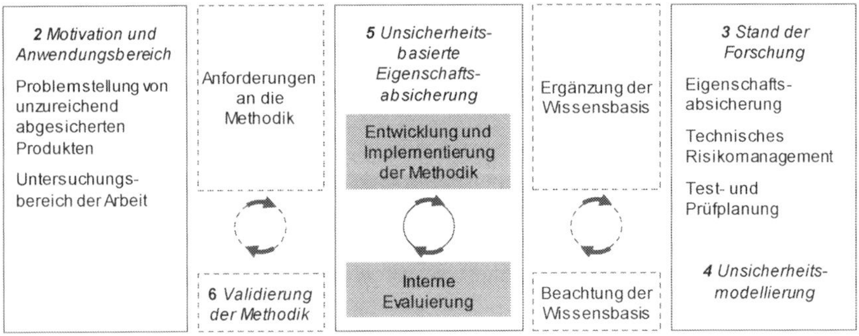

Abbildung 1.2: Aufbau der Arbeit gemäß der gestaltungsorientierten Forschung

Im Rahmen von *Kapitel 2* erfolgt eine Darstellung und Eingrenzung des zu untersuchenden Anwendungsbereichs. Hier wird zunächst die unternehmerische Problemstellung analysiert, die aus unzureichend abgesicherten Produkten resultiert (vgl. Abschnitt 2.1). Anschließend werden auf Basis der Problemstellung die anwendungsbezogene Zielsetzung der Arbeit sowie Anforderungen an die zu entwickelnde Lösung definiert (vgl. Abschnitt 2.2). Weiterhin wird der Untersuchungsbereich der Arbeit dargestellt, indem relevante Begrifflichkeiten festgelegt sowie der Objektbereich eingegrenzt werden (vgl. Abschnitt 2.3).

Auf Basis der Untersuchungen zum Anwendungsbereich werden in *Kapitel 3* Ansätze aus bestehenden Forschungsgebieten analysiert, die einen direkten Lösungsbeitrag zur praktischen

[24] Vgl. a. a. O., S. 89 f.

[25] Vgl. Hevner, A. R.; March, S. T., et al.: Design Science, 2004, S. 77.

[26] Vgl. Hevner, A. R.: Design Science Research, 2007, S. 90 f.

Problemstellung des Anwendungsbereichs vermuten lassen. Hierbei erfolgt eine nähere Untersuchung von Konzepten zur Planung der Eigenschaftsabsicherung (vgl. Abschnitt 3.1), zum technischen Risikomanagement (vgl. Abschnitt 3.2) sowie zu angrenzenden Bereichen der Test- und Prüfplanung (vgl. Abschnitt 3.3), die jeweils Parallelen zur Absicherungsplanung aufweisen.

Im Rahmen von *Kapitel 4* wird der Stand der Forschung zur Unsicherheitsmodellierung untersucht. Dieser liefert zentrale Lösungsansätze für die vorliegende Arbeit und wird daher in einem gesonderten Kapitel dargestellt. Zunächst wird auf relevante Grundlagen der Unsicherheitsmodellierung eingegangen (vgl. Abschnitt 4.1), bevor eine ausführliche Darstellung der Evidenztheorie als geeignete Möglichkeit zur mathematischen Modellierung von Unsicherheiten vorgenommen wird (vgl. Abschnitt 4.2). Anschließend werden bestehende Forschungsansätze zur Modellierung von Unsicherheiten bei der Bewertung von technischen Risiken vorgestellt (vgl. Abschnitt 4.3), um auf Basis der Untersuchungen zum Stand der Forschung das Theoriedefizit zusammenzufassen (vgl. Abschnitt 4.4).

Die Entwicklung und prototypische Implementierung einer Methodik zur unsicherheitsbasierten Eigenschaftsabsicherung werden in *Kapitel 5* dargestellt. Hierbei wird die Entwicklung der Methodik zur unsicherheitsbasierten Eigenschaftsabsicherung in einzelnen Schritten vorgenommen (vgl. Abschnitt 5.1). Anschließend erfolgt die Darstellung einer prototypischen Implementierung der Methodik im Zuge von Abschnitt 5.2. Die Ergebnisse der Methodikentwicklung und -implementierung sowie die wichtigsten Erkenntnisse der begleitend durchgeführten internen Evaluierung werden in Abschnitt 5.3 zusammengefasst.

Kapitel 6 umfasst eine Validierung der Methodik zur unsicherheitsbasierten Eigenschaftsabsicherung im externen, unternehmerischen Kontext. Zunächst wird das Validierungskonzept vorgestellt (vgl. Abschnitt 6.1). Anschließend folgt eine Darstellung der Durchführung sowie der Ergebnisse der Validierung anhand von Fallstudien (vgl. Abschnitt 6.2). Das Kapitel schließt mit einer kritischen Reflexion der Validierung (vgl. Abschnitt 6.3), um die zu Beginn der Arbeit aufgestellte Forschungsfrage zu beantworten.

In *Kapitel 7* wird eine Zusammenfassung der Arbeit unter besonderer Berücksichtigung der Ergebnisse vorgenommen (vgl. Abschnitt 7.1). Abschließend folgt ein Ausblick auf weiterführende Forschungsaktivitäten (vgl. Abschnitt 7.2).

2 Motivation und Anwendungsbereich

„Nun gilt für die Wissenschaft wie für die Praxis gleicherma[ß]en, dass man, bevor man Probleme zu lösen versucht, zunächst die richtigen Probleme identifizieren muss“[27]. Diesem Leitgedanken von ROPOHL folgt auch die gestaltungsorientierte Forschung, die das Ziel besitzt, technologiebasierte Lösungen für relevante unternehmerische Problemstellungen zu entwickeln.[28] Gute Forschung beginnt daher mit der Identifikation und Darstellung von bedeutsamen Problemen bzw. Verbesserungsmöglichkeiten eines ausgewählten Anwendungsbereichs.[29] Durch dessen Untersuchung können Anforderungen an das Ergebnis und somit auch die Zielsetzung der Forschungsaktivitäten abgeleitet werden.[30]

Das vorliegende Kapitel gliedert sich in drei Abschnitte: Zunächst wird auf die unternehmerische Problemstellung eingegangen, die aus unzureichend abgesicherten Produkten resultiert, um den Handlungsbedarf zur verbesserten Planung der Eigenschaftsabsicherung aufzuzeigen (vgl. Abschnitt 2.1). Basierend auf den Ausführungen zur Problemstellung werden die Zielsetzung des vorliegenden Forschungsvorhabens aus praktischer Sicht abgeleitet und Anforderungen an die zu entwickelnde Lösung festgelegt (vgl. Abschnitt 2.2). Abschließend wird der Untersuchungsbereich der Arbeit dargestellt (vgl. Abschnitt 2.3). Hierbei erfolgt eine Definition von relevanten Begrifflichkeiten sowie eine Eingrenzung des zu betrachtenden Objektbereichs.

2.1 Unzureichend abgesicherte Produkte

2.1.1 Konsequenzen von Produktrückrufen

Fallbeispiel 1: Gefährliche Geflügelrupfmaschine RF-169 (Alarmnummer A12/0958/14)[31]

Im Jahr 2014 ordnete das Brandenburgische Landesamt für Arbeitsschutz einen Produktrückruf einer Geflügelrupfmaschine an und verbot das weitere Inverkehrbringen des Produktes.[32] Die Maschine des Modells RF-169 wies keinen ausreichenden Schutz gegen mechanische Gefährdung auf: bewegliche, kraftübertragende Teile im sogenannten Federauswurfschacht waren direkt berührbar. Weiterhin war das Produkt weder mit einem Not-Aus-Schalter noch einem Ein-/Ausschalter ausgestattet, sodass zentrale Anforderungen an die Betriebssicherheit des Produktes nicht erfüllt waren. Neben dem mangelhaften Schutz gegen mechanische Gefährdung wurden im Rahmen einer Sicherheitsuntersuchung durch die zuständige Marktüberwachungsbehörde weitere schwerwiegende Sicherheitsmängel festgestellt. Zur Stromführung vorhandene Kabel konnten sich bereits bei gewöhnlicher mechanischer Beanspruchung des

[27] Ropohl, G.: Allgemeine Technologie, 2009, S. 20.
[28] Vgl. Hevner, A. R.; March, S. T., et al.: Design Science, 2004, S. 83.
[29] Vgl. Peffers, K.; Tuunanen, T., et al.: A Design Science Research Methodology, 2008, S. 52.; Hevner, A. R.: Design Science Research, 2007, S. 89.
[30] Vgl. Hevner, A. R.: Design Science Research, 2007, S. 89.
[31] Vgl. European Commission: Rapid Alert System A12/0958/14, 2014.
[32] Vgl. Pernack, E.-F.: Arbeitsschutz, November 2015, S. 55.

Produktes (z. B. durch betriebsbedingte Vibrationen) lösen, sodass am Gehäuse eine Spannung anlag, die zu einem tödlichen elektrischen Schlag führen konnte.[33]

Über die finanziellen Auswirkungen des Produktrückrufs für den Inverkehrbringer der Maschine gibt es keine offiziellen Berichte. Jedoch haben Recherchen zu den Finanzberichten im Bundesanzeiger ergeben, dass die Bilanzsumme des Unternehmens über die Geschäftsjahre 2014 und 2015 um ca. 34% im Vergleich zum Jahr 2013 geschrumpft ist.[34]

Fallbeispiel 2: Geschirrspülmaschinen mit Brandgefahr (Alarmnummer A11/0055/13)[35]

„[A]ufgrund eines Fehlers eines elektronischen Bauteils im Bedienfeld“[36] rief im Jahre 2013 ein deutscher Hersteller von Haushaltsgeräten ca. 5 Millionen Geschirrspüler zurück. Da sicherheitskritische Anforderungen nicht erfüllt waren, konnte das fehlerhafte elektronische Bauteil überhitzen und zu Verbrennungen des Benutzers bzw. zu Bränden führen. Zum Zeitpunkt der Meldung waren zehn Brandvorfälle bekannt, bei drei Vorfällen breitete sich der Brandschaden auf die Umgebung der Geräte aus. Das Fallbeispiel stellte die größte Rückrufaktion in der Firmengeschichte des Unternehmens dar.[37]

Der Produktrückruf war für das Unternehmen mit enormen finanziellen Konsequenzen verbunden. Da die betroffenen Modelle zum Zeitpunkt des Rückrufs bereits nicht mehr hergestellt wurden, musste die Produktion für das betreffende Ersatzbauteil wiederaufgenommen werden. Zudem fielen weitere finanzielle Aufwände für die Schulung des technischen Personals an. Nach Einschätzung des Unternehmens kostete der Rückruf bis zu 700 Millionen Euro.[38]

Fallbeispiel 3: Brennende KFZ-Sportwagen (Alarmnummer A12/0385/14)[39]

Aus Sicherheitsgründen rief ein Sportwagenhersteller im Februar 2014 alle ausgelieferten Fahrzeuge eines Premiummodells zurück. Eine fehlerhafte, sicherheitskritische Pleuel-Verschraubung am Verbrennungsmotor stellte den Grund für den Rückruf dar. Durch das selbständige Lösen der Schraubverbindung wurde das Kurbelgehäuse des Motors beschädigt, was einen unkontrollierten Ölauslass zur Folge hatte. Das ausgetretene Öl konnte sich entzünden und zum Fahrzeugbrand führen. Zum Zeitpunkt des Produktrückrufs waren bereits zwei Fahrzeuge vollständig ausgebrannt; zu Personenschäden kam es nicht. Von den insgesamt 785 ausgelieferten Sportwagen wurden die Motoren der verbleibenden 783 Fahrzeuge vollständig ausgetauscht. Zu den anfallenden Kosten, die dem Unternehmen durch die Rückrufaktion entstanden sind, sind keine öffentlich zugänglichen Informationen bekannt.[40]

---

[33] Vgl. Europäische Kommission: Durchführungsbeschluss der Kommission, 26.November 2015; Pernack, E.-F.: Arbeitsschutz, November 2015; Bentz, I.; Bilinski, A., et al.: Gefährliche Produkte 2015, 2015, S. 59.; European Commission: Rapid Alert System A12/0958/14, 2014.

[34] Vgl. Fringo GmbH & Co. KG: Jahresabschluss zum Geschäftsjahr 2015, 18.01.2017; Fringo GmbH & Co. KG: Jahresabschluss zum Geschäftsjahr 2014, 19.12.2015.

[35] Vgl. European Commission: Rapid Alert System A11/0055/13, 2013.

[36] BSH Bosch und Siemens Hausgeräte GmbH: Sicherheitsmaßnahme für Geschirrspüler, 30.08.2013.

[37] Vgl. European Commission: Rapid Alert System A11/0055/13, 2013; FOCUS: Rückruf von Geschirrspülern, 2013.

[38] Vgl. European Commission: Rapid Alert System A11/0055/13, 2013; FOCUS: Rückruf von Geschirrspülern, 2013.

[39] Vgl. European Commission: Rapid Alert System A12/0385/14, 2014.

[40] Vgl. Süddeutsche Zeitung: Motortausch nach Brand, 2014.

Die zuvor dargestellten Fallbeispiele stellen einen kleinen Ausschnitt aus der großen Anzahl an Rückrufaktionen dar, die auf dem EU-Binnenmarkt zu verzeichnen ist. Wie sich diese Anzahl in den vergangenen Jahren entwickelt hat, ist in Abbildung 2.1 visualisiert.

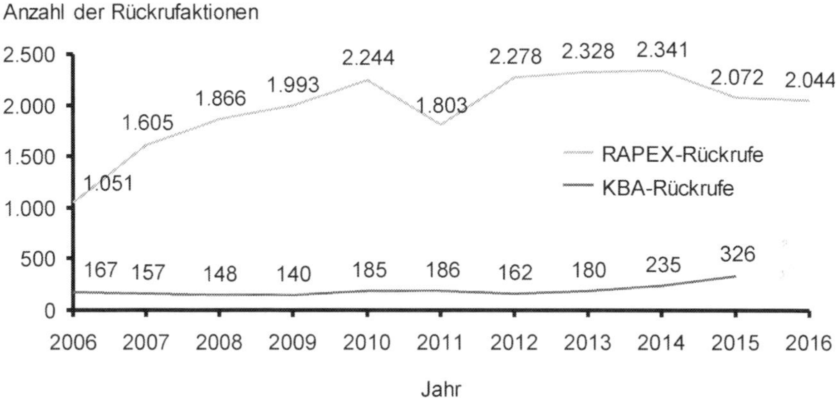

Abbildung 2.1: Zeitliche Entwicklung von Rückrufaktionen[41]

Die Abbildung zeigt zum einen die zeitliche Entwicklung von Produktrückrufen für Nicht-Lebensmittel-Produkte auf dem EU-Binnenmarkt, die über das RAPEX-System[42] der Europäischen Kommission gelistet werden. Zu erkennen ist, dass die Anzahl an Rückrufaktionen in den vergangenen Jahren auf einem konstant hohen Niveau verweilt.[43] Im Jahr 2016 gab es über 2000 Rückrufaktionen, davon entfielen ein Viertel der Fälle auf die Produktgruppen „Kraftfahrzeuge" und „Elektrische Anwendungen und Geräte" sowie weiterhin etwa ein Drittel auf sonstige Produktkategorien.[44]

Ein ähnliches Bild zeichnet die ebenfalls in Abbildung 2.1 dargestellte Rückrufstatistik des deutschen Kraftfahrt-Bundesamtes (KBA), welches als ausführende Marktüberwachungsbehörde des Produktsicherheitsgesetzes (ProdSG) KFZ-Rückrufaktionen für den deutschen Straßenfahrzeugbereich beobachtet und begleitet. Nach weitestgehend konstanten Zahlen hat die Anzahl an Rückrufaktionen von Straßenfahrzeugen in den vergangenen Jahren zugenommen und erreichte im Jahr 2015 mit über 320 Rückrufaktionen einen Höchststand seit Anbeginn der Aufzeichnungen.[45]

---

[41] Vgl. European Commission: Rapid Alert System, 2017, S. 7.; Kraftfahrt-Bundesamt: Jahresbericht 2013/2014, 2015, S. 62.; Kraftfahrt-Bundesamt: Jahresbericht 2008, 2008, S. 58.

[42] Rapid Alert System for dangerous non-food products (RAPEX); eine nähere Darstellung des RAPEX-Systems findet sich in Schmitt, R.; Pfeifer, T.: Qualitätsmanagement, 2015, S. 505.

[43] Der starke Anstieg der Rückrufaktionen im Jahr 2007 ist unter anderem auf die Osterweiterung der EU (Bulgarien und Rumänien) zurückzuführen. Gründe für den augenscheinlich ausgeprägten Rückgang der Zahlen im Jahr 2011 werden in den entsprechenden Jahresberichten der EU-Kommission nicht genannt.

[44] Vgl. European Commission: Rapid Alert System, 2017, S. 10.

[45] Vgl. Kraftfahrt-Bundesamt: Jahresbericht 2013/2014, 2015, S. 63.

2.1.2 Defizite bei der Eigenschaftsabsicherung

Kostspielige Rückrufaktionen von technischen Produkten sind insbesondere auf Defizite bei der Eigenschaftsabsicherung zurückzuführen. Diese ist Teil der Qualitätssicherung:[46] Die Eigenschaftsabsicherung überprüft den Erfüllungsgrad von Anforderungen, d. h. von geforderten Systemeigenschaften,[47] und stellt sicher, „dass die tatsächlichen mit den gewünschten Systemeigenschaften übereinstimmen“[48]. Diese Aufgabe des Qualitätsmanagements ist insbesondere bei komplexen technischen Produkten und Systemen von zentraler Bedeutung.[49]

Treten im Zuge der Produktentstehung Defizite bei der Eigenschaftsabsicherung auf, z. B. indem der Erfüllungsgrad von wichtigen funktionalen oder sicherheitsrelevanten Anforderungen nicht oder nur unzureichend untersucht wird, so können vielfältige negative Auswirkungen in nachgelagerten Phasen des Produktlebenszyklus auftreten (vgl. Abbildung 2.2).

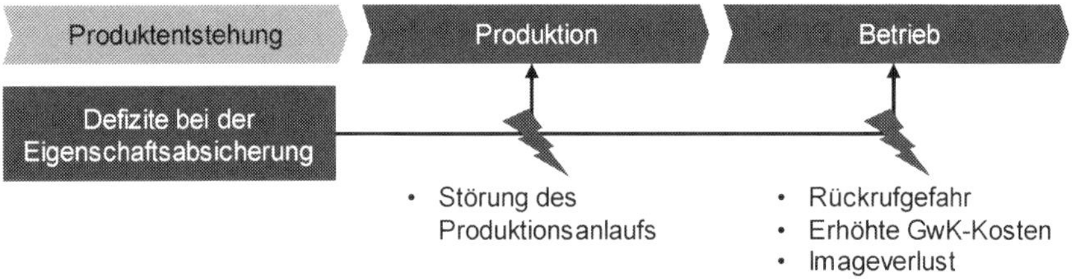

Abbildung 2.2: Auswirkungen von Defiziten bei der Eigenschaftsabsicherung

Zum einen beeinträchtigen Produkte, die im Zuge der Entwicklungsaktivitäten unzureichend abgesichert worden sind, den Anlauf des Produktionssystems. Obgleich die Stellhebel für die Absicherung der Produktqualität im vorgelagerten Entwicklungsprozess zu finden sind, werden Fehler häufig erst im Rahmen des Produktionsanlaufs behoben.[50] Diese Fehler, die das Ergebnis mangelhafter Produkt- und Prozessreife sind, führen zu zahlreichen ungeplanten technischen Änderungen, welche den Anlauf des Produktionssystems stören,[51] z. B. durch reduzierte Ausbringungsmengen sowie verzögerte Liefertermine, welche zusätzliche Kosten für das Unternehmen nach sich ziehen.[52]

Zum anderen machen sich Defizite bei der Eigenschaftsabsicherung besonders schwerwiegend in der Betriebsphase des Produktes bemerkbar. Für den Fall, dass das technische Produkt entsprechende Sicherheitsanforderungen nicht ausreichend erfüllt, bestehen neben der

[46] Vgl. Kortler, S.: Absicherung von Eigenschaften komplexer Produkte, 2014, S. 2.
[47] Vgl. ebenda.
[48] VDI: Entwicklungsmethodik für mechatronische Systeme, 2004, S. 30.
[49] Vgl. Maropoulos, P. G.; Ceglarek, D.: Design verification and validation, 2010, S. 740 f.
[50] Vgl. Prefi, T.: Qualitätsmanagement in der Produktentwicklung, 2014, S. 403.
[51] Vgl. Burggräf, P.; Dannapfel, M., et al.: Factory Standards in Production Ramp-Ups, 2016, S. 134.; Linder, A.; Anand, L., et al.: Technical Complaint Feedback to Ramp-Up, 2016, S. 99.; Renner, T.: Performance-Management im Produktionsanlauf, 2012, S. 47.
[52] Vgl. Elstner, S.; Biele, A., et al.: Umgang mit Änderungen im Serienanlauf, 2013, S. 962.; Lanza, G.: Simulationsbasierte Anlaufunterstützung, 2004, S. 3.

ernsthaften Gefahr für Leib und Leben[53] die bereits in Abschnitt 2.1.1 dargestellten enormen finanziellen Belastungen für Unternehmen durch einen Produktrückruf.[54] Bei Produkten, die zwar die gestellten Anforderungen an die Produktsicherheit erfüllen, jedoch beispielsweise funktionale Anforderungen des Kunden nicht ausreichend abdecken, macht sich die unzureichende Eigenschaftsabsicherung in erhöhten Garantie- und Kulanzkosten (GuK-Kosten) bemerkbar. Im Automobilbereich wird dabei der Anteil von konzeptbedingten Fehlern an den GuK-Kosten auf ca. 30-40% geschätzt.[55] Darüber hinaus ist mit einem entsprechenden Imageverlust durch die ungewollte Erprobung beim Kunden zu rechnen.[56]

2.1.3 Handlungsbedarf

Die zuvor dargestellten Konsequenzen von unzureichend abgesicherten Produkten zeigen auf, dass Handlungsbedarf zur Verbesserung der Eigenschaftsabsicherung technischer Produkte besteht. Störungen des Produktionsanlaufs, erhöhte GuK-Kosten sowie Rückrufaktionen und Imageverlust stellen eine hohe (finanzielle) Belastung von Unternehmen dar, deren Reduzierung erstrebenswert ist. Zudem wird der Handlungsbedarf zur Verbesserung der Eigenschaftsabsicherung auch in der wissenschaftlichen Literatur aufgezeigt. MAROPOULOS/CEGLAREK weisen auf die hohe Bedeutung der Eigenschaftsabsicherung bei zukünftigen Forschungsaktivitäten hin.[57] Darüber hinaus zeigen jüngste Dissertationen zur Eigenschaftsabsicherung und zu angrenzenden Themengebieten (wie z. B. dem technischen Risikomanagement oder Reifegradmanagement) auf, dass Bedarf zur Weiterentwicklung von Modellen, Methoden und Werkzeugen der Eigenschaftsabsicherung besteht.[58]

Um dem Handlungsbedarf nachzukommen, wird in der vorliegenden Arbeit der Untersuchungsschwerpunkt auf die verbesserte Planung der Eigenschaftsabsicherung im Zuge der Produktentwicklung gelegt (vgl. Abbildung 2.3). Zwar können die Ursachen für eine mangelhafte Absicherung in unterschiedlichen Aufgabenbereichen der Eigenschaftsabsicherung gefunden werden (z. B. Fehler bei der Durchführung von Absicherungsaktivitäten), allerdings wird in der wissenschaftlichen Literatur vermehrt auf den Forschungsbedarf zur Absicherungsplanung hingewiesen,[59] sodass diese im Fokus der vorliegenden Arbeit liegt.

[53] Für das Jahr 2016 verzeichnet die Bundesanstalt für Arbeitsschutz und Arbeitsmedizin (BAuA) 107 tödliche Arbeitsunfälle in Deutschland mit Produktbezug, von denen 22 Unfälle auf unzureichende Technik zurückzuführen sind, vgl. Bentz, I.; Bilinski, A., et al.: Gefährliche Produkte 2017, 2017, S. 52.

[54] Vgl. Dai, H.; Tseng, M. M., et al.: Traceability systems for product recall, 2014, S. 511.

[55] Vgl. Prefi, T.: Qualitätsmanagement in der Produktentwicklung, 2014, S. 403.

[56] Vgl. Lindemann, U.: Methodische Entwicklung technischer Produkte, 2009, S. 198.

[57] Vgl. Maropoulos, P. G.; Ceglarek, D.: Design verification and validation, 2010, 755.

[58] Vgl. Kortler, S.: Absicherung von Eigenschaften komplexer Produkte, 2014, S. 91.; Zentis, T.: Bewertung und Kontrolle technischer Risiken, 2013, S. 85 f.; Krehmer, H.: Iterations- und Produktreifegradmanagement, 2012, S. 63 f.; Jahn, T.: Portfolio- und Reifegradmanagement, 2010, S. 69 f.

[59] Vgl. beispielsweise Vgl. Shabi, J.; Reich, Y., et al.: Planning the verification process, 2017, S. 171.; Shabi, J.; Reich, Y., et al.: Planning the verification process, 2017, S. 200.; Sudol, A.: Modeling Verification, Validation, and Testing, 2015, S. xvii.; Shabi, J.; Reich, Y.: Planning systems verification, 2012, S. 429.; Hoppe, M.; Engel, A., et al.: SysTest, 2007, S. 328.; Meisenzahl, J.; La Cruz, M. de, et al.: Verification and Validation Process, 2006, S. 1136.

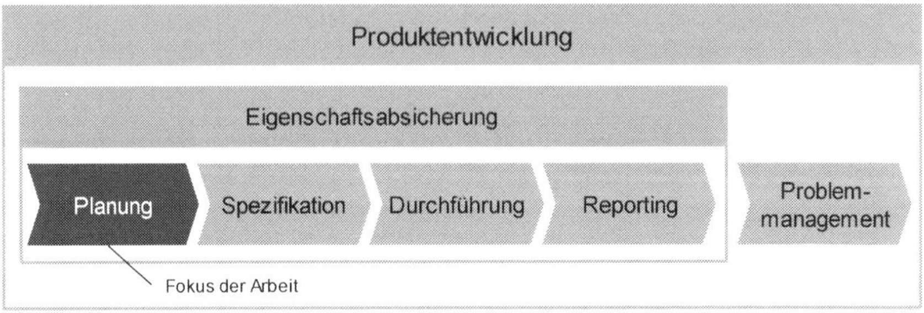

Abbildung 2.3: Phasen der Eigenschaftsabsicherung in der Produktentwicklung[60]

Bei der Planung der Eigenschaftsabsicherung ergibt sich für komplexe technische Produkte[61] ein fundamentales Dilemma: Unter Berücksichtigung der jeweils zur Verfügung stehenden Entwicklungszeit und -kosten ist es unmöglich nachzuweisen, dass das entwickelte System alle Vorgaben und Anforderungen, d. h. geforderte Eigenschaften, erfüllt.[62] Aus diesem Grund ist folglich im Rahmen der Absicherungsplanung eine gezielte Auswahl bzw. Priorisierung derjenigen Eigenschaften vorzunehmen, die gegebenenfalls fehleranfällig und im Zuge der Eigenschaftsabsicherung zu untersuchen sind.

Unter Berücksichtigung dieses Dilemmas wird deutlich, dass eine wirtschaftliche Lösung für die zuvor ausgeführte unternehmerische Problemstellung nicht allein durch die Planung zusätzlicher Absicherungsaktivitäten gefunden werden kann. Entwickelnde Unternehmen führen bereits eine umfassende Eigenschaftsabsicherung im Rahmen der Produktentwicklung durch, welche einen enormen Anteil an den gesamten Entwicklungskosten ausmacht. PREFI merkt an, dass im Branchendurchschnitt etwa ein Drittel des gesamten Entwicklungsbudgets für das Absichern durch Testen einkalkuliert wird.[63] ENGEL berichtet darüber hinaus von verschiedenen Fallstudien, denen zufolge dieser Anteil im Bezug auf die tatsächlichen Entwicklungskosten sogar höher einzuschätzen ist (vgl. Abbildung 2.4).

Jedoch kann die Wirksamkeit der bestehenden Eigenschaftsabsicherung als unzureichend angesehen werden, da ein Großteil an Problemen erst dann von den Unternehmen erkannt wird, wenn das Produkt den Kunden erreicht hat.[64] Eine Umfrage unter 80 Unternehmen aus verschiedenen Branchen stellt hierzu heraus, dass ca. 90% der Probleme erst durch Kundenrückmeldungen erkannt werden; nur 22% der Unternehmen geben an, vorhandene Probleme durch die von ihnen angewandten Absicherungsmethoden zu identifizieren.[65] Das Auftreten

[60] In Anlehnung an Meisenzahl, J.; La Cruz, M. de, et al.: Verification and Validation Process, 2006, S. 1138.

[61] Für einfache Produkte (z. B. Tische, Stühle oder Spielzeuge) kann eine Absicherungsplanung intuitiv erfolgen, bei komplexeren Systemen hingegen ergibt sich der Bedarf nach einer expliziten Planung der Eigenschaftsabsicherung, vgl. Shabi, J.; Reich, Y.: Planning systems verification, 2012, S. 429.

[62] Vgl. Engel, A.: Verification, validation, and testing, 2010, S. 19.

[63] Vgl. Prefi, T.: Qualitätsmanagement in der Produktentwicklung, 2014, S. 406.

[64] Vgl. Klee, M.: Reduktion von Gewährleistungskosten, 2012, S. 27.

[65] Vgl. Klee, M.: Benchmark Zuverlässigkeit 2010/2011, 2011, S. 11.

von entwicklungsbedingten Fehlerkosten, die ebenfalls in Abbildung 2.4 dargestellt sind, unterstreicht die Tatsache, dass trotz umfangreicher Eigenschaftsabsicherung ein deutlicher Fehlerschlupf vorhanden ist.

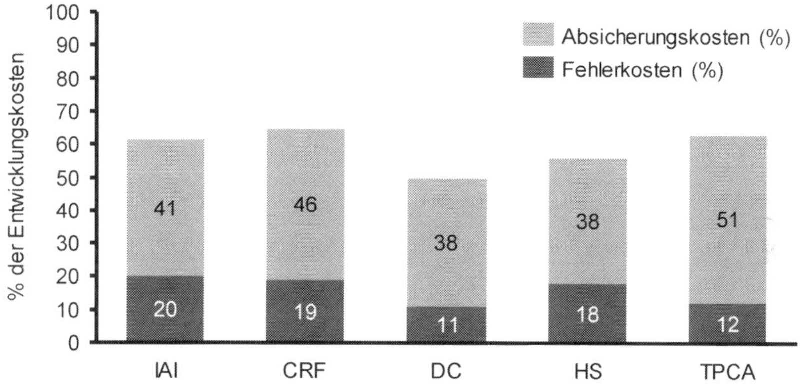

IAI: Israel Aerospace Industries; CRF: Centro Ricerche Fiat; DC: Daimler Chrysler AG; HS: Hispano-Suiza; TPCA: Tetra Pak Carton Ambient

Abbildung 2.4: Anteil von Absicherungs- und Fehlerkosten an den Entwicklungskosten[66]

Zusammenfassend ergibt sich der Handlungsbedarf, dass im Rahmen der Absicherungsplanung die gezielte Auswahl derjenigen Produkteigenschaften, die möglicherweise fehlerbehaftet und somit durch die Eigenschaftsabsicherung zu untersuchen sind, zu verbessern ist. Werden produktimmanente Fehler durch Absicherungsaktivitäten frühzeitig während der Produktentwicklung entdeckt und im nachgelagerten Problemmanagement abgestellt, können hohe Fehler- und Änderungskosten in nachfolgenden Phasen des Produktlebenszyklus reduziert werden.[67] Die bekannte 10er-Regel der Fehlerkosten[68] unterstützt diese These.

2.2 Zielsetzung und Anforderungen

Gemäß der gestaltungsorientierten Forschung lassen sich aus der Untersuchung der praktischen Problemstellung sowie des Handlungsbedarfs zugehörige Anforderungen an die Entwicklung einer Lösung und folglich die Zielsetzung des Forschungsvorhabens ableiten.[69]

---

[66] Vgl. Engel, A.: Verification, validation, and testing, 2010, S. 553.

[67] Vgl. Ehrlenspiel, K.; Meerkamm, H.: Integrierte Produktentwicklung, 2013, S. 514.; Maropoulos, P. G.; Ceglarek, D.: Design verification and validation, 2010, S. 755.; Lindemann, U.: Methodische Entwicklung technischer Produkte, 2009, S. 158.

[68] Diese Regel spiegelt die Erfahrung wider, dass die Kosten zur Beseitigung eines Fehlers mit jeder Phase, in der dieser Fehler unentdeckt bleibt, um den Faktor 10 zunehmen, vgl. Schmitt, R.; Pfeifer, T.: Qualitätsmanagement, 2015, S. 3.

[69] Vgl. Hevner, A. R.: Design Science Research, 2007, S. 89.

2.2.1 Zielsetzung der Arbeit

Die Zielsetzung der vorliegenden Arbeit wird in eine übergeordnete und eine direkte Zielsetzung gegliedert. Die *übergeordnete Zielsetzung* ist direkt mit dem in Abschnitt 2.1.3 dargestellten Handlungsbedarf verknüpft und liegt in der *Verbesserung der Auswahl von absicherungsrelevanten Produkteigenschaften bei der Planung der Eigenschaftsabsicherung*. Dies soll über eine Priorisierung derjenigen Produkteigenschaften vorgenommen werden, die möglicherweise fehleranfällig und daher durch Absicherungsaktivitäten zu untersuchen sind.

Die *direkte Zielsetzung* der Arbeit liegt in der *Entwicklung und prototypischen Implementierung einer Methodik zur Priorisierung von technischen Risiken*, für die entsprechende Absicherungsaktivitäten erforderlich sind. Technische Risiken bilden gemäß ihrer Begriffsdefinition[70] die Nichterfüllung von geforderten Produkteigenschaften ab und beinhalten somit relevante Informationen zur Planung der Eigenschaftsabsicherung. Zudem existieren Methoden des technischen Risikomanagements, die im Rahmen der Produktentwicklung etabliert sind und zur Absicherungsplanung genutzt werden können. Die am häufigsten genutzte Methode zur Identifikation, Analyse und Bewertung von technischen Risiken ist die Fehlermöglichkeits- und -einflussanalyse (FMEA),[71] die während der Produktentwicklung als Informationsbasis für technische Risiken verwendet und folglich bei der Methodikentwicklung aufgegriffen wird.

Bei der Priorisierung von technischen Risiken zur Planung der Eigenschaftsabsicherung soll insbesondere das *Unwissen bezüglich der Bewertung technischer Risiken* berücksichtigt werden, welches im Zuge der Produktentwicklung vorherrscht. Aufgrund des Neuheitsgrades eines zu entwickelnden Produktes ist das vorhandene Wissen über mögliche technische Risiken im Rahmen der Produktentstehung noch unvollständig. Die Eigenschaftsabsicherung hingegen liefert verlässliche Informationen über die tatsächliche Schwere oder Eintrittswahrscheinlichkeit eines technischen Risikos. Dementsprechend kann die aus dem fehlenden Wissen resultierende Unsicherheit ein wichtiges Entscheidungskriterium bei der Absicherungsplanung darstellen und soll daher im Rahmen der zu entwickelnden Methodik berücksichtigt werden.

Die Priorisierungsmethodik soll gemäß der gestaltungsorientierten Forschungsmethodik in einer *prototypischen Software-Implementierung* umgesetzt werden. Somit entsteht ein Artefakt, welches sich im Zuge der Forschungsaktivitäten intern evaluieren und durch den externen Einsatz in der unternehmerischen Praxis hinsichtlich seines Lösungsbeitrags bewerten lässt.

2.2.2 Anforderungen an die Lösung

Auf Basis des Handlungsbedarfs und der zuvor dargestellten Zielsetzung lassen sich die nachfolgend aufgeführten zentralen Anforderungen an die zu entwickelnde Methodik ableiten:[72]

---

[70] Vgl. Abschnitt 2.3.1.

[71] Vgl. Zentis, T.; Czech, A., et al.: Technisches Risikomanagement, 2011, S. 45.; a. a. O., S. 50.

[72] Die Anforderungen bestimmen auch die Analyseschwerpunkte für bestehende Ansätze im Stand der Forschung, vgl. Kapitel 3.

1. Die Methodik soll eine Priorisierung absicherungsrelevanter Produktmerkmale bzw. technischer Risiken vornehmen.

Wie bereits dargestellt wurde, lassen sich bei komplexen technischen Produkten aufgrund der vorgegebenen Entwicklungszeit und -kosten nicht alle Produkteigenschaften in vollem Umfang absichern. Daher muss die Methodik für den Anwender eine Priorisierung von Produktmerkmalen bzw. technischen Risiken[73] vornehmen, die im Rahmen der Eigenschaftsabsicherung bevorzugt zu untersuchen sind.

2. Die Methodik soll eine quantitative Entscheidungsunterstützung bei der Planung der Eigenschaftsabsicherung bereitstellen.

Insbesondere bei komplexen technischen Produkten ist eine hohe Anzahl geforderten Eigenschaften und zugehörigen technischen Risiken zu verzeichnen.[74] Aus diesem Grund soll die Methodik durch die Priorisierung eine quantitative Entscheidungsunterstützung bereitstellen, anhand derer eine Entscheidung darüber getroffen werden kann, welche technischen Risiken im Rahmen der Eigenschaftsabsicherung gezielt zu untersuchen sind.

3. Die Methodik soll etablierte Methoden des technischen Risikomanagements in die Planung der Eigenschaftsabsicherung integrieren.

Unternehmen setzen im Rahmen der Produktentwicklung bereits eine Vielzahl an Methoden des technischen Risikomanagements ein. Diese beinhalten bereits relevante Informationen über technische Risiken, die für die Planung der Eigenschaftsabsicherung genutzt werden können. Die Fehlermöglichkeits- und -einflussanalyse (FMEA) besitzt diesbezüglich den höchsten Verbreitungsgrad[75] und soll daher im Rahmen der Priorisierungsmethodik berücksichtigt werden.

4. Die Methodik soll wissensbezogene Unsicherheiten bezüglich technischer Risiken bei der Priorisierung berücksichtigen.

Wie bereits dargestellt, trägt die Eigenschaftsabsicherung dazu bei, wissensbezogene Unsicherheiten bezüglich technischer Risiken (z. B. tatsächliche Schwere oder Auftretenswahrscheinlichkeit eines Risikos) zu reduzieren. Folglich soll bei der Priorisierung von technischen Risiken die Unsicherheit, die im Zuge der Produktentwicklung vorherrscht, explizit berücksichtigt werden, um Aktivitäten der Eigenschaftsabsicherung zu planen.

---

[73] Der Zusammenhang zwischen Produkteigenschaften, Produktmerkmalen und technischen Risiken wird ausführlich im Rahmen der Begriffsdefinitionen (vgl. Abschnitt 2.3.1) erläutert.

[74] Vgl. Shabi, J.; Reich, Y.: Planning systems verification, 2012, S. 429.

[75] Vgl. Zentis, T.; Czech, A., et al.: Technisches Risikomanagement, 2011, S. 45.; a. a. O., S. 50.

2.3 Untersuchungsbereich der Arbeit

2.3.1 Definition relevanter Begrifflichkeiten

Eine wichtige Grundlage für jede Wissenschaft stellt die Verwendung von einheitlichen Begriffssystemen dar, welche die zu untersuchende Wirklichkeit beschreiben.[76] Diese Begriffssysteme dienen der Vermeidung bzw. Lösung von Kommunikationsproblemen im wissenschaftlichen Diskurs, indem sie die Abbildung der Realität durch eine gemeinsame Sprache vornehmen und somit ein mittelbares Beschreiben des Forschungsobjekts ermöglichen.[77]

Begriffssysteme sind eine notwendige wissenschaftliche Grundlage, jedoch auch nicht mehr.[78] Gemäß dieses Leitgedankens wird die nachfolgende Ausführung der Definition von Begrifflichkeiten auf ein Mindestmaß reduziert. Die Aufführung der Begrifflichkeiten wird dabei in alphabetischer Reihenfolge vorgenommen, um ein vereinfachtes Nachschlagen zu ermöglichen; Begriffe, die im Rahmen dieses Abschnitts näher ausgeführt werden (vgl. auch die Übersicht in Tabelle 2.1), sind zudem in den Erläuterungen in kursiver Zeichenformatierung dargestellt.

Tabelle 2.1: Im Rahmen dieser Arbeit zu definierende Begrifflichkeiten

Absicherung	Anforderung	Eigenschafts-absicherung	Fehler
Gestaltungsorientierte Forschung	Methode	Methodik	Modell
Produkteigenschaft	Produktentstehung	Produktentwicklung	Produktmerkmal
Produktreifegrad	Prüfplanung	Technisches Risikomanagement	Testmanagement
Testplanung	Unsicherheit	Validierung	Verifikation

Absicherung

Der Begriff der *Absicherung* stellt eine Kurzform des Begriffs der *Eigenschaftsabsicherung* dar. Verwendet wird diese Begrifflichkeit sowohl in wissenschaftlichen[79] als auch populärwissenschaftlichen[80] Arbeiten. Im Rahmen der vorliegenden Arbeit werden die beiden Begriffe *Absicherung* und *Eigenschaftsabsicherung* als Synonyme verwendet.

---

[76] Vgl. Ulrich, H.: Systemorientierter Ansatz der BWL, 1971, S. 45.

[77] Vgl. Ulrich, P.; Hill, W.: Wissenschaftstheoretische Grundlagen der BWL (1), 1976, S. 306.

[78] Vgl. Ulrich, H.: Systemorientierter Ansatz der BWL, 1971, S. 45.

[79] Vgl. beispielsweise Kortler, S.: Absicherung von Eigenschaften komplexer Produkte, 2014; Kukolja, J.: Absicherung der Produktentwicklung, 2009; Horn, C.: Risikobasierte Qualitätsabsicherung, 2008; Müller, M.: Reifegradbasierte Optimierung von Entwicklungsprozessen, 2008.

[80] Vgl. beispielsweise Heidt, W.; Henn, G., et al.: Absicherung der Produkteigenschaften, 2008.

Anforderung

Unter einer *Anforderung* wird im Rahmen dieser Arbeit ein Erfordernis oder eine Erwartung definiert, welches bzw. welche festgelegt, üblicherweise vorausgesetzt oder verpflichtend ist.[81] Bezogen auf ein technisches Produkt können *Anforderungen* auch als geforderte *Produkteigenschaften* aufgefasst werden.[82] Über diese begriffliche Interpretation ergibt sich der enge Zusammenhang zwischen *Anforderungen* und *Eigenschaftsabsicherung* (vgl. Abbildung 2.6).

Eigenschaftsabsicherung

Die *Eigenschaftsabsicherung* umfasst in der *Produktentstehung* diejenigen Aktivitäten, die sicherstellen, dass „die tatsächlichen mit den gewünschten Systemeigenschaften übereinstimmen"[83]. Sie spielt insbesondere bei der Entwicklung von komplexen Produkten eine vordergründige Rolle und nimmt eine eigenständige Position im V-Modell der mechatronischen Produktentwicklung bzw. des Systems Engineering ein (vgl. Abbildung 2.5).

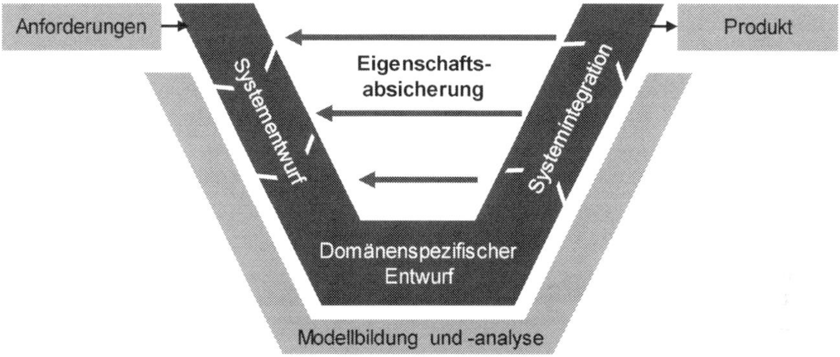

Abbildung 2.5: V-Modell der mechatronischen Produktentwicklung[84]

Obwohl die *Eigenschaftsabsicherung* als Bestandteil des Qualitätsmanagements – im Speziellen der Qualitätssicherung – angesehen wird,[85] wird sie insbesondere in den Arbeiten der Konstruktionsmethodik behandelt. Dabei ist festzuhalten, dass in der Literatur kein einheitliches Begriffssystem verwendet wird (vgl. Tabelle 2.2).

---

[81] Vgl. DIN: Qualitätsmanagementsysteme, 2015, S. 39.

[82] Vgl. Baumgart, I.: Requirements Engineering, 2016, S. 426.; Bhise, V. D.: Systems Engineering Processes, 2014, S. 72.; Ponn, J.: Konzeptentwicklung und Gestaltung technischer Produkte, 2011, S. 39.; a. a. O., 35.; Lindemann, U.: Methodische Entwicklung technischer Produkte, 2009, S. 329.

[83] VDI: Entwicklungsmethodik für mechatronische Systeme, 2004, S. 30.

[84] Vgl. a. a. O., S. 29.

[85] Vgl. Kortler, S.: Absicherung von Eigenschaften komplexer Produkte, 2014, S. 2.; Maropoulos, P. G.; Ceglarek, D.: Design verification and validation, 2010, S. 741.; Felgen, L.: Systemorientierte Qualitätssicherung, 2007, S. 127.; VDI: Entwicklungsmethodik für mechatronische Systeme, 2004, S. 113.

Tabelle 2.2: Begriffssysteme im Kontext der Eigenschaftsabsicherung

Autor(en)	Definiendum	Definiens
EHRLENSPIEL/ MEERKAMM	Analysemethoden	Frühzeitige Abschätzung der Produkt- und Prozesseigenschaften durch Überlegung und Diskussion, Berechnung, Optimierung und Kennzahlvergleich, Simulation oder Versuch[86]
FELGEN	Eigenschaftsanalysen	„Hilfsmittel wie Schätzungen, Berechnungen, Simulationen, Versuche und Mischformen wie Hardware-in-the-Loop oder Software-in-the-Loop Untersuchungen"[87]
KORTLER	Absicherung, Eigenschaftsanalyse	Verifikation, Validierung, Integration[88]
LINDEMANN	Eigenschaftsanalyse, Eigenschaftsfrüherkennung	Erhöhung des Kenntnisstands bezüglich der Produkteigenschaften[89]
PONN	Eigenschaftsermittlung und -absicherung	„Berechnungen und Simulationen, [] Versuche oder [] Einschätzungen von Experten"[90]
VDI	Eigenschaftsabsicherung	Verifikation, Validierung[91]

Die vorliegende Arbeit baut auf dem Begriffsverständnis der VDI-Richtlinie 2206 auf, welche unter der *Eigenschaftsabsicherung* die Aktivitäten der *Verifikation* und *Validierung* (V&V) des Produktes zur Sicherung der geforderten Systemeigenschaften zusammenfasst.[92] Diese Aktivitäten umfassen wiederum verschiedene Methoden, die sich in vier Kategorien einteilen lassen:[93]

- Prüfung
- Analyse
- Testing
- Demonstration

Der Begriff der *Eigenschaftsabsicherung* steht im engen Zusammenhang mit einer Vielzahl von weiteren Begrifflichkeiten, die im Rahmen dieser Arbeit relevant sind (vgl. Abbildung 2.6).

86 Vgl. Ehrlenspiel, K.; Meerkamm, H.: Integrierte Produktentwicklung, 2013, S. 514.
87 Felgen, L.: Systemorientierte Qualitätssicherung, 2007, S. 126.
88 Vgl. Kortler, S.: Absicherung von Eigenschaften komplexer Produkte, 2014, S. 12.
89 Vgl. Lindemann, U.: Methodische Entwicklung technischer Produkte, 2009, S. 158.
90 Ponn, J.: Konzeptentwicklung und Gestaltung technischer Produkte, 2011, S. 173.
91 Vgl. VDI: Entwicklungsmethodik für mechatronische Systeme, 2004, S. 38.
92 Vgl. ebenda.
93 Vgl. Sudol, A.: Modeling Verification, Validation, and Testing, 2015, S. 11.; Haskins, C.: Systems engineering handbook, 2011, S. 126.; Kamrani, A. K.; Azimi, M.: Systems engineering, 2011, S. 85 f.; Grady, J. O.: System verification, 2007, S. 75 f.

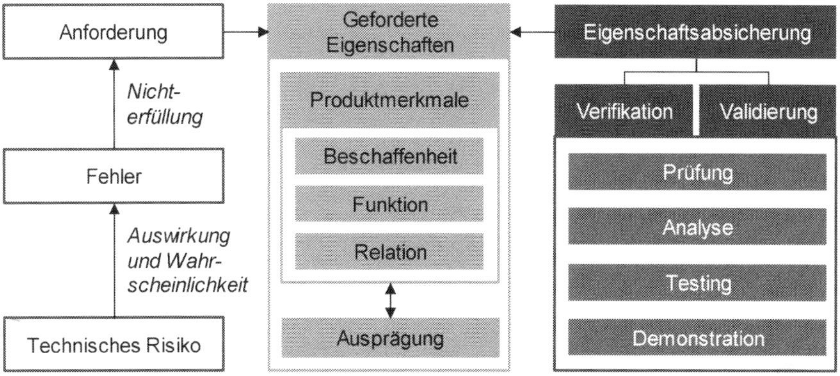

Abbildung 2.6: Übersicht absicherungsrelevanter Begrifflichkeiten

Aktivitäten der *Verifikation* und *Validierung*, die der *Eigenschaftsabsicherung* zugeordnet sind, dienen der Überprüfung, inwiefern die tatsächlichen *Produkteigenschaften* den geforderten *Produkteigenschaften* (*Anforderungen*) entsprechen.[94] *Produkteigenschaften* lassen sich dabei durch *Produktmerkmale* mit zugehöriger Ausprägung beschreiben.[95] Weichen die tatsächlichen von den geforderten Eigenschaften ab, d. h. Anforderungen werden nicht erfüllt, spricht man von einem *Fehler*.[96] Potenzielle *Fehler*, die sich anhand ihrer Eintrittswahrscheinlichkeit und Auswirkung beschreiben lassen,[97] werden durch den Begriff des *technischen Risikos* abgebildet.[98]

Die *Eigenschaftsabsicherung* wird in verschiedenen Phasen des Produktlebenszyklus durchgeführt.[99] So stellt auch die Qualitätsprüfung in der Herstellungsphase eines Produktes eine Aktivität der *Eigenschaftsabsicherung* dar. Wie bereits oben beschrieben, wird der Begriff der *Eigenschaftsabsicherung* jedoch weitestgehend für diejenigen Absicherungsaktivitäten verwendet, die im Zuge der *Produktentstehung* durchgeführt werden. Diesem letztgenannten Begriffsverständnis folgt die vorliegende Arbeit.

Für die Planung und Durchführung der *Eigenschaftsabsicherung* existieren unterschiedliche Vorgehensmodelle. Im Rahmen der vorliegenden Arbeit wird auf den Ansatz von MEISENZAHL ET AL. zurückgegriffen, welcher die *Absicherung* im Zuge der *Produktentstehung* in die Aufgabenbereiche

- Planung,
- Spezifikation,

[94] Vgl. VDI: Entwicklungsmethodik für mechatronische Systeme, 2004, S. 30.
[95] Vgl. Lindemann, U.: Methodische Entwicklung technischer Produkte, 2009, S. 160.
[96] Vgl. DIN: Qualitätsmanagementsysteme, 2015, S. 40.
[97] Vgl. Damm, J.: Risikobezogene Aufwandreduktion für Eignungsnachweise, 2015, S. 48.
[98] Vgl. Zentis, T.: Bewertung und Kontrolle technischer Risiken, 2013, S. 18.
[99] Vgl. Maropoulos, P. G.; Ceglarek, D.: Design verification and validation, 2010, S. 740.

- Durchführung und
- Berichtswesen

untergliedert (vgl. auch Abbildung 2.3).[100] Diese Gliederung basiert auf dem verbreiteten fundamentalen Prozess des *Testmanagements*, der gemäß der oben erwähnten Methode des Testens einen Teilbereich der *Eigenschaftsabsicherung* darstellt.

Fehler

Unter einem *Fehler* wird die „Nichterfüllung einer *Anforderung*“[101] verstanden. Im Bezug auf die zuvor vorgenommene Definition der *Anforderung* liegt daher ein *Fehler* vor, wenn eine tatsächliche *Produkteigenschaft* nicht mit einer geforderten *Produkteigenschaft* übereinstimmt. Den Grad an Übereinstimmung zu messen ist Aufgabe der *Eigenschaftsabsicherung*.[102]

Gestaltungsorientierte Forschung

Der Begriff der *gestaltungsorientierten Forschung* wird in der vorliegenden Arbeit als Übersetzung des englischsprachigen Begriffs für den Design Science Research Ansatz verwendet.[103]

Methode

Eine *Methode* beschreibt ein zweckgerichtetes und planmäßiges Vorgehen, welches auf einem Regelsystem aufbaut.[104] Sie führt zur Lösung von theoretischen und praktischen Aufgaben.[105] Eine *Methode* bzw. mehrere *Methoden* können Teil einer übergeordneten *Methodik* sein.

Methodik

Eine *Methodik* stellt ein zusammengehöriges System von *Modellen*, *Methoden* und Hilfsmitteln dar.[106] Der Zusammenhang zwischen diesen Begrifflichkeiten ist in Abbildung 2.7 dargestellt.

Modell

Zur Definition des Modellbegriffs wird auf die Ausführungen von STACHOWIAK zurückgegriffen, der *Modelle* im technischen Kontext als Abbild von etwas, Vorbild für etwas bzw. Repräsentation eines bestimmten Originals definiert.[107] Ein *Modell* bzw. mehrere *Modelle* können Teil einer übergeordneten *Methodik* sein.

---

[100] Vgl. Meisenzahl, J.; La Cruz, M. de, et al.: Verification and Validation Process, 2006, S. 1138.

[101] DIN: Qualitätsmanagementsysteme, 2015, S. 40.

[102] Für eine weiterführende Untersuchung des Fehlerbegriffs sei auf die folgenden Ausführungen verwiesen: Schröder, M.: Klassifikation von Fehlerereignissen, 2016, S. 9.; Spillner, A.; Roßner Thomas, et al.: Testmanagement, 2008, S. 5.

[103] Die Forschungsmethodik ist in Abschnitt 1.3 ausführlicher dargestellt.

[104] Vgl. Laufenberg, L.: Integrierte Projektgestaltung, 1996, S. 9.

[105] Vgl. Bochtler, W.: Integrierte Konstruktion und Arbeitsplanung, 1996, S. 6.

[106] Dieses Begriffsverständnis beruht auf den Ausführungen nach NEUHAUSEN (Vgl. Neuhausen, J.: Gestaltung modularer Produktionssysteme, 2002, S. 6 f.), der auf den Erklärungsansätzen von BOCHTLER (Vgl. Bochtler, W.: Integrierte Konstruktion und Arbeitsplanung, 1996, S. 5 ff.), HEYN (Vgl. Heyn, M.: Gestaltung von Entwicklungskooperationen, 1999, S. 5.) und LAUFENBERG (Vgl. Laufenberg, L.: Integrierte Projektgestaltung, 1996, S. 6 ff.) aufbaut.

[107] Stachowiak, H.: Allgemeine Modelltheorie, 1973, S. 129.

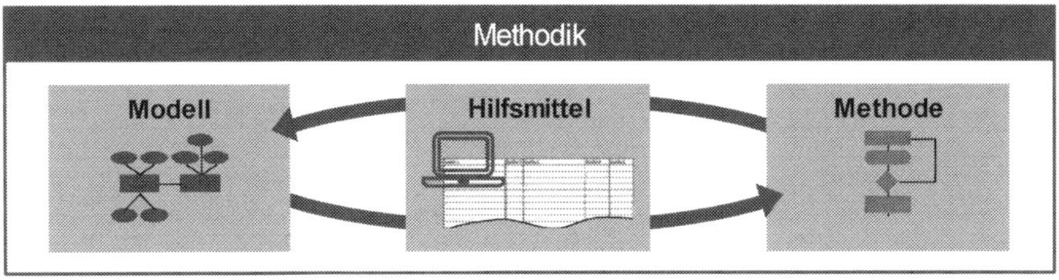

Abbildung 2.7: Zusammenhang zwischen Methodik, Modell, Hilfsmittel und Methode[108]

Produkteigenschaft

Die Eigenschaften eines Produktes setzen sich zusammen aus *Produktmerkmalen* mit zugehörigen Ausprägungen.[109] Die Zusammenhänge des Begriffs der *Produkteigenschaft* mit verwandten Begrifflichkeiten der *Anforderungen* und *Eigenschaftsabsicherung* sind in Abbildung 2.6 dargestellt.[110]

Produktentstehung

Im Rahmen dieser Arbeit wird das Verständnis des *Produktentstehungsprozesses* nach EIGNER/STELZER[111] aufgegriffen (vgl. Abbildung 2.8). Dieses ordnet die *Produktentstehung* in den übergeordneten Produktlebenszyklus ein. Der *Produktentstehungsprozess* erstreckt sich demnach von der Anforderungsaufnahme bis zum Abschluss der Produktionsprozessplanung. Dabei schließt er den untergeordneten Prozess der *Produktentwicklung* ein.

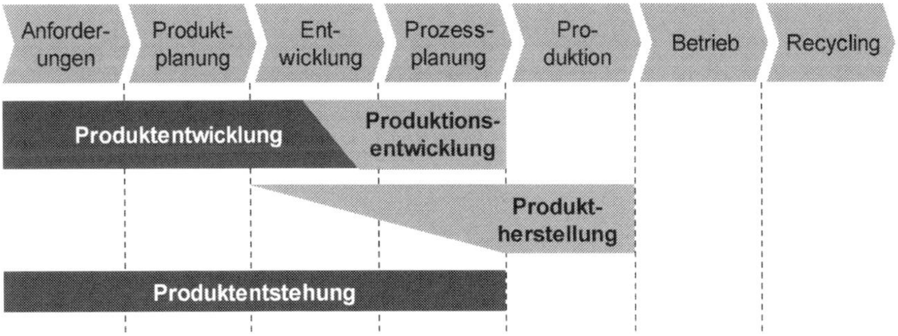

Abbildung 2.8: Produktentstehung und Produktentwicklung im Produktlebenszyklus[112]

---

108 Vgl. Laufenberg, L.: Integrierte Projektgestaltung, 1996, S. 7.

109 Vgl. Kortler, S.: Absicherung von Eigenschaften komplexer Produkte, 2014, S. 15. sowie Lindemann, U.: Methodische Entwicklung technischer Produkte, 2009, S. 160.

110 Für eine weiterführende Diskussion des Eigenschaftsbegriffs sei auf die folgenden Arbeiten verwiesen: Kortler, S.: Absicherung von Eigenschaften komplexer Produkte, 2014, S. 15 ff.; Krehmer, H.: Iterations- und Produktreifegradmanagement, 2012, S. 29 ff.

111 Vgl. Eigner, M.; Stelzer, R.: Product Lifecycle Management, 2009.

112 Vgl. a. a. O., S. 2.

Produktentwicklung

Das Verständnis des Begriffs der *Produktentwicklung* bezieht sich im Rahmen der vorliegenden Arbeit ebenfalls auf den Ansatz nach EIGNER/STELZER (vgl. Abbildung 2.8).[113] Die *Produktentwicklung* stellt demnach einen wesentlichen Bestandteil der *Produktentstehung* dar, geht jedoch in späteren Phasen in die Produktionsentwicklung über.

Produktmerkmal

Ein *Merkmal* stellt eine „kennzeichnende Eigenschaft“[114] dar. Dabei lassen sich *Merkmale* eines Produktes zunächst in Beschaffenheitsmerkmale und Relationsmerkmale einteilen.[115] Zu den Beschaffenheitsmerkmalen zählen beispielsweise Form, Abmessung und Werkstoff.[116] Sie werden auch als direkte Merkmale bezeichnet.[117] Relationsmerkmale beschreiben den Zusammenhang zwischen zwei Begriffen.[118] Hierzu zählen die Kosten oder Herstellbarkeit eines Produktes, die sich als Konsequenz aus den Beschaffenheitsmerkmalen ergeben.[119] Nach den Ausführungen von LINDEMANN lassen sich neben den Relationsmerkmalen auch Funktionsmerkmale identifizieren. Diese beschreiben die vom Produkt durchführbaren Handlungen.[120] Eine Gliederung der Produktmerkmale nach LINDEMANN in Anlehnung an GÖKER[121] ist in Abbildung 2.9 dargestellt.

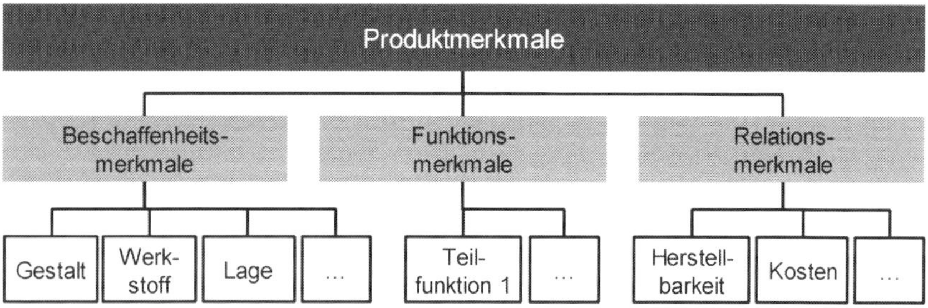

Abbildung 2.9: Einteilung von Produktmerkmalen[122]

[113] Vgl. ebenda.

[114] DIN: Qualitätsmanagementsysteme, 2015, S. 52.

[115] Zur Klassifizierung von Merkmalen wird in der Qualitätsmanagementnorm DIN EN ISO 9000:2015 eine Klassifizierung vorgeschlagen (Vgl. a. a. O., S. 52 f.) die jedoch aufgrund des mangelnden Produktbezugs nicht im Rahmen dieser Arbeit verwendet wird. Stattdessen wird in der vorliegenden Arbeit die Klassifizierung des Merkmalsbegriffs gemäß der Norm DIN 2330:2013 vorgenommen (Vgl. DIN: Begriffe und Benennungen, Juli 2013, S. 7.), welche auch in der Literatur zur Konstruktionsmethodik verwendet wird (Vgl. Lindemann, U.: Methodische Entwicklung technischer Produkte, 2009, S. 160.)

[116] Vgl. DIN: Begriffe und Benennungen, Juli 2013, S. 7.

[117] Vgl. Lindemann, U.: Methodische Entwicklung technischer Produkte, 2009, S. 160.

[118] Vgl. DIN: Begriffe und Benennungen, Juli 2013, S. 8.

[119] Vgl. Lindemann, U.: Methodische Entwicklung technischer Produkte, 2009, S. 160.

[120] Vgl. ebenda.

[121] Vgl. Göker, H. M.: Einbinden von Erfahrung, 1996.

[122] In Anlehnung an Lindemann, U.: Methodische Entwicklung technischer Produkte, 2009, S. 160.

Jedes Merkmal eines Produktes besitzt eine zugehörige Ausprägung[123] und wird somit zur *Produkteigenschaft*. Insbesondere für Funktionsmerkmale ist festzuhalten, dass sie nicht direkt erfasst werden können und durch geeignete Aktivitäten der *Eigenschaftsabsicherung* zu untersuchen sind.[124]

Produktreifegrad

Unter dem Begriff des Produktreifegrads wird der „Grad der Erfüllung der [Anf]orderungen an das Produkt"[125] verstanden. Der Reifegrad eines Produktes steht im engen Zusammenhang zur *Eigenschaftsabsicherung*, da anhand der Durchführung von Absicherungsaktivitäten Informationen über den Ist-Zustand des Reifegrads erhalten werden.[126] Für weitere Begriffsuntersuchungen zum Produktreifegrad sei auf die Arbeiten von KANDT ET AL.,[127] KREHMER[128] und PFEIFER-SILBERBACH[129] verwiesen.

Prüfplanung

Die *Prüfplanung* umfasst die Planung von Qualitätsprüfungen für die unterschiedlichen Produktionsschritte, die zur Herstellung eines Produktes erforderlich sind.[130] Im Gegensatz zur Planung der *Eigenschaftsabsicherung* betrachtet die *Prüfplanung* somit ausschließlich Qualitätsprüfungen, die im Zuge der Produktherstellung durchgeführt werden. Gleichwohl weisen beide Disziplinen Parallelen in der Vorgehensweise auf (z. B. Auswahl der zu untersuchenden Merkmale),[131] die eine Untersuchung der *Prüfplanung* im Rahmen dieser Arbeit nahelegen.

Technisches Risikomanagement

Das *technische Risikomanagement* befasst sich mit der Anwendung von etablierten Vorgehensweisen des Risikomanagements auf technische Produkte und Prozesse.[132] Dabei beschreibt ein *technisches Risiko* einen potenziellen Fehler, welcher sich auf die Qualität eines Produktes oder eines Produktionsprozesses auswirkt.[133] Diese potenziellen Fehler können durch deren Auswirkung bzw. Schwere sowie deren Eintrittswahrscheinlichkeit beschrieben werden.[134]

Die Aufgabenbereiche des technischen Risikomanagements können nach den Ausführungen von ZENTIS in die vier Phasen

- Risikoidentifizierung,

---

[123] Vgl. ebenda.

[124] Vgl. ebenda.

[125] Vgl. Jahn, T.: Portfolio- und Reifegradmanagement, 2010, S. 31.; Weinzierl, J.: Produktreifegrad-Management, 2006, S. 21.; Pfeifer, T.: Projektreife in der Entwicklung, 1996, S. 565.

[126] Vgl. Müller, M.: Reifegradbasierte Optimierung von Entwicklungsprozessen, 2008, S. 83.

[127] Vgl. Kandt, A.; Pickshaus, T., et al.: Product Maturity in Product Development, 2016.

[128] Vgl. Krehmer, H.: Iterations- und Produktreifegradmanagement, 2012.

[129] Vgl. Pfeifer-Silberbach, U.: Monitoring des Reifegrades, 2005.

[130] Vgl. Linß, G.: Prüfplanung, 2014, S. 525.

[131] Vgl. Bernards, M.: Modulare Prüfplanung, 2006, S. 19.

[132] Vgl. Zentis, T.: Bewertung und Kontrolle technischer Risiken, 2013, S. 21.

[133] Vgl. a. a. O., S. 18.

[134] Vgl. Damm, J.: Risikobezogene Aufwandreduktion für Eignungsnachweise, 2015, S. 48.

- Risikoanalyse und -bewertung,
- Risikobehandlung und
- Risikokontrolle

untergliedert werden. Die Identifizierung von Risiken umfasst dabei das Zusammentragen von möglichen Risiken. Im Anschluss an die Identifizierung von Risiken erfolgen eine Analyse der Ursachen sowie eine Bewertung von Eintrittswahrscheinlichkeit und Schadensausmaß. Die nachfolgende Risikobehandlung umfasst die Definition von Maßnahmen zur Verringerung der Eintrittswahrscheinlichkeit sowie zur Minderung der Auswirkungen. Im Rahmen der abschließenden Risikokontrolle erfolgt die kontinuierliche Überprüfung der Risikoanalysen und -bewertungen sowie der zugehörigen Behandlungsmaßnahmen.[135]

Eine Methode, welche die zuvor genannten vier Aufgabenbereiche abdeckt, ist die Fehlermöglichkeits- und Einflussanalyse (FMEA). Diese wird im Rahmen der Untersuchung des aktuellen Forschungsstands näher erläutert.[136]

Testmanagement

Das *Testmanagement* umfasst die Planung, Abschätzung, Überwachung und Steuerung von Testaktivitäten.[137] *Testmanagement* wird als Teil des Qualitätsmanagements, insbesondere als Teil der Qualitätssicherung angesehen.[138] Testen stellt dabei eine unternehmerische Aktivität dar, bei der ermittelt wird, inwiefern ein Objekt entsprechend der *Anforderungen* für eine spezifische beabsichtigte Anwendung geeignet ist.[139] Im Rahmen der vorliegenden Arbeit wird Testen als eine Methode der *Eigenschaftsabsicherung* aufgefasst.[140]

Zwei zentrale Zielsetzungen des *Testmanagements*, die im Rahmen der vorliegenden Arbeit von vorrangiger Bedeutung sind, lassen sich wie folgt zusammenfassen:

- Überprüfung, ob das vorliegende Entwicklungsergebnis den *Anforderungen* entspricht.[141]
- Identifizierung und Beseitigung von produktimmanenten *Fehlern*.[142]

---

135 Vgl. Zentis, T.: Bewertung und Kontrolle technischer Risiken, 2013, S. 24 ff.

136 Vgl. Abschnitt 3.2.1.

137 Vgl. McKay, J.; Hamburg, M.: Standard Glossary of Software Testing, 26.03.2015, S. 25.

138 Vgl. Simon, D.; Simon, F.: Test Management and Risk Management, Oktober 2012, S. 3.; Sneed, H. M.; Baumgartner, M., et al.: Der Systemtest, 2012, S. 254.

139 Vgl. DIN: Qualitätsmanagementsysteme, 2015, S. 56.

140 Vgl. Haskins, C.: Systems engineering handbook, 2011, S. 126.; Kamrani, A. K.; Azimi, M.: Systems engineering, 2011, S. 85 f.; Grady, J. O.: System verification, 2007, S. 75 f.

141 Vgl. Prefi, T.: Qualitätsmanagement in der Produktentwicklung, 2014, S. 406.; Simon, D.; Simon, F.: Test Management and Risk Management, Oktober 2012, S. 5.; Spillner, A.; Roßner Thomas, et al.: Testmanagement, 2008, S. 5.; Vollerthun, A.: Test...Test...Test, 2006, S. 33.

142 Vgl. Prefi, T.: Qualitätsmanagement in der Produktentwicklung, 2014, S. 406.; Vivenzio, A.; Vivenzio, D.: Testmanagement bei SAP-Projekten, 2013, S. 17.; Simon, D.; Simon, F.: Test Management and Risk Management, Oktober 2012, S. 5.; Myers, G. J.; Badgett, T., et al.: The art of software testing, 2012, S. 6.; Sneed, H. M.; Baumgartner, M., et al.: Der Systemtest, 2012, S. 9.; Liggesmeyer, P.: Software-Qualität, 2009, S. 2.; Spillner, A.; Roßner Thomas, et al.: Testmanagement, 2008, S. 5 f.; Tremp, H.; Scheuring, J.: IT-Systeme prüfen, 2007, S. 36 f.; Perry, W. E.: Software Testing, 2006, S. 38.; Vollerthun, A.: Test...Test...Test, 2006, S. 33.; Pinkster, I.; Burgt, B. van de, et al.: Successful Test Management, 2004, S. 2.

Beide Zielsetzungen weisen einen engen Zusammenhang zur *Eigenschaftsabsicherung* auf. Testaktivitäten, die im Rahmen der Produktentstehung durchgeführt werden, liefern zum einen Informationen über den Erfüllungsgrad von *Anforderungen* und stellen somit einen Teil der *Eigenschaftsabsicherung* dar. Zum anderen kann durch das Testen die Identifizierung und Beseitigung von produktimmanenten *Fehlern* (Nichterfüllung von *Anforderungen*) erfolgen.

Der fundamentale Testmanagement-Prozess ist in Abbildung 2.10 dargestellt. Da dieser Prozess Parallelen zur Vorgehensweise der *Eigenschaftsabsicherung* aufweist, erfolgt im Rahmen dieser Arbeit eine nähere Untersuchung des *Testmanagements* bzw. der *Testplanung*.

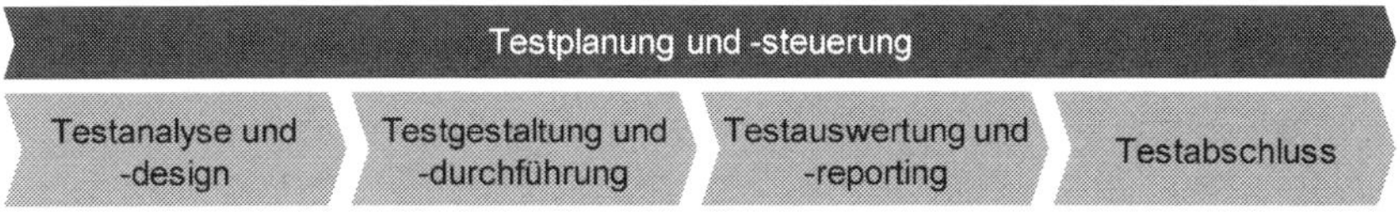

Abbildung 2.10: Der fundamentale Testmanagement-Prozess[143]

Testplanung

Die *Testplanung* stellt eine Teilaufgabe des übergeordneten *Testmanagements* dar und fokussiert die Planung von Testaktivitäten. Sie liefert „die Grundlage für eine qualitätsgerechte Verifikation und Validierung von Produkt- und Prozessmerkmalen während der Produktentwicklung“[144]. Ansätze zur *Testplanung* weisen verschiedene Parallelen zur Planung der *Eigenschaftsabsicherung* sowie zur *Prüfplanung* auf und werden daher näher betrachtet.

Unsicherheit

Das im Rahmen der Arbeit vorliegende Verständnis des Begriffes *Unsicherheit* lehnt sich an das der allgemeinen Informationstheorie[145] an. Demnach ist *Unsicherheit* eine Erscheinungsform eines vorhandenen Informationsdefizits, welches durch entsprechend geeignete Informationen reduziert werden kann.[146] Aufgrund der besonderen Bedeutung des Unsicherheitsbegriffs für die vorliegende Arbeit erfolgt eine ausführliche Erörterung der Begrifflichkeiten in Abschnitt 4.1.1.

Validierung

Die Validierung stellt eine Aktivität der *Eigenschaftsabsicherung* dar. Sie umfasst die „Bestätigung durch Bereitstellung eines objektiven Nachweises [ ], dass die Anforderungen [ ] für einen spezifischen beabsichtigten Gebrauch oder eine spezifische beabsichtigte Anwendung erfüllt

[143] Vgl. Simon, D.; Simon, F.: Integrating Test and Risk Management, 2012, S. 98.
[144] Vgl. Prefi, T.: Qualitätsmanagement in der Produktentwicklung, 2014, S. 435.
[145] Aus dem Englischen: *Generalized Information Theory*.
[146] Vgl. Klir, G. J.: Uncertainty and information, 2006, S. 7.; a. a. O., S. viii.

worden sind“[147]. In Abgrenzung zum *Verifikationsbegriff* ist herauszustellen, dass die *Validierung* die Überprüfung der Eignung eines Produktes für seinen Einsatzzweck umfasst.[148]

Verifikation

Ziel der *Verifikation* ist die „Bestätigung durch Bereitstellung eines objektiven Nachweises [ ], dass festgelegte Anforderungen [ ] erfüllt worden sind“[149]. Diesem Verständnis des *Verifikationsbegriffs* folgen verschiedene normative Werke und Arbeiten, die im engen Zusammenhang mit der *Eigenschaftsabsicherung* stehen.[150] Jedoch wird der Begriff der *Verifikation* in der für die *Eigenschaftsabsicherung* relevanten Literatur unterschiedlich verwendet. Hierzu existieren bereits verschiedene Arbeiten, die sich intensiv mit der Klärung der Begrifflichkeit auseinandersetzen.[151]

2.3.2 Eingrenzung des Objektbereichs

Auf Basis der zuvor vorgenommenen Definition relevanter Begrifflichkeiten kann der Objektbereich, der im Rahmen der vorliegenden Arbeit näher untersucht wird, in verschiedenen Gesichtspunkten eingegrenzt werden:

Phase im Produktlebenszyklus: Produktentstehung

Die vorliegende Arbeit beschäftigt sich mit der Eigenschaftsabsicherung, die im Zuge der Produktentstehung vorgenommen wird. Insbesondere stehen diejenigen Absicherungsaktivitäten im Vordergrund, die während der Produktentwicklung durchgeführt werden. Maßnahmen zur Eigenschaftsabsicherung in Phasen, die der Produktentstehung nachgelagert sind (z. B. in Form von Qualitätsprüfungen in der Herstellungsphase eines Produktes), liegen nicht im Untersuchungsbereich der Arbeit.

Aufgabenbereich der Eigenschaftsabsicherung: Absicherungsplanung

Der Fokus der nachfolgenden Untersuchungen wird auf die Aufgaben zur Planung der Eigenschaftsabsicherung gelegt. Dies umfasst insbesondere die Auswahl derjenigen Produkteigenschaften, die im Rahmen von Absicherungsaktivitäten zu untersuchen sind. Vorgehensweisen zur näheren Spezifikation dieser Absicherungsaktivitäten (z. B. die detaillierte Gestaltung von Prüfungen, Analysen, Tests oder Demonstrationen) sowie deren Durchführung und Auswertung werden nicht weiter betrachtet.

---

[147] Vgl. DIN: Qualitätsmanagementsysteme, 2015, S. 50.

[148] Vgl. VDI: Entwicklungsmethodik für mechatronische Systeme, 2004, S. 39.

[149] Vgl. DIN: Qualitätsmanagementsysteme, 2015, S. 49.

[150] Vgl. International Organization for Standardization (ISO): Systems and software engineering, 2015, S. 10.; Bhise, V. D.: Systems Engineering Processes, 2014, S. 30.; International Organization for Standardization (ISO): Systems and software engineering, 2014, S. 7.; International Organization for Standardization (ISO): Software and systems engineering, 2013, S. 14.; Haskins, C.: Systems engineering handbook, 2011, S. 126.; International Organization for Standardization (ISO): Systems and software engineering, 2011, S. 20.; VDI: Entwicklungsmethodik für mechatronische Systeme, 2004, S. 38.; Wasserman, G. S.: Reliability verification, testing and analysis, 2003, S. 204.

[151] Für eine weiterführende Analyse des Verifikationsbegriffes sei auf die folgenden Arbeiten verwiesen: Engel, A.: Verification, validation, and testing, 2010, S. 12 ff.; Maropoulos, P. G.; Ceglarek, D.: Design verification and validation, 2010, S. 741 ff.; Grady, J. O.: System verification, 2007, S. 321 ff.

Untersuchungsbereich der Eigenschaftsabsicherung: Produkte

Die Eigenschaftsabsicherung kann im Produktentstehungsprozess sowohl für zu entwickelnde Produkte als auch für Produktionsprozesse vorgenommen werden. Die vorliegende Arbeit legt den Untersuchungsschwerpunkt auf die Absicherung von Produkteigenschaften. Die Verifikation und Validierung von Eigenschaften des Produktionsprozesses (z. B. Prozessparameter) liegen nicht im Untersuchungsbereich der vorliegenden Arbeit.

Eingrenzung des Produktbereichs: komplexe technische Produkte

Für Produkte mit einer geringen Anzahl an Anforderungen kann eine Planung der Eigenschaftsabsicherung intuitiv erfolgen.[152] Die Notwendigkeit einer expliziten Absicherungsplanung tritt daher erst bei Produkten mit einer hohen Anzahl an Anforderungen, Funktionen oder Systembestandteilen zutage. Folglich wird der Untersuchungsschwerpunkt auf komplexe technische Produkte gelegt. Die Entwicklung dieser Produkte erfolgt zudem häufig nach dem Systems Engineering Ansatz, der gemäß des V-Modells eine explizite Eigenschaftsabsicherung vorsieht. Häufig anzutreffende Definitionen für diese Produktkategorien sind komplexe Produktsysteme,[153] mechatronische Systeme,[154] oder Smart Products.[155]

Phasen des technischen Risikomanagements: Analyse und Bewertung sowie Behandlung

Zur Planung der Eigenschaftsabsicherung wird auf die Ergebnisse des technischen Risikomanagements zurückgegriffen. Der Betrachtungsschwerpunkt der vorliegenden Arbeit wird hierbei auf die Phasen zur Analyse und Bewertung sowie zur Behandlung von technischen Risiken gelegt. Insbesondere wird im Rahmen der zu entwickelnden Priorisierungsmethodik die Bewertung von Risiken für die Planung der Eigenschaftsabsicherung fokussiert. Die vorgelagerte Identifizierung sowie die nachgelagerte kontinuierliche Kontrolle von technischen Risiken wird im Rahmen der vorliegenden Arbeit nicht näher untersucht. Jedoch wird angenommen, dass die Ergebnisse der Risikoidentifizierung bereits für die Priorisierung vorliegen.

Methode des technischen Risikomanagements: FMEA

Bei den Ausführungen zum technischen Risikomanagement wird auf die Methode der Fehlermöglichkeits- und -einflussanalyse (FMEA) zurückgegriffen. Diese besitzt den höchsten Verbreitungsgrad in produzierenden Unternehmen,[156] sodass die zu entwickelnde Methodik auf einer etablierten Risikomanagementmethode beruht. Weiterhin wird im Zuge der Untersuchungen zum Stand der Forschung die Methode der Fehlerbaumanalyse in groben Zügen behandelt. Weitere Methoden des technischen Risikomanagements werden nicht näher betrachtet.

---

[152] Vgl. Shabi, J.; Reich, Y.: Planning systems verification, 2012, S. 429.

[153] Vgl. Bhise, V. D.: Systems Engineering Processes, 2014, S. 2 f.; Schmidt, S.: Diffusion komplexer Produkte, 2009, S. 76 ff.; Ren, Y.-T.; Yeo, K.-T.: Complex Product Systems, 2006, S. 519 ff.; Davies, A.; Hobday, M.: Managing innovation, 2005, S. 21.

[154] Vgl. Lanza, G.; Blank, T., et al.: Design for Testability, 2013, S. 284.; VDI: Entwicklungsmethodik für mechatronische Systeme, 2004, S. 9 ff.

[155] Vgl. Kantorovitch, J.: Future Smart Products Systems Engineering, 2015, S. 3807.; Anderl, R.; Picard, A., et al.: Smart Engineering for Smart Products, 2013, S. 3.; Mühlhäuser, M.: Smart Products, 2008, S. 162 f.

[156] Vgl. Zentis, T.; Czech, A., et al.: Technisches Risikomanagement, 2011, S. 45.; a. a. O., S. 50.

Der Objektbereich der vorliegenden Arbeit ist in der nachfolgenden Abbildung 2.11 in Form eines morphologischen Kastens visualisiert.

Merkmal	Ausprägung			
Phase im Produktlebenszyklus	Produktentstehung	Produktion	Betrieb	Recycling
Aufgabenbereich der Eigenschaftsabsicherung	Planung	Spezifikation	Durchführung	Reporting
Untersuchungsbereich der Eigenschaftsabsicherung	Produkte	Prozesse		
Produktbereich	Komplexe technische Produkte	Einfache Produkte		
Phasen im technischen Risikomanagement	Risikoidentifizierung	Risikoanalyse und -bewertung	Risikobehandlung	Risikokontrolle und -steuerung
Methoden des technischen Risikomanagements	FMEA	Fehlerbaumanalyse	Risikoinventare	…

Abbildung 2.11: Morphologischer Kasten zum Objektbereich der Arbeit

3 Stand der Forschung

Stichhaltigkeit – als Qualitätskriterium guter Forschung –[157] wird durch die angemessene Berücksichtigung und geschickte Verwendung existierender Grundlagen und Theorien erreicht, um ein neues Artefakt zur Lösung der identifizierten Problemstellung zu schaffen.[158] Dabei ist nach der Auffassung von sowohl IIVARI als auch HEVNER die Berücksichtigung und Verwendung existierender Theorien wichtiger für die Ableitung von kreativen Ideen im Gestaltungsprozess als für den stringenten Nachweis, dass die Forschungsergebnisse an die bestehende Wissensbasis geknüpft sind.[159] Nichtsdestotrotz ist die Darstellung des problemrelevanten Stands der Forschung erforderlich, um aufzuzeigen, an welchen Stellen ein klarer und nachweisbarer Forschungsbeitrag geleistet wird.[160]

Im Folgenden wird der Stand der Forschung aus Wissensgebieten analysiert, die in engem Zusammenhang mit der vorliegenden praktischen Problemstellung von unzureichend abgesicherten Produkten[161] stehen. Hierbei handelt es sich um Ansätze zur Planung der Eigenschaftsabsicherung (vgl. Abschnitt 3.1), zum technischen Risikomanagement (vgl. Abschnitt 3.2) sowie zu den Forschungsfeldern der Test- und Prüfplanung (vgl. Abschnitt 3.3), die Parallelen zur Planung der Eigenschaftsabsicherung aufweisen.

Es sei darauf hingewiesen, dass es sich bei den nachfolgend dargestellten Ansätzen schwerpunktmäßig um jüngste Forschungsansätze, insbesondere Dissertationen sowie wissenschaftliche Journal- und Konferenzbeiträge der letzten Jahre, handelt. Grundlagen sowie nicht mehr zeitgemäße Ansätze werden bei den Untersuchungen nicht weiter ausgeführt.

3.1 Planung der Eigenschaftsabsicherung

3.1.1 Ansätze zur Planung der Eigenschaftsabsicherung

KORTLER (2014): Absicherung von Eigenschaften komplexer und variantenreicher Produkte

Zielsetzung der Arbeit von KORTLER ist die Entwicklung eines Leitfadens für die durchgängige „Absicherung von Produkteigenschaften komplexer, variantenreicher Produkte“[162]. Dieses Ziel baut auf der vom Autor identifizierten Problemstellung auf, dass ein „durchgehender Beitrag zur Lösung der Absicherungsproblematik komplexer, variantenreicher Produkte“[163] fehlt.

---

[157] Vgl. Biedermann, W.; Kirner, K., et al.: Forschungsmethodik in den Ingenieurwissenschaften, 2012, S. 16.

[158] Vgl. Hevner, A. R.: Design Science Research, 2007, S. 90.; Hevner, A. R.; March, S. T., et al.: Design Science, 2004, 80 u. 88.

[159] Vgl. Hevner, A. R.: Design Science Research, 2007, S. 90.; Iivari, J.: Analysis of Information Systems, 2007, S. 18.

[160] Vgl. Hevner, A. R.; March, S. T., et al.: Design Science, 2004, S. 83.

[161] Vgl. Abschnitt 2.1.

[162] Vgl. Kortler, S.: Absicherung von Eigenschaften komplexer Produkte, 2014, S. 99.

[163] Vgl. a. a. O., S. 5.

Bei der Analyse des Stands der Forschung stellt KORTLER verschiedene Methoden vor, die allgemein bei der „Absicherung komplexer Produkte unterstützen“[164]. Hierzu zählen unter anderem die FMEA sowie die Fehlerbaumanalyse.[165] Folglich stellt der Autor den Zusammenhang zwischen Methoden des technischen Risikomanagements und der Planung der Eigenschaftsabsicherung in allgemeiner Form heraus. Eine Einordnung dieser Methoden in die Planung der Eigenschaftsabsicherung wird jedoch nicht vorgenommen. Mögliche Unsicherheiten, die bei der Bewertung von technischen Risiken vorliegen können, werden nicht thematisiert.

Darüber hinaus stellt KORTLER bei der Untersuchung des Forschungsstands „Methoden zur Planung [...] von Tests“[166] vor. Hierbei verweist er auf die Aufgaben des Testmanagements, in denen die Testfälle und Testmethoden festgelegt werden.[167] Für die Definition von *Testfällen* hält der Autor fest, dass für jede Produktanforderung ein eigener Testfall abzuleiten ist.[168] Eine Auswahl bzw. Priorisierung von Testfällen, die bei komplexen, variantenreichen Produkten mit einer Vielzahl von Anforderungen notwendig ist,[169] wird von KORTLER nicht thematisiert.

Auf Basis der Analysen des Forschungsstands zur Eigenschaftsabsicherung entwickelt KORTLER anschließend einen fünfphasigen Leitfaden zur Eigenschaftsabsicherung für komplexe, variantenreiche Produkte. Dieser Leitfaden behandelt insbesondere in der dritten Phase die Auswahl geeigneter Testfälle bei der Eigenschaftsabsicherung.[170] Der Fokus der Ausführungen liegt auf der qualitativen Auswahl von Testvarianten auf Basis der vorliegenden Produktvarianz, um die in der Produktentwicklung begrenzte Anzahl an Prototypen als Testressourcen effizient zu nutzen.[171] Methoden oder Ansätze zur quantitativen Entscheidungsunterstützung bei der Absicherungsplanung werden nicht behandelt.

Zusammenfassend lässt sich festhalten, dass KORTLER einen durchgängigen Leitfaden zur Planung der Eigenschaftsabsicherung für variantenreiche Produkte, bereitstellt. Methoden zur Priorisierung von absicherungsrelevanten Produkteigenschaften werden im Rahmen der Arbeit nicht behandelt. Auch wird keine quantitative Entscheidungsunterstützung für die Absicherungsplanung bereitgestellt. Darüber hinaus erfolgt keine engere Verknüpfung von Methoden des technischen Risikomanagements mit der Planung der Eigenschaftsabsicherung.

SHABI/REICH (2012): Planning Systems VVT Processes

Im Rahmen ihrer Arbeiten entwickeln SHABI/REICH eine Methodik[172] zur optimierten Planung der Eigenschaftsabsicherung unter Berücksichtigung von Kosten und Risiken sowie des Einflusses von Verifikation und Validierung (V&V) auf die Produktqualität. Die Methodik baut auf

---

[164] Vgl. a. a. O., S. 41.

[165] Vgl. a. a. O., S. 44.

[166] Vgl. a. a. O., S. 45.

[167] Vgl. ebenda.

[168] Vgl. ebenda.

[169] Vgl. Engel, A.: Verification, validation, and testing, 2010, S. 502.; Horn, C.: Risikobasierte Qualitätsabsicherung, 2008, S. 41.

[170] Vgl. Kortler, S.: Absicherung von Eigenschaften komplexer Produkte, 2014, S. 107 ff.

[171] Vgl. a. a. O., S. 109.

[172] Der Ansatz wurde im Jahr 2012 vorgestellt und in einer Veröffentlichung von 2017 anhand eines industriellen Fallbeispiels validiert und weiterentwickelt, vgl. Shabi, J.; Reich, Y., et al.: Planning the verification process, 2017.

der Problemstellung auf, dass nach Annahme der Autoren die Planung von V&V-Methoden in der Großzahl an Unternehmen suboptimal abläuft.[173] In vielen Fällen werden Absicherungsmethoden intuitiv festgelegt, was bei komplexen Produkten mit einer Vielzahl an Anforderungen zur mangelhaften Eigenschaftsabsicherung führt.[174] Dieses Problem führen die Autoren auf das Theoriedefizit zurück, dass in der bestehenden Literatur keine wirksamen Ansätze existieren, um V&V-Methoden mit erforderlichen Absicherungsaktivitäten zu verknüpfen, um die Anforderungserfüllung des Produktes sicherzustellen.[175]

Als Lösungsbeitrag stellen SHABI/REICH eine Methodik zur Auswahl von V&V-Methoden unter Berücksichtigung von Kosten und Risiken vor.[176] Diese ist in Abbildung 3.1 visualisiert.

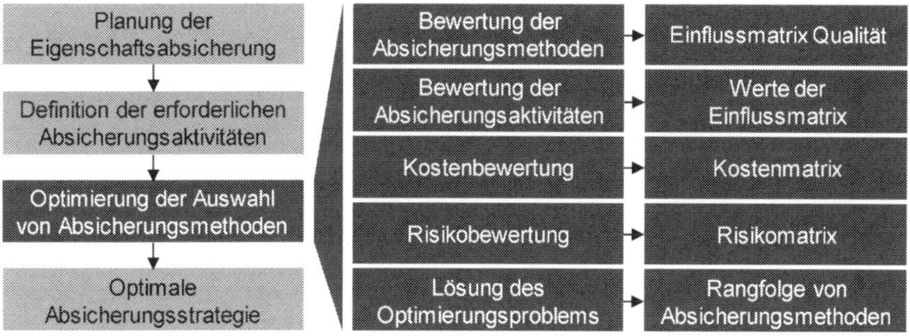

Abbildung 3.1: Methodik zur Auswahl von V&V-Methoden nach Shabi/Reich[177]

Ziel der Forschungsarbeiten ist die Entwicklung eines analytischen Modells, welches einen strukturierten Entscheidungsprozess zur optimierten Auswahl von V&V-Methoden ermöglicht, um eine möglichst aufwandsgerechte Eigenschaftsabsicherung unter der Abwägung von Kosten, Nutzen und Risiken durchzuführen.[178] Einen wesentlichen Ausgangspunkt des Modells stellt die Annahme dar, dass die abzusichernden Produktmerkmale bereits festgelegt sind. SHABI/REICH gehen dabei von definierten V&V-Aktivitäten innerhalb einer Absicherungsstrategie aus.[179] Eine Priorisierung und Auswahl absicherungsrelevanter Risiken liegt daher nicht im Fokus ihrer Arbeiten.

Innerhalb des analytischen Modells werden für jede erforderliche Absicherungsaktivität, die einer abzusichernden Systemeigenschaft entspricht, alle möglichen Kombinationen von Methoden der Eigenschaftsabsicherung (Prüfung, Analyse, Testing, Demonstration)[180] gebildet

[173] Vgl. Shabi, J.; Reich, Y.: Planning systems verification, 2012, S. 429.
[174] Vgl. ebenda.
[175] Vgl. ebenda.; a. a. O., S. 431.
[176] Vgl. Shabi, J.; Reich, Y.: Planning systems verification, 2012, S. 429.
[177] In Anlehnung an Shabi, J.; Reich, Y.: Planning systems verification, 2012, S. 434.
[178] Vgl. a. a. O., S. 431.
[179] Vgl. a. a. O., S. 432.
[180] Vgl. auch Begriffsdefinitionen in Abschnitt 2.3.1.

und jede Kombination hinsichtlich ihres Einflusses auf Qualität, Kosten und Risiko mithilfe eines Punktwertverfahrens bewertet.[181] Die Identifikation geeigneter Kombinationen erfolgt anschließend durch die Lösung eines Optimierungsproblems. Die Optimierungsgröße stellt dabei der Einfluss der ausgewählten V&V-Methoden auf die mögliche Steigerung der Produktqualität unter Berücksichtigung von Kosten und Risiko als Nebenbedingungen dar.[182]

Die Methodik von SHABI/REICH stellt einen geeigneten Ansatz dar, um wirtschaftliche Kombinationen aus V&V-Methoden für bereits festgelegte Absicherungsaktivitäten auszuwählen. Durch die Lösung eines mathematischen Optimierungsproblems, welches den Einfluss von V&V-Methoden auf Produktqualität unter Berücksichtigung von Kosten und Risiken maximiert, wird bei der Planung der Eigenschaftsabsicherung eine quantitative Entscheidungsunterstützung bereitgestellt. Jedoch gehen die Autoren nicht auf den vorgelagerten Auswahlprozess erforderlicher Absicherungsaktivitäten ein. Die Fragestellung, welche Produktmerkmale bei einer hohen Anzahl an technischen Risiken vorrangig abzusichern sind, wird in den Arbeiten von SHABI/REICH ausgeblendet, indem angenommen wird, dass diese Auswahl bereits erfolgt ist.[183] Folglich liefert der Ansatz keine weitere Entscheidungsunterstützung bei der vorgelagerten Priorisierung und Auswahl von absicherungsrelevanten Produkteigenschaften.

ENGEL (2010) Verification, Validation, and Testing of Engineered Systems

Im Rahmen seiner Arbeiten stellt ENGEL einen Ansatz zur Optimierung der Eigenschaftsabsicherung vor, indem er auftretende Risiken und Kosten quantitativ modelliert, um verschiedene Absicherungsstrategien miteinander vergleichen zu können. Seine Ausführungen basieren teilweise auf Ergebnissen des SysTest-Projekts,[184] welches ebenfalls im vorliegenden Abschnitt erläutert wird.

Ausgangspunkt des Ansatzes nach ENGEL ist ein theoretisches idealisiertes CVM-Absicherungsmodell,[185] welches die vollumfängliche Absicherung aller möglichen Eigenschaften und Risiken beinhaltet. Allerdings hält er explizit fest, dass die Umsetzung dieses Modells in der Praxis aufgrund von zeitlichen und finanziellen Restriktionen nicht möglich ist.[186] Aus diesem Grund schlägt er auf Basis des CVM-Modells ein mehrstufiges Modell zur Berechnung von dem mit der Eigenschaftsabsicherung verbundenen Gesamtaufwand (Zeit und Kosten) vor (vgl. Abbildung 3.2), welches eine Optimierung von Absicherungsstrategien ermöglicht.

Ausgehend von dem umfassenden CVM-Absicherungsmodell (Schritt 1) erfolgt in einem zweiten Schritt die Ableitung geeigneter Absicherungsstrategien.[187] Ziel des Modells ist die Beschreibung von Kosten und zeitlichem Aufwand, die mit der Durchführung der Eigenschafts-

[181] Vgl. a. a. O., S. 433 ff.
[182] Vgl. a. a. O., S. 433.
[183] Vgl. a. a. O., S. 432.
[184] Vgl. Engel, A.: Verification, validation, and testing, 2010, S. 497.
[185] ENGEL bezeichnet dies als *Canonical VVT Model* (CVM), vgl. Engel, A.: Verification, validation, and testing, 2010, S. 500.
[186] Vgl. a. a. O., S. 502.
[187] ENGEL fasst diese Strategien in einem *VVT Strategy Model* (VSM) zusammen, vgl. Engel, A.: Verification, validation, and testing, 2010, S. 503.; Engel, A.: Verification, validation, and testing, 2010, S. 500.

absicherung verbunden sind. Jedoch stellt ENGEL für die Ableitung von Absicherungsstrategien keine konkrete Vorgehensweise vor, sondern betrachtet diesen Schritt als die Lösung eines Entscheidungsproblems, in dem auf Basis des CVM-Modells eine gezielte Auswahl von erforderlichen Absicherungsaktivitäten vorzunehmen ist.[188] Nähere Hinweise oder Entscheidungshilfen, wie dieser Auswahlprozess gestaltet werden kann, werden nicht gegeben.

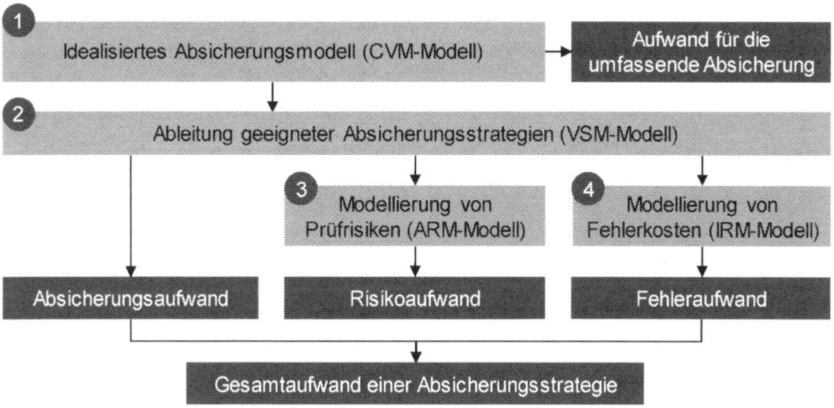

Abbildung 3.2: Modell zur Berechnung von Absicherungsaufwänden nach ENGEL[189]

Für verschiedene Absicherungsstrategien erfolgt anschließend eine detaillierte Betrachtung von Risikokosten durch zwei Modelle. Zum einen werden die Kosten für das von ENGEL genannte Prüfrisiko[190] modelliert, welche infolge der Entdeckung und Behebung eines Fehlers durch die Eigenschaftsabsicherung entstehen.[191] Zum anderen wird eine Modellierung von Fehlerkosten vorgenommen, die durch nicht abgesicherte Produktmerkmale auftreten.[192]

Die Ergebnisse der Modellierungen werden in einem letzten Schritt zu einem Modell für den Gesamtaufwand zusammengeführt, mithilfe dessen unterschiedliche Absicherungsstrategien verglichen werden können.[193] Auf Basis der Aufwandsmodellierung kann anschließend eine Entscheidung gefällt werden, welche Absicherungsaktivitäten durchzuführen sind.

Der Ansatz nach ENGEL stellt eine umfassende zeit- und kostenbasierte Modellierung von Absicherungsaktivitäten dar. Durch die Berechnung des Aufwands für die Durchführung der Eigenschaftsabsicherung sowie für die Behebung und Tolerierung möglicher Fehler wird dem Anwender eine quantitative Entscheidungsunterstützung beim Vergleich von unterschiedlichen Absicherungsstrategien zur Verfügung gestellt. Der Ansatz baut jedoch weitestgehend

[188] Vgl. Engel, A.: Verification, validation, and testing, 2010, S. 502 ff.
[189] Vgl. a. a. O., S. 499.
[190] ENGEL bezeichnet dieses als *Appraisal Risk Model* (ARM), vgl. Engel, A.: Verification, validation, and testing, 2010, S. 500.
[191] Vgl. a. a. O., S. 505 ff.
[192] ENGEL fasst die Fehlerkosten im *Impact Risk Model* (IRM) zusammen, vgl. Engel, A.: Verification, validation, and testing, 2010, S. 511 ff.; Engel, A.: Verification, validation, and testing, 2010, S. 500.
[193] Vgl. Engel, A.: Verification, validation, and testing, 2010, S. 516 f.

auf bereits vorhandenen alternativen Strategien zur Eigenschaftsabsicherung auf. Entscheidungshilfen, welche den Auswahlprozess von abzusichernden Merkmalen bei der Definition einer Absicherungsstrategie unterstützen, werden in der Arbeit von ENGEL nicht näher betrachtet. Weiterhin erfolgt keine Analyse von Unsicherheiten, die bei der Bewertung von technischen Risiken vorliegen können.

FELGEN (2007): Systemorientierte Qualitätssicherung für mechatronische Produkte

Im Rahmen seiner Dissertationsschrift entwickelt FELGEN eine Methodik, welche eine „Unterstützung der Qualitätssicherung in den frühen Phasen der Entwicklung mechatronischer Systeme"[194] bereitstellen soll. Der Fokus dieser Methodik liegt dabei auf der Analyse von mechatronischen Systemen mit einer anschließenden Analyse und Absicherung von Produktrisiken. Ausgangspunkt und Motivation der Arbeiten ist die Hypothese, dass aktuelle Qualitätsmanagementsysteme sowie zugehörige Techniken den Herausforderungen bei der Entwicklung von komplexen mechatronischen Systemen nicht gerecht werden. Dies spiegelt sich in Pannenstatistiken bzw. Schätzungen zu Gewährleistungs- und Kulanzkosten wider.[195]

Die vom Autor entwickelte Methodik gliedert sich in die drei Phasen (1) ganzheitliche Systemanalyse, (2) Risikoanalyse und (3) Maßnahmenverfolgung.[196] Zu jeder Phase werden Hilfsmittel vorgestellt, die miteinander vernetzt werden, um eine „systemorientierte[] Qualitätssicherung für mechatronische Produkte"[197] zu ermöglichen. In der ersten Phase der Methodik erfolgt eine Analyse des zu entwickelnden mechatronischen Systems mit dem Ziel, potenzielle Versagensfälle, Versagensursachen sowie deren Auswirkungen zu ermitteln.[198] Durch das gewonnene Systemverständnis können in der nachfolgenden Phase 2 die zugehörigen Risiken des Systems untersucht sowie zugehörige Absicherungsmaßnahmen definiert werden. Die von FELGEN entwickelte Vorgehensweise zur Risikoanalyse basiert dabei auf dem Ablauf der FMEA-Methode.[199] Auf Basis der Risikobewertung schlägt FELGEN die Definition von geeigneten Absicherungsmaßnahmen vor. Hierunter fallen sowohl konstruktive Vermeidungsmaßnahmen als auch analytische Entdeckungsmaßnahmen in Form der Eigenschaftsanalyse.[200] In der dritten Methodik-Phase erfolgt die Status-Überwachung der Absicherungsmaßnahmen.[201] Weitere Ausführungen zur Planung der Eigenschaftsabsicherung werden nicht vorgenommen.

Der Fokus der Arbeit von FELGEN liegt auf der gezielten Analyse von mechatronischen Systemen zur Identifikation und Absicherung von technischen Risiken. Die Ausführungen zur Planung der Eigenschaftsabsicherung sind maßgeblich qualitativer Natur; quantitative Ansätze zur Entscheidungsunterstützung bei der Absicherungsplanung werden nicht vorgestellt. Dar-

[194] Vgl. Felgen, L.: Systemorientierte Qualitätssicherung, 2007, S. 95.
[195] Vgl. a. a. O., S. 1 ff.
[196] Vgl. a. a. O., S. 101.
[197] Vgl. a. a. O., S. 100.
[198] Vgl. a. a. O., S. 102.
[199] Vgl. a. a. O., S. 122.
[200] Vgl. a. a. O., S. 126.
[201] Vgl. a. a. O., S. 100.

über hinaus ist festzuhalten, dass im Rahmen der Methodik die Auswahl von Absicherungsmaßnahmen risikobasiert gemäß den zuvor identifizierten und bewerteten technischen Risiken erfolgt. Eine detaillierte Analyse des Zusammenhangs zwischen Ergebnissen des technischen Risikomanagements und der Planung der Eigenschaftsabsicherung wird jedoch von FELGEN nicht vorgenommen. Weiterhin erfolgt im Rahmen seiner Arbeit keine Betrachtung von Unsicherheiten, die bei der von ihm aufgegriffenen FMEA-Risikobewertung vorliegen können.

Horn (2007): Risikobasierte Qualitätsabsicherung von E/E-Systemen

Ähnlich wie FELGEN hält auch HORN fest, dass bisherige Methoden und Ansätze zur Eigenschaftsabsicherung nicht den Anforderungen der betrieblichen Praxis genügen.[202] Aus diesem Grund entwickelt HORN Modelle, Methoden und Prozesse, um verbesserte Absicherungsmethoden und -prozesse für Elektrik- und Elektroniksysteme (E/E) in der Automobilindustrie zu schaffen.[203] Dabei werden vom Autor drei Handlungsfelder genannt, die mit dieser Zielsetzung adressiert werden:[204]

- Implementierung risikobasierter Testketten für einzelne Testorte
- Synchronisation der Testlandschaft
- Absicherung von Consumer-Elektronik-Umfängen

Insbesondere im Rahmen des ersten Handlungsfelds stellt der Autor die Notwendigkeit der Risikoorientierung bei der Ableitung von Testaktivitäten dar,[205] die als Teilumfang der Eigenschaftsabsicherung angesehen werden können.[206] Hierfür stellt er auf Basis des fundamentalen Testprozesses[207] verschiedene Lösungsbausteine vor, um eine durchgängige Absicherung zu erreichen.[208] Bezüglich der Auswahl von abzusichernden Produkteigenschaften zeigt HORN auf, dass eine Absicherung aller Anforderungen in der Praxis häufig nicht umsetzbar ist.[209] Zur Lösung dieser Fragestellung fügt er zwei Praxisbeispiele[210] an und definiert einen „Prozess zur Erstellung risikobasierter Test Cases“[211]. Der Prozess zur Bestimmung des vorliegenden Risikos lehnt sich dabei an den Prozess zur FMEA-Risikobewertung an.[212] Die Ausführungen hierzu sind jedoch vorrangig qualitativer Natur.

HORN stellt im Rahmen seiner Arbeit eine Vielzahl an Lösungsansätzen vor, mit dem die Eigenschaftsabsicherung für E/E-Systeme in der Automobilindustrie verbessert werden kann. Er

[202] Vgl. Horn, C.: Risikobasierte Qualitätsabsicherung, 2008, S. 35.

[203] Vgl. a. a. O., S. 5 f.

[204] Vgl. a. a. O., S. 36 f.; a. a. O., S. 6.

[205] Vgl. Horn, C.: Risikobasierte Qualitätsabsicherung, 2008, S. 36.

[206] Vgl. Abschnitt 2.3.1.

[207] Vgl. die Begriffsdefinition zum Testmanagement in Abschnitt 2.3.1.

[208] Vgl. a. a. O., S. 39 ff.

[209] Vgl. a. a. O., S. 41.

[210] Der Autor stellt die praxisnahen Methoden der *Reifegradklausuren* (Vgl. a. a. O., S. 45 f.) und der *Absicherungsfahrten*, *Dauerlauf* und *Breitenerprobung* (Vgl. a. a. O., S. 46 f.) vor.

[211] Vgl. a. a. O., S. 66.

[212] Vgl. ebenda.

betont vermehrt die Notwendigkeit einer Risikoorientierung bei der Auswahl an Absicherungsaktivitäten. Die Bereitstellung einer quantitativen Entscheidungsunterstützung zur Auswahl absicherungsrelevanter Produkteigenschaften sowie die Ausgestaltung des Zusammenhangs zwischen technischem Risikomanagement und Absicherungsplanung liegt jedoch nicht in seinem Fokus. Darüber hinaus werden Unsicherheiten, die bei der technischen Risikobewertung vorliegen können, weder thematisiert noch bei der Absicherungsplanung berücksichtigt.

Hoppe et al. (2007): SysTest: Improving the VVT processes

Ein weiterer Ansatz zur Planung der Eigenschaftsabsicherung entstammt den Ergebnissen des EU-Forschungsprojekts *SysTest*, die im Zeitraum zwischen 2004 und 2007 durch verschiedene wissenschaftliche Publikationen veröffentlicht wurden.[213] Ziel dieses Projektes war die Entwicklung einer allgemeingültigen Methodik zur Planung der Eigenschaftsabsicherung[214] (vgl. Abbildung 3.3) sowie eines Modells zur Bewertung deren Wirtschaftlichkeit.[215]

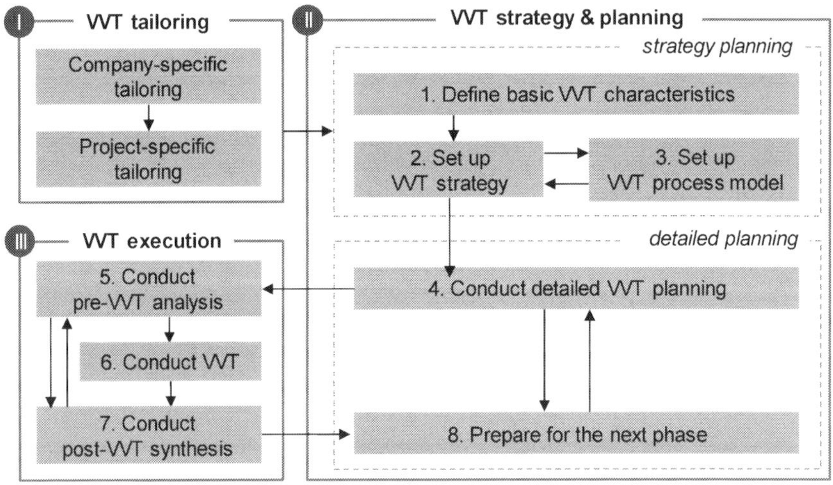

Abbildung 3.3: SysTest-Methodik zur Planung der Eigenschaftsabsicherung[216]

Die Methodik besteht aus drei übergeordneten Phasen:[217]

- Individualisierung des Modells zur Eigenschaftsabsicherung (VVT tailoring)
- Festlegung der Absicherungsstrategie und -planung (VVT strategy & planning)

[213] Vgl. beispielsweise Hoppe, M.; Engel, A., et al.: SysTest, 2007; Hoppe, M.; Engel, A.: Improving the VVT Process, 2005; Hoppe, M.; Lévárdy, V., et al.: Application Experiences of the VVT Process, 2004; Lévárdy, V.; Hoppe, M., et al.: VVT strategy, 2004.

[214] Die Autoren verwenden in Ihrer Nomenklatur die englischsprachigen Begriffe *Verification, Validation, and Testing* (VVT), die im Rahmen der vorliegenden Arbeit unter dem Begriff der Eigenschaftsabsicherung zusammengefasst werden.

[215] Vgl. Hoppe, M.; Engel, A., et al.: SysTest, 2007, S. 330.

[216] In Anlehnung an Lévárdy, V.; Hoppe, M., et al.: VVT strategy, 2004, S. 1662.

[217] Vgl. ebenda.

- Durchführung der Eigenschaftsabsicherung (VVT execution)

Im Rahmen der ersten Phase wird das generische SysTest-Vorgehensmodell auf die unternehmensspezifischen Prozesse der jeweiligen Organisation übertragen. Die zweite Phase umfasst die Definition einer übergeordneten Absicherungsstrategie sowie die (Detail-)Planung der Eigenschaftsabsicherung. Aufgrund der Relevanz der Planungsphase für die vorliegende Arbeit wird dieser Bereich des Modells nachfolgend ausführlicher vorgestellt und analysiert. Die dritte Phase umfasst die Durchführung der Eigenschaftsabsicherung sowie die Auswertung deren Ergebnisse.[218]

Den Kern der SysTest-Methodik zur Planung der Eigenschaftsabsicherung bildet die Definition einer Absicherungsstrategie sowie die sich daran anschließende Festlegung der Absicherungsplanung (Phase II). Im Rahmen dieser Phase werden zunächst grundlegende Merkmale der Eigenschaftsabsicherung (basic VVT characteristics) – wie Ziele, Umfang und Randbedingungen – festgelegt.[219] Ein wichtiger Teilschritt bei der Festlegung dieser Merkmale besteht in der Identifikation von Risiken. Diese stellen eine zentrale Eingangsgröße für die anschließende Planung der Eigenschaftsabsicherung dar, die mögliche Fehler in einzelnen Entwicklungsphasen aufdecken soll.[220] Auf Basis dieser Risikoanalyse können sogenannte Schlüsselmerkmale[221] abgeleitet werden, deren Erfüllungsgrad in der Entwicklung überprüft werden muss.[222]

Mithilfe der identifizierten Schlüsselmerkmale kann anschließend die Definition von Absicherungsstrategien erfolgen (Set up VVT strategy), welche die abzusichernden Anforderungen und Produktmerkmale beinhaltet.[223] Dieser zentrale Auswahlschritt ist nach Aussage der Autoren eine komplexe Aufgabe,[224] die unter Berücksichtigung von Qualität, Kosten, Risiken und Zeit iterativ erfolgt.[225] Konkrete Methoden zur Entscheidungsunterstützung bei der Auswahl der abzusichernden Produkteigenschaften werden jedoch nicht vorgestellt.

Auf Basis der Definition von Absicherungsstrategien erfolgt eine Festlegung und Optimierung von geeigneten V&V-Methoden (Set up VVT process model) für erforderliche Absicherungsaktivitäten. Dieser Arbeitsschritt entspricht der Vorgehensweise, die bereits zuvor bei der Analyse des Ansatzes von ENGEL vorgestellt wurde und wird daher hier nicht weiter ausgeführt.

Die Methodik zur Planung der Eigenschaftsabsicherung, die im Rahmen des SysTest-Projektes entwickelt wurde, stellt einen umfassenden und allgemeingültigen Planungsansatz für die Absicherung von komplexen Produkten dar. Die Autoren betonen dabei die Bedeutung und Komplexität des Arbeitsschritts zur Auswahl der absicherungsrelevanten Produktmerkmale und verweisen auf den engen Zusammenhang zwischen den Ergebnissen des technischen

[218] Vgl. ebenda.
[219] Vgl. a. a. O., S. 1664.
[220] Vgl. a. a. O., S. 1665.
[221] Die Autoren sprechen von *Key VVT Measures*, die quantifizierte Merkmale eines Produktes oder eines Prozesses darstellen, vgl. Lévárdy, V.; Hoppe, M., et al.: VVT strategy, 2004, S. 1666.
[222] Vgl. ebenda.
[223] Vgl. a. a. O., S. 1667 f.
[224] Vgl. a. a. O., S. 1666.
[225] Vgl. a. a. O., S. 1667 f.

Risikomanagements und der Planung der Eigenschaftsabsicherung.[226] Eine weiterführende Entscheidungsunterstützung, wie die Ergebnisse der Risikobewertung zur Planung der Absicherung verwendet werden können, wird im Rahmen der Arbeiten nicht genannt. Darüber hinaus wird nicht berücksichtigt, dass die vorgenommene Risikobewertung mit Unsicherheiten behaftet sein kann.

3.1.2 Weitere Arbeiten

Neben den zuvor ausführlich erläuterten Ansätzen existieren weitere Arbeiten in der gegenwärtigen Literatur, die im engen Zusammenhang mit der Absicherungsplanung stehen. KANDT ET AL.[227] stellen ein Konzept zur kontinuierlichen, anforderungsbasierten Messung des Produktreifegrads durch Methoden der Eigenschaftsabsicherung vor. SUDOL[228] erarbeitet in ihrer Dissertation ein Beschreibungsmodell für Absicherungsaktivitäten für Trägerraketen der Luftfahrtbranche. Auch NAGANO[229] stellt im Rahmen seiner Arbeit ein Modell zur Absicherung der Eigenschaften von Raumfahrtsystemen vor. Weiterhin entwickeln MAROPOULOS/CEGLAREK[230] ein allgemeingültiges Beschreibungsmodell für Aktivitäten der Verifikation und Validierung entlang des Produktlebenszyklus. All diesen Ansätzen ist jedoch gemein, dass sie keine konkreten Vorgehensweisen zur Planung der Eigenschaftsabsicherung, insbesondere zur Auswahl von absicherungsrelevanten Produkteigenschaften beinhalten.

Darüber hinaus existieren weitere Forschungsarbeiten, die sich mit der Planung von QM-Maßnahmen in der Produktentwicklung beschäftigen. STARK ET AL.[231] entwickeln Methoden und Modelle für die virtuelle Produktentwicklung, die im Rahmen der Erprobung verschiedene Absicherungsaktivitäten beinhalten. KRIPPNER[232] entwickelt in seiner Arbeit ein Konzept zur Umsetzung eines qualitätsorientierten Produktentwicklungsprozesses mit dem Ziel, frühzeitig die Zuverlässigkeitseigenschaften eines komplexen mechatronischen Systems abzusichern. SCHMIDT[233] stellt im Rahmen seiner Dissertation eine Methodik für die qualitätsgerechte Entwicklung von softwareintensiven Systemen in kleineren und mittleren Unternehmen vor. Beide Arbeiten behandeln in Auszügen einige Aspekte der Eigenschaftsabsicherung, beinhalten jedoch keine detaillierten Ausführungen zur Absicherungsplanung.

Neben den genannten Forschungsarbeiten existiert eine Vielzahl an *normativen Werken und Handbüchern*, welche die Eigenschaftsabsicherung aufgreifen. Dies sind beispielsweise der VDA Band zu Besonderen Merkmalen[234], die Standards ISO/IEC/IEEE 15288[235], IEEE 1028[236]

[226] Vgl. a. a. O., S. 1665.; a. a. O., S. 1663 f.
[227] Vgl. Kandt, A.; Pickshaus, T., et al.: Product Maturity in Product Development, 2016.
[228] Vgl. Sudol, A.: Modeling Verification, Validation, and Testing, 2015.
[229] Vgl. Nagano, S.: Space systems verification program and, 2008.
[230] Vgl. Maropoulos, P. G.; Ceglarek, D.: Design verification and validation, 2010.
[231] Vgl. Stark, R.; Hayka, H., et al.: Virtuelle Produktentstehung, 2011.
[232] Vgl. Krippner, D.: Agentenorientierter Ansatz in Produktentwicklungsprozessen, 2010
[233] Vgl. Schmidt, R. B.: Qualitätsgerechte Entwicklung, 2007
[234] Vgl. VDA: Prozessbeschreibung Besondere Merkmale, 2011.
[235] Vgl. International Organization for Standardization (ISO): Systems and software engineering, 2015.
[236] Vgl. IEEE: Software Reviews and Audits, 2008.

und IEEE 1012[237] sowie die Fachbücher von HASKINS[238], KAMRANI/AZIMI[239], der NASA[240] und GRADY[241]. Alle Werke greifen die Eigenschaftsabsicherung in allgemeiner Form auf, geben jedoch keine weiteren Hinweise zur Auswahl von absicherungsrelevanten Produktmerkmalen.

3.1.3 Zwischenfazit

Eine Vielzahl an Forschungsarbeiten der vergangenen Jahre, die in den vorherigen Abschnitten vorgestellt und analysiert worden sind, befasst sich mit Vorgehensweisen zur Planung der Eigenschaftsabsicherung. Die Ergebnisse der Analysen lassen sich wie folgt zusammenfassen:

- Es mangelt an Vorgehensweisen zur konkreten Auswahl von absicherungsrelevanten Produkteigenschaften.
- Es fehlen Methoden zur quantitativen Entscheidungsunterstützung bei der Priorisierung bzw. Auswahl von absicherungsrelevanten Produktmerkmalen.
- Die Verknüpfung von Ergebnissen des technischen Risikomanagements mit der Planung der Eigenschaftsabsicherung ist bisher noch unzureichend.
- Bestehende Ansätze zur Planung der Eigenschaftsabsicherung in der Produktentwicklung ziehen Unsicherheiten, die bei der Bewertung von technischen Risiken vorliegen können, nicht in Betracht.

Die nähere Untersuchung der einzelnen Planungsansätze hat herausgestellt, dass es in Bezug auf die *Auswahl von absicherungsrelevanten Produkteigenschaften bzw. Produktmerkmalen* an konkreten Vorgehensweisen und Entscheidungshilfen mangelt. Einige der Autoren verweisen explizit auf die Notwendigkeit, diese Auswahl bei der Planung der Eigenschaftsabsicherung durchzuführen[242] und unterstreichen die Komplexität dieses Arbeitsschritts.[243] Konkrete Methoden der Entscheidungsunterstützung zur Auswahl von absicherungsrelevanten Produktmerkmalen bei der Planung der Eigenschaftsabsicherung sind jedoch in den bestehenden Arbeiten nicht zu finden.

Darüber hinaus fehlen *quantitative Methoden*, die den Prozess zur Auswahl von absicherungsrelevanten Produkteigenschaften unterstützen. Zwar sind grundsätzlich quantitative Ansätze bei der Planung der Eigenschaftsabsicherung vorhanden[244], diese beziehen sich jedoch schwerpunktmäßig auf die Auswahl von geeigneten Absicherungsmethoden für vordefinierte, abzusichernde Produkteigenschaften. Die Mehrheit der bestehenden Arbeiten gibt ausschließlich qualitative Entscheidungshilfen, welche Informationen bei der Priorisierung bzw. Auswahl von absicherungsrelevanten Produktmerkmalen zu berücksichtigen sind.

---

[237] Vgl. The Institute of Electrical and Electronics Engineers (IEEE): Standard for system and software, 2012.

[238] Vgl. Haskins, C.: Systems engineering handbook, 2011.

[239] Vgl. Kamrani, A. K.; Azimi, M.: Systems engineering, 2011.

[240] Vgl. National Aeronautics and Space Administration (NASA): Systems Engineering Handbook, 2007.

[241] Vgl. Grady, J. O.: System verification, 2007.

[242] Vgl. Shabi, J.; Reich, Y.: Planning systems verification, 2012; Engel, A.: Verification, validation, and testing, 2010; Horn, C.: Risikobasierte Qualitätsabsicherung, 2008; Lévárdy, V.; Hoppe, M., et al.: VVT strategy, 2004.

[243] Vgl. Lévárdy, V.; Hoppe, M., et al.: VVT strategy, 2004.

[244] Vgl. Shabi, J.; Reich, Y.: Planning systems verification, 2012; Engel, A.: Verification, validation, and testing, 2010.

Weiterhin ist festzuhalten, dass in bestehenden Ansätzen zur Planung der Eigenschaftsabsicherung keine ausreichende *Integration von Ergebnissen des technischen Risikomanagements*, insbesondere der Risikoanalyse und -bewertung zu finden ist. Eine Vielzahl der bestehenden Planungsmethoden unterstreicht die Bedeutung der Risikobewertung bei der Auswahl derjenigen Produktmerkmale, die im Rahmen der Eigenschaftsabsicherung zu untersuchen sind, eine Überführung der Bewertungsergebnisse in die Priorisierung der absicherungsrelevanten Produkteigenschaften ist jedoch in bestehenden Arbeiten nicht existent.

Wissensbezogene Unsicherheiten, die bei der Bewertung von technischen Risiken vorliegen und einen Einfluss auf die Planung der Eigenschaftsabsicherung haben können, werden in keinem der untersuchten Ansätze berücksichtigt. Zwar weisen alle Ansätze auf den bedeutsamen Zusammenhang zwischen technischen Risiken und der Absicherungsplanung hin, mögliches Unwissen bezüglich der Risikobewertung, welches ein Entscheidungskriterium für die Planung von entwicklungsbegleitenden Absicherungsaktivitäten darstellen kann, wird jedoch nicht betrachtet. Tabelle 3.1 fasst die Ergebnisse der Analysen visuell zusammen.

Tabelle 3.1: Zusammenfassung der Analysen zur Eigenschaftsabsicherung

Autor(en) / Jahr	Auswahl relevanter Produktmerkmale	Quantitative Entscheidungsunterstützung	Integration des TR in die Planung der EA	Berücksichtigung von Unsicherheiten
Kortler 2014	○	○	◑	○
Shabi/Reich 2012	○	●	◑	○
Engel 2010	◑	●	◑	○
Felgen 2007	◑	○	◑	○
Horn 2007	◑	○	◑	○
Hoppe et al. 2007	◑	○	◑	○

● erfüllt ◑ teilweise erfüllt ○ nicht erfüllt

EA: Eigenschaftsabsicherung

TR: Technisches Risikomanagement

3.2 Technisches Risikomanagement

Wie im Rahmen der vorherigen Ausführungen zur Planung der Eigenschaftsabsicherung beschrieben, stellt die Analyse und Bewertung von technischen Risiken eine wichtige Eingangsgröße zur Priorisierung bzw. Auswahl von relevanten Produktmerkmalen im Rahmen der Absicherungsplanung dar. Weiterhin wurde im Rahmen der Untersuchung des Anwendungsbereichs die Anforderung festgehalten, dass Unsicherheiten, die bei der Bewertung von technischen Risiken vorliegen können, explizit zu berücksichtigen sind.[245] Aus diesen beiden Gründen werden nachfolgend Ansätze des technischen Risikomanagements dahingehend untersucht, inwiefern sie einen Beitrag zur Auswahl von absicherungsrelevanten Produkteigenschaften unter Berücksichtigung von Unsicherheiten bei der Risikobewertung leisten.

3.2.1 Ansätze des technischen Risikomanagements

ZENTIS (2013): Modell zur Bewertung und Kontrolle technischer Risiken

Im Rahmen seiner Dissertation entwickelt ZENTIS ein Modell, welches den Prozess zur Bewertung und Kontrolle von technischen Risiken unterstützt.[246] Dieses besteht aus 3 Teilmodellen:

- Vorgehensmodell zur Bewertung technischer Risiken[247]
- Vorgehensmodell zur Kontrolle technischer Risiken[248]
- Modell zur aufbauorganisatorischen Integration des Risikomanagements[249]

Im Rahmen des *Modells zur Bewertung technischer Risiken* werden verschiedene Methoden zur Darstellung von möglichen Risikofolgen sowie qualitative und quantitative Bewertungsmethoden vorgestellt.[250] Der Schwerpunkt der Erläuterungen liegt dabei auf Prozessrisiken in der Produktion.[251] Die Bewertung von technischen Produktrisiken sowie die Ableitung zugehöriger Maßnahmen werden nicht behandelt. Weiterhin verweist ZENTIS bei der Definition von Anforderungen an das Bewertungsmodell darauf, dass die Risikobewertung als Entscheidungsgrundlage dienen soll.[252] Weitere Ausführungen, z. B. bezüglich der Risikobehandlung in Form einer Eigenschaftsabsicherung, werden jedoch nicht vorgenommen.

Bezüglich des *Modells zur Kontrolle technischer Risiken* entwickelt ZENTIS eine Vorgehensweise, die eine Rückführung von Informationen aus nachgelagerten Phasen des Produktlebenszyklus in das technische Risikomanagement ermöglicht.[253] Dabei hält er fest, dass Risikobewertungen in frühen Stadien der Produktentstehung aufgrund von Informationsdefiziten häufig unsicherheitsbehaftet sind.[254] Hierfür entwickelt er einen morphologischen Kasten mit Kriterien zur Bewertung der Qualität von Felddaten.[255] Eine nähere Untersuchung der vorliegenden Informationsunsicherheiten liegt jedoch nicht im Untersuchungsbereich seiner Arbeit.

Die von ZENTIS entwickelten Modelle unterstützen die praktische Ausgestaltung des technischen Risikomanagements. Eine Verknüpfung des Risikomanagements mit der Planung der

[245] Vgl. Abschnitt 2.2.
[246] Vgl. Zentis, T.: Bewertung und Kontrolle technischer Risiken, 2013, S. 3.
[247] Vgl. a. a. O., S. 89 ff.
[248] Vgl. a. a. O., S. 115 ff.
[249] Vgl. a. a. O., S. 147 ff.
[250] Vgl. a. a. O., S. 91 ff.
[251] Vgl. a. a. O., S. 114.
[252] Vgl. a. a. O., S. 90.
[253] Vgl. a. a. O., S. 115.
[254] Vgl. ebenda.
[255] Vgl. a. a. O., S. 123.

Eigenschaftsabsicherung liegt jedoch außerhalb des Untersuchungsbereichs seiner Arbeit und wird daher von ihm nicht aufgegriffen. Folglich liefert der Ansatz keine weiteren Hinweise bezüglich einer quantitativen Entscheidungsunterstützung bei der Auswahl von absicherungsrelevanten Produkteigenschaften. Bezüglich der Berücksichtigung von Unsicherheiten bei der Bewertung von technischen Risiken betont Zentis zwar, dass die Risikobewertung in der Produktentstehung durch fehlende Informationen unsicherheitsbehaftet ist, eine weiterführende Modellierung dieser Unsicherheiten erfolgt jedoch nicht.

VDA (2012): Risikoanalysen – Produkt- und Prozess-FMEA

Eine der zentralen Methoden im technischen Risikomanagement stellt die Fehlermöglichkeits- und Einflussanalyse (FMEA) dar. Die Anwendung der FMEA zur Identifikation, Analyse, Bewertung und Behandlung von technischen Risiken im Rahmen der Produktentwicklung besitzt in der Praxis einen hohen Verbreitungsgrad,[256] unter anderem, weil die FMEA-Anwendung von internationalen Standards wie z. B. der IATF 16949[257] gefordert wird. Laut einer Studie des Fraunhofer IPT aus dem Jahr 2010 zu QM-Methoden in produzierenden Unternehmen wendet etwa die Hälfte aller befragten Unternehmen die FMEA-Methode regelmäßig an.[258]

Die nachfolgenden Erläuterungen und Analysen der FMEA-Methode beziehen sich auf die Ausführungen des VDA-Bands 4 zur Sicherung der Qualität in der Prozesslandschaft.[259] Zwar wird die Verwendung der FMEA-Methode in der Norm DIN EN 60812[260] sowie in verschiedenen Fachbüchern zum Qualitätsmanagement[261] oder Risikomanagement[262] ausführlich erläutert, allerdings sind entlang dieser Werke leichte Unterschiede in der Methodenbeschreibung zu finden. Aufgrund des hohen Verbreitungsgrades wird daher nachfolgend auf die Ausführung des VDA-Bands Bezug genommen.

Die Durchführung der FMEA wird gemäß der Ausführungen des VDA in die folgenden fünf Phasen untergliedert:[263]

- *Definition*: Vorbereitung und Systemdefinition
- *Analyse*: Forderungen und Risiken systematisch ermitteln
- *Maßnahmenentscheidung*: Maßnahmen und Vorgehensweise festlegen
- *Umsetzung*: Umsetzen und Bewerten durch Verifizieren, Validieren und Monitoren
- *Kommunikation*: Präsentieren und Kommunizieren

[256] Vgl. a. a. O., S. 50.; Segismundo, A.; Miguel, P. A. C.: FMEA in new product development, 2008, S. 900.
[257] Vgl. IATF: Qualitätsmanagementsysteme in der Automobilindustrie, Oktober 2016, S. 49.
[258] Vgl. Schmitt, R.; Große Böckmann, M.: Qualität in produzierenden Unternehmen Deutschlands, 2011, S. 65.; a. a. O., S. 63.
[259] Vgl. VDA: Produkt- und Prozess-FMEA, 2012.
[260] Vgl. DIN: Fehlzustandsart- und -auswirkungsanalyse (FMEA), 2015.
[261] Vgl. beispielsweise Schmitt, R.; Pfeifer, T.: Qualitätsmanagement, 2015, S. 559 ff.
[262] Vgl. beispielsweise Aven, T.: Risk analysis, 2015, S. 62 ff.
[263] Vgl. VDA: Produkt- und Prozess-FMEA, 2012, S. 16.

Für die vorliegende Arbeit ist im Kontext der Eigenschaftsabsicherung für komplexe technische Produkte insbesondere die Analysephase der Produkt-FMEA von Interesse. Diese gliedert sich wiederum in fünf Teilschritte[264], die in Abbildung 3.4 dargestellt sind.

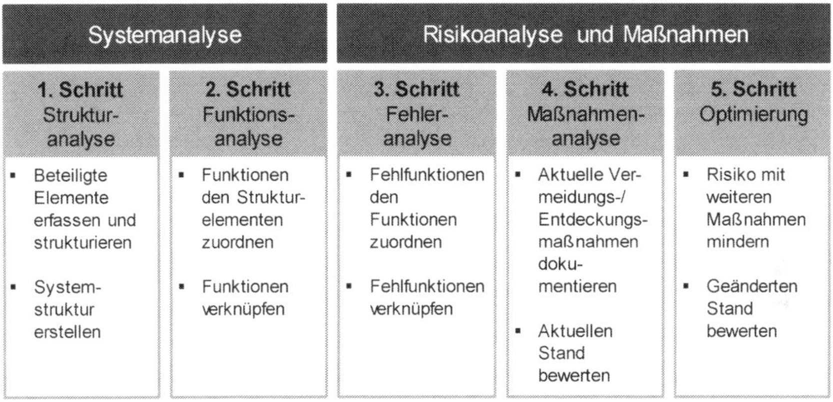

Abbildung 3.4: Fünf Analyseschritte bei der Erstellung einer FMEA[265]

Der Ablauf der Analyse gestaltet sich wie folgt: Auf Basis einer Struktur- und Funktionsanalyse (Schritte 1 und 2) kann eine Identifikation und Analyse von technischen Risiken in Form von möglichen Fehlern erfolgen (Schritt 3). Ziel dieser Fehleranalyse ist es, mögliche Fehlfunktionen zu ermitteln und der System- bzw. Funktionsstruktur zuzuordnen.[266] Die Dokumentation der Fehlfunktionen in der FMEA umfasst dabei eine Darstellung des Fehlers sowie zugehöriger Fehlerfolgen und Fehlerursachen.[267] Auf Grundlage der zuvor vorgenommenen Identifikation und Analyse von technischen Risiken erfolgt im vierten Analyseschritt eine Untersuchung von bereits bestehenden Maßnahmen, um eine Bewertung des vorliegenden Risikos vornehmen zu können.[268] Hierfür werden zunächst vorhandene Vermeidungs- und Entdeckungsmaßnahmen zum Umgang mit den vorliegenden Risiken dokumentiert. Anschließend erfolgt für jedes technische Risiko eine Bewertung mithilfe von drei verschiedenen Bewertungszahlen (BZ):[269]

- Bewertungszahl B: Bedeutung der Fehlerfolge (BZ B)
- Bewertungszahl A: Auftretenswahrscheinlichkeit der Fehlerursache (BZ A)
- Bewertungszahl E: Entdeckungswahrscheinlichkeit (BZ E)

[264] Vgl. a. a. O., S. 32.
[265] Vgl. a. a. O., S. 33.
[266] Vgl. a. a. O., S. 39.
[267] Vgl. ebenda.
[268] Vgl. a. a. O., S. 41.
[269] Vgl. a. a. O., S. 43.

Zur Bewertung der Risiken wird für jede BZ eine Ordinalskala von 1 bis 10 verwendet.[270] Dabei beschreibt die Zahl 1 den niedrigsten, 10 den höchsten Risikobeitrag.

Die in der FMEA vorgenommene Risikobewertung kann dafür verwendet werden, vorliegende technische Risiken zu priorisieren.[271] Obgleich nicht explizit im VDA-Band dargestellt, dient diese Priorisierung der Planung von Maßnahmen zur Risikobehandlung. Dies ist insbesondere bei komplexen Systemen mit einer hohen Anzahl an (funktionalen) Anforderungen und Komponenten sowie den damit verbundenen vielzähligen technischen Risiken erforderlich.[272] Eine vom VDA vorgeschlagene Priorisierung betrachtet zuerst die Höhe der Bewertungszahl B, anschließend die der Bewertungszahl A und abschließend die der Bewertungszahl E.[273]

Auf Basis der Bewertung und Priorisierung von Risiken wird in einem fünften Arbeitsschritt die Optimierung der Risikosituation vorgenommen. Dies umfasst die Ermittlung „der zur Verbesserung notwendigen Maßnahmen“[274] sowie deren Umsetzung und Wirksamkeitskontrolle. Diese Maßnahmen umfassen sowohl Aktivitäten der Eigenschaftsabsicherung als auch konstruktive Änderungen am Entwurfsstand des Produktes, werden jedoch im Rahmen des VDA-Bands nicht näher spezifiziert.

Der VDA-Band zur Produkt- und Prozess-FMEA stellt ein umfangreiches und anerkanntes Werk zur Beschreibung der FMEA-Methode dar. Durch die Identifikation, Analyse und Bewertung von technischen Risiken eines Produktes im Rahmen des Entwicklungsprozesses werden mithilfe dieser Risikomanagementmethode wichtige Informationen zur Planung der Eigenschaftsabsicherung bereitgestellt. Die bewerteten Risiken zeigen auf, welche Produkteigenschaften fehleranfällig sind und einer entsprechenden Absicherung bedürfen. Folglich besteht ein enger Zusammenhang zwischen der FMEA-Risikobewertung und der Planung der Eigenschaftsabsicherung.

Jedoch lässt sich festhalten, dass im Rahmen der Ausführungen des VDA-Bands keine explizite Verknüpfung zwischen der Bewertung technischer Risiken und der Planung der Eigenschaftsabsicherung hergestellt wird. Zwar geht der VDA auf verschiedene Möglichkeiten ein, technische Risiken zu priorisieren und prinzipiell für die Ableitung von Maßnahmen zu verwenden; eine weiterführende Beschreibung, wie diese Informationen bei der Absicherungsplanung genutzt werden können, erfolgt dagegen nicht. Darüber hinaus hält der VDA im Rahmen seiner Ausführungen fest, dass die vorgenommene subjektive Risikobewertung mit Unsicherheit behaftet ist.[275] Welche Unsicherheiten dies sind und wie mit ihnen umzugehen ist, wird im Zuge des VDA-Bands nicht näher dargestellt.

---

[270] Vgl. ebenda.
[271] Vgl. a. a. O., S. 66.
[272] Vgl. auch Abschnitt 3.1.3.
[273] Vgl. ebenda.
[274] VDA: Produkt- und Prozess-FMEA, 2012, S. 46.
[275] Vgl. a. a. O., S. 67.

SIMON/SIMON (2012): Integrating Test and Risk Management

SIMON/SIMON greifen mit ihrem Ansatz zur Integration von Risiko- und Testmanagement[276] das Defizit auf, dass Aktivitäten des Risikomanagements unzureichend mit der Eigenschaftsabsicherung verknüpft sind. Sie stellen explizit heraus, dass in der betrieblichen Praxis der Zusammenhang zwischen den beiden Bereichen nicht ausreichend genutzt wird, weil die Aktivitäten der jeweiligen Disziplinen separat ausgeführt werden.[277]

Um diesen Mangel zu beheben, stellen die Autoren ein Prozessmodell zur Integration von Risiko- und Testmanagement auf Basis etablierter Standards aus beiden Bereichen vor. Dabei wird für das Risikomanagement auf das Prozessmodell der Norm ISO 31000[278] und für das Testmanagement auf den fundamentalen Testprozess[279] zurückgegriffen.[280] Das von SIMON/SIMON vorgeschlagene Prozessmodell ist in Abbildung 3.5 dargestellt.

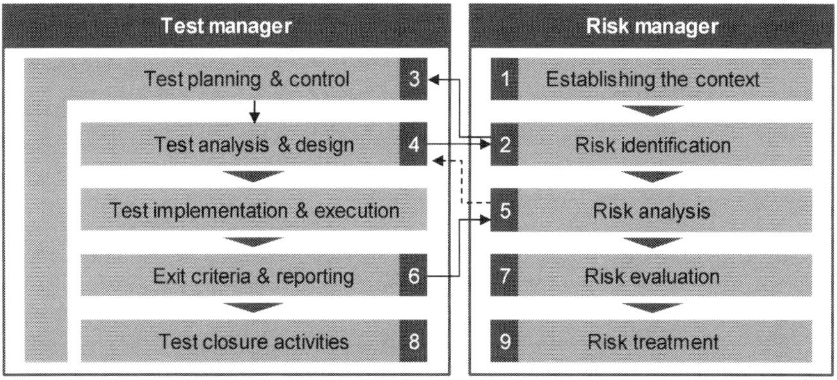

Abbildung 3.5: Integriertes Risiko- und Testmanagement nach SIMON/SIMON[281]

Demnach werden die Ergebnisse von Aktivitäten beider Disziplinen vernetzt, um insbesondere drei Vorteile zu erzielen:[282]

- *Abgleich der Zielsetzungen*: Verknüpfung von Risikoidentifikation und Testplanung
- *Umsetzung und Implementierung*: Verknüpfung von Risikoanalyse und -bewertung mit der Testgestaltung und -auswertung

---

276 Das Testmanagement stellt nach dem Verständnis der vorliegenden Arbeit einen Teilbereich der Eigenschaftsabsicherung dar, vgl. Abschnitt 2.3.1.

277 Vgl. Simon, D.; Simon, F.: Integrating Test and Risk Management, 2012, S. 97.

278 Dieser Standard beinhaltet ein Prozessmodell zum Risikomanagement, welches sich mit dem Begriffsverständnis der vorliegenden Arbeit deckt (vgl. Abschnitt 2.3.1). Die Norm wurde jedoch im Jahr 2013 zurückgezogen, vgl. DIN: Risikomanagement, Januar 2011.

279 Vgl. Definition relevanter Begrifflichkeiten in Abschnitt 2.3.1

280 Vgl. Simon, D.; Simon, F.: Integrating Test and Risk Management, 2012, S. 100.

281 Vgl. a. a. O., S. 101.

282 Vgl. a. a. O., S. 100.

- *Entschärfung und Behandlung*: Verknüpfung von Risikobewertung und -behandlung mit der Testplanung

Bei der Darstellung des Prozessmodells sowie dessen Nutzen beschreiben SIMON/SIMON, dass Ergebnisse der Risikoidentifikation genutzt werden können, um entsprechende Testfälle zu planen.[283] Im Umkehrschluss stellen die Autoren heraus, dass Testergebnisse wiederum Aufschlüsse über die tatsächliche Höhe eines vorliegenden Risikos geben und somit das Potenzial besitzen, Unsicherheiten der Risikobewertung zu reduzieren.[284] Folglich wird die wechselseitige Beziehung zwischen Risikomanagement und Testmanagement in verschiedenen Aspekten explizit beschrieben. Eine nähere Darstellung von Unsicherheiten bei der Risikobewertung liegt jedoch nicht im Fokus des entwickelten Ansatzes.

Das von SIMON/SIMON entwickelte Prozessmodell zur Integration von Risiko- und Testmanagement zeigt treffend auf, wie beide Bereiche prinzipiell miteinander verbunden werden können und welche Vorteile dies mit sich bringen kann. Die Ausführungen werden jedoch auf einer allgemeingültigen Ebene vorgenommen und sind ausschließlich qualitativer Natur. Eine weiterführende Darstellung, wie sich die Aktivitäten und Ergebnisse beider Disziplinen quantitativ verknüpfen lassen, wird von den Autoren nicht vorgenommen. Darüber hinaus zeigen die Autoren in allgemeiner Form auf, dass Testaktivitäten das Potenzial besitzen, Unsicherheiten bezüglich vorhandener Risiken zu reduzieren. Weitere Ausführungen zum Umgang mit Unsicherheiten sind jedoch nicht zu finden.

JINJUAN ET AL. (2009): Failure evaluation of coffee maker

Am Produktbeispiel einer Kaffeemaschine zeigen JINJUAN ET AL. den Zusammenhang zwischen dem technischen Risikomanagement und der Eigenschaftsabsicherung auf. Primäres Ziel ihrer Arbeit ist der Nachweis der Funktionssicherheit eines bestimmten Kaffeemaschinentyps unter fehlerhaften Anwendungsbedingungen.[285] Um Risiken bezüglich der Funktionssicherheit zu untersuchen, führen sie unter anderem eine FMEA durch.[286] Deren Ergebnisse werden anschließend durch Simulationen, Tests und weiterführende Analysen validiert.[287]

Eine Integration von Ergebnissen des technischen Risikomanagements in die Planung der Eigenschaftsabsicherung wird von den Autoren nicht vorgenommen, ihre Ausführungen zeigen jedoch, dass zwischen beiden Bereichen ein enger Zusammenhang besteht. Mögliche Unsicherheiten, die bei der Risikobewertung vorherrschen können, werden von JINJUAN ET AL. nicht thematisiert.

---

[283] Vgl. a. a. O., S. 101.
[284] Vgl. a. a. O., S. 102.
[285] Vgl. Jinjuan, F.; Xu, Z., et al.: Failure evaluation of coffee maker, 2009, S. 1948.
[286] Vgl. a. a. O., S. 1949.
[287] Vgl. a. a. O., S. 1950.

SEGISMUNDO/MIGUEL (2008): FMEA in new product development

SEGISMUNDO/MIGUEL stellen im Rahmen ihrer Arbeit die Bedeutung der FMEA bei der Entwicklung neuer Produkte heraus. Hierfür zeigen sie anhand einer Fallstudie eines brasilianischen Automobilherstellers auf, wie durch ein systematisches technisches Risikomanagement Entscheidungsprozesse in Produktentwicklungsprojekten, unter anderem im Kontext der Eigenschaftsabsicherung, verbessert werden können.[288]

Die Beobachtungen der Autoren lassen sich in die folgenden drei Kategorien einteilen:

- Eingangsgrößen der FMEA-Methode,
- Durchführung der FMEA-Methode und
- Verwendung von Ergebnissen der FMEA-Methode.

Im Rahmen der vorliegenden Arbeit sind dabei insbesondere die Erkenntnisse bezüglich der FMEA-Eingangsgrößen und -Ergebnisse von Relevanz. Bezüglich der *Eingangsgrößen* halten SEGISMUNDO/MIGUEL fest, dass die drei Kategorien (1) Experteneinschätzungen, (2) Feldinformationen vergleichbarer Produkte und (3) Ergebnisse der Eigenschaftsabsicherung als wesentliche Informationsquellen der FMEA-Risikobewertung dienen.[289] Dabei können die Ergebnisse der Eigenschaftsabsicherung (beispielsweise in Form von Prototypentests, FEM-Analysen, Laborversuchen oder Dauerlauferprobungen) dazu führen, dass die Risikobewertung über die Projektlaufzeit angepasst wird.[290]

Auch bezüglich der *Ergebnisse* der FMEA-Methode stellen die Autoren den besonderen Zusammenhang zur Eigenschaftsabsicherung heraus. Sie zeigen allgemein auf, dass die Ergebnisse der FMEA in die Testplanung als einen Bereich der Eigenschaftsabsicherung fließen.[291] Dabei besitzt die FMEA das Potenzial, die Aktivitäten der Testplanung so zu optimieren, dass Planungsiterationen um ca. 15% reduziert werden können.[292] Hierdurch lässt sich in Folge auch die Produktqualität verbessern, was zu einer deutlichen Reduzierung von Gewährleistungskosten führt.[293]

SEGISMUNDO/MIGUEL zeigen effektvoll die Bedeutung der FMEA im Zusammenhang mit Entscheidungsprozessen im Produktentwicklungsprozess, insbesondere im Kontext der Eigenschaftsabsicherung, auf. Da sie jedoch nur die Beobachtungen und Erkenntnisse einer Fallstudie wiedergeben, finden sich in ihrer Arbeit keine konkreten Gestaltungshinweise, wie eine (quantitative) Verknüpfung von Ergebnissen der FMEA mit der Planung der Eigenschaftsabsicherung vorgenommen werden kann. Weiterhin stellen die Autoren zwar heraus, dass die unsicherheitsbehaftete Risikobewertung auf Basis von Ergebnissen der Eigenschaftsabsicherung angepasst wird, allerdings erfolgt keine explizite Nennung oder Modellierung dieser Unsicherheiten.

---

[288] Vgl. Segismundo, A.; Miguel, P. A. C.: FMEA in new product development, 2008, S. 901.; a. a. O., S. 899.
[289] Vgl. Segismundo, A.; Miguel, P. A. C.: FMEA in new product development, 2008, S. 905.
[290] Vgl. a. a. O., S. 908.
[291] Vgl. a. a. O., S. 905.
[292] Vgl. a. a. O., S. 910.
[293] Vgl. a. a. O., S. 911.

Ansätze zur Analyse von Unsicherheiten bei der Risikobewertung

Im Rahmen der Ausführungen zu den Arbeiten von ZENTIS, vom VDA und von SIMON/SIMON wurde bereits dargestellt, dass der subjektive Prozess zur Bewertung technischer Risiken im Produktentwicklungsprozess mit Unsicherheiten behaftet ist. Im Laufe der letzten Jahre wurden in Arbeiten zur Unsicherheitsforschung verschiedene Ansätze vorgestellt, die sich mit der Untersuchung von Unsicherheiten im Rahmen der Bewertung von (technischen) Risiken beschäftigen. Aufgrund der besonderen Bedeutung dieser Ansätze für die vorliegende Arbeit werden diese ausführlich bei der Darstellung des Lösungsansatzes zur Unsicherheitsmodellierung (vgl. Abschnitt 4.3) untersucht und sind daher nicht im Rahmen des vorliegenden Abschnitts aufgeführt.

3.2.2 Weitere Arbeiten

Neben den zuvor dargestellten Arbeiten existieren weitere Forschungsarbeiten im technischen Risikomanagement, welche die Weiterentwicklung der Fehlerbaumanalyse[294] als eine quantitative Methode des technischen Risikomanagements fokussieren. HIRAOKA ET AL. entwickeln ein computergestütztes Wissenssystem, um den Erstellungsprozess für Fehlerbäume zu vereinfachen.[295] RAO ET AL. stellen einen Ansatz zur Modellierung von dynamischen Fehlerbaumanalysen für komplexe Systeme auf Basis von Monte-Carlo-Simulationen vor.[296] Eine Verknüpfung von Ergebnissen der Fehlerbaumanalysen mit der Planung der Eigenschaftsabsicherung liegt nicht im Untersuchungsbereich der Arbeiten.

Darüber hinaus existieren verschiedene Arbeiten, die sich mit der Quantifizierung von Unsicherheiten bei der Risikobewertung anhand der Fehlerbaumanalyse befassen. Wie bereits zuvor dargestellt, werden diese im Rahmen der Ausführungen zum Lösungsansatz der vorliegenden Arbeit untersucht (vgl. Abschnitt 4.3) und daher hier nicht weiter ausgeführt.

3.2.3 Zwischenfazit

Im Rahmen der Untersuchungen zum Stand der Forschung im Bereich des technischen Risikomanagements wurde herausgestellt, dass die *Integration zwischen Ansätzen des technischen Risikomanagements und der Planung der Eigenschaftsabsicherung* derzeit noch unzureichend ist. Zwar zeigen einige der Arbeiten den Zusammenhang beider Bereiche in allgemeingültiger Form auf, es werden jedoch kaum Hinweise zur aktiven Integration von Ergebnissen der Risikoanalyse und -bewertung in die Absicherungsplanung gegeben. Eine Ausnahme stellt hier der Ansatz von SIMON/SIMON dar, welche das Risikomanagement mit dem Testmanagement konzeptionell verbindet. Allerdings beschreiben die Autoren den Zusammenhang ausschließlich qualitativ; *quantitative Methoden zur Planung der Eigenschaftsabsicherung auf Basis der vorliegenden Risikobewertung* sind in keiner der bestehenden Arbeiten zu finden. Somit lässt sich schlussfolgern, dass derzeit noch keine ausreichende quantitative

[294] Die Fehlerbaumanalyse wird gelegentlich auch als Fehlzustandsbaumanalyse bezeichnet, vgl. DIN: Fehlzustandsbaumanalyse, August 2007, S. 5.

[295] Vgl. Hiraoka, Y.; Murakami, T., et al.: Computer-Aided Fault Tree Analysis, 2016, S. 688.

[296] Vgl. Durga Rao, K.; Gopika, V., et al.: Dynamic fault tree analysis, 2009, S. 872.

Verknüpfung zwischen Ergebnissen des technischen Risikomanagements und der Planung der Eigenschaftsabsicherung besteht.

Weiterhin wurde im Rahmen der bestehenden Ansätze herausgestellt, dass die Analyse und Bewertung von technischen Risiken im Zuge der Produktentstehung aufgrund fehlender Informationen mit Unsicherheit behaftet ist. Hierfür bedarf es geeigneter Vorgehensweisen, welche die *Unsicherheit bei der Risikobewertung* modellieren und bei der Planung der Eigenschaftsabsicherung berücksichtigen. Bestehende Forschungsarbeiten hierzu werden im Abschnitt 4.3 näher dargestellt und analysiert. Die Ergebnisse der Analysen von Forschungsarbeiten zum technischen Risikomanagement sind in Tabelle 3.2 zusammengefasst.

Tabelle 3.2: Zusammenfassung der Analysen zum technischen Risikomanagement

Autor(en) / Jahr	Auswahl relevanter Produkt-merkmale	Quantitative Entscheidungs-unterstützung	Integration des TR in die Planung der EA	Berücksichti-gung von Un-sicherheiten
Zentis 2013	○	○	○	◑
VDA 2012	○	◑	○	◑
Simon/Simon 2012	○	○	●	◑
Jinjuan et al. 2009	○	○	◑	○
Segismundo/ Miguel 2008	○	○	◑	○

● erfüllt ◑ teilweise erfüllt ○ nicht erfüllt

EA: Eigenschaftsabsicherung

TR: Technisches Risikomanagement

3.3 Weitere Forschungsfelder

Neben der Planung der Eigenschaftsabsicherung und dem technischen Risikomanagement existieren angrenzende Forschungsfelder, die Aufschluss über die Verknüpfungsmöglichkeiten beider Bereiche geben können. Diese sind zum einen Ansätze der *Testplanung* bzw. des *Testmanagements*, welche als Teilbereiche der Eigenschaftsabsicherung angesehen werden können. Zum anderen können Arbeiten zur *Prüfplanung* Aufschluss über Integrationsmöglichkeiten des technischen Risikomanagements in die Planung der Eigenschaftsabsicherung geben. Zwar fokussiert die Prüfplanung den Planungsprozess für Qualitätsprüfungen in der Produktion,[297] allerdings existieren auch hierzu Forschungsansätze, die eine Integration der Risikobewertung in den Prüfplanungsprozess vornehmen.

[297] Vgl. hierzu auch die Begriffsdefinition, die der Arbeit zugrunde liegt (Abschnitt 2.3.1).

3.3.1 Ansätze der Testplanung

Da das Testen im Bereich der Softwareentwicklung ein zentrales Werkzeug zur Qualitätssicherung darstellt, um Entwicklungsergebnisse zu verifizieren bzw. zu validieren, bezieht sich eine Vielzahl der nachfolgend vorgestellten Arbeiten auf die Planung von Softwaretests. Die Ansätze lassen sich jedoch weitestgehend auf die Testplanung für komplexe technische Produkte übertragen, sodass es keiner Anpassung des Objektbereichs bedarf.

SRIKANTH ET AL. (2014): Towards the prioritization of system test cases

SRIKANTH ET AL. stellen ein Konzept zur Priorisierung von Testfällen für Softwareprodukte auf der Systemebene vor, um kritische Softwarefehler frühzeitig zu entdecken.[298] Um diese Zielsetzung zu erreichen, entwickeln die Autoren den PORT-Ansatz[299], welcher die Systemanforderungen, die in einem Softwareentwicklungsprojekt vorliegen, auf Basis unterschiedlicher Bewertungskriterien priorisiert, um eine fokussierte Auswahl von Testfällen vorzunehmen.[300] Das PORT-Konzept ist in Abbildung 3.6 dargestellt.

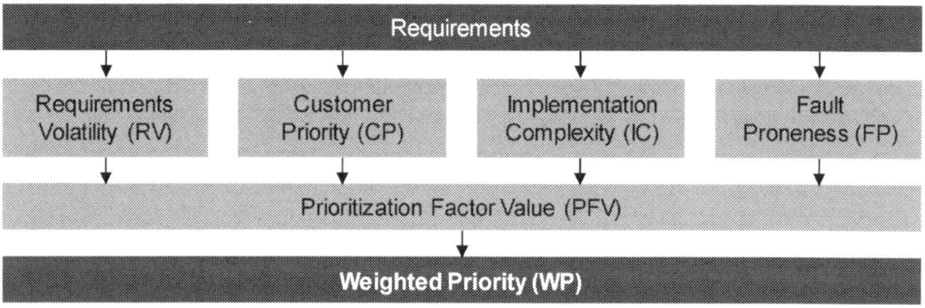

Abbildung 3.6: PORT-Konzept zur Priorisierung von Testfällen[301]

Der PORT-Ansatz basiert auf den Systemanforderungen, die mithilfe der folgenden vier Bewertungsfaktoren evaluiert werden:[302]

- Anforderungsvolatilität (Requirements Volatility, RV)
- Anforderungspriorität aus Kundensicht (Customer Priority, CP)
- Implementierungskomplexität aus Entwicklungssicht (Implementation Complexity, IC)
- Fehleranfälligkeit der Anforderung (Fault Proneness, FP)

Diese vier Bewertungsfaktoren, die im Rahmen des PORT-Ansatzes alle auf einer Ordinalskala von 1 bis 10 bewertet werden, lassen sich wie folgt beschreiben:[303] Die Bewertung

[298] Vgl. Srikanth, H.; Williams, Laurie, Osborne, Jason: Prioritization of System Test Cases, 2014, S. 321.
[299] PORT: *Prioritization of Requirements for Testing*, vgl. Srikanth, H.; Williams, Laurie, Osborne, Jason: Prioritization of System Test Cases, 2014, S. 321.
[300] Vgl. a. a. O., S. 323 ff.
[301] Vgl. a. a. O., S. 325.
[302] Vgl. a. a. O., S. 323 ff.
[303] Vgl. ebenda.

der Anforderungsvolatilität (*Faktor 1*) umfasst die Untersuchung, wie häufig eine definierte Anforderung im Laufe der Entwicklungsaktivitäten geändert wird. Die hierfür erforderlichen Informationen können aus vorliegenden Anforderungsmanagementsystemen abgeleitet werden. Die Anforderungspriorität aus Kundensicht (*Faktor 2*) hingegen repräsentiert die Bedeutung einer vorliegenden Anforderung für den Kunden und wird von diesem vorgegeben. Der *dritte Faktor* beschreibt die Komplexität, die mit einer Umsetzung der Anforderung einhergeht. Der Wert dieses Bewertungsfaktors wird durch eine vom Entwicklungsteam vorgenommene Schätzung ermittelt. *Faktor 4* umfasst mit der Fehleranfälligkeit mögliche technische Risiken, die bezüglich einer Anforderung bestehen. Die Bewertung dieses Faktors wird auf Basis des vorhandenen Erfahrungswissens, z. B. in Form von Entwicklungs- und Feldfehlern bereits entwickelter Softwaresysteme, vorgenommen. Dabei wird im Rahmen des PORT-Ansatzes die Fehleranfälligkeit nur für diejenigen Anforderungen bewertet, die bereits in einem bestehenden Softwaresystem umgesetzt worden sind.

Zur Berechnung eines Prioritätswertes für jede Anforderung werden die vier Bewertungsfaktoren (BF) mit einer Gewichtung w versehen. Somit lässt sich ein Prioritätswert PFV[304] aufstellen, der die Bedeutung jeder Anforderung i für die Testplanung repräsentiert:[305]

$$PFV_i = \sum_{j=1}^{4} BF_{ij} \cdot w_{ij} \qquad 3.1$$

Auf Basis des anforderungsbezogenen PFV-Wertes wird im PORT-Ansatz anschließend ein gewichteter Prioritätswert WP[306] für jeden Testfall j berechnet:[307]

$$WP_j = \frac{\sum_{x=1}^{i} PFV_x}{\sum_{y=1}^{n} PFV_y} \qquad 3.2$$

Dieser gewichtete Prioritätswert berücksichtigt den Prioritätswert der abgedeckten Anforderungen i eines Testfalls j im Verhältnis zu den Prioritätswerten aller Anforderungen n.[308]

Der PORT-Ansatz von SRIKANTH ET AL. stellt eine innovative Möglichkeit dar, Testfälle, die als Aktivitäten der Eigenschaftsabsicherung angesehen werden können, zu priorisieren. Hierdurch wird der Testplanung eine quantitative Entscheidungsunterstützung bereitgestellt, die der Auswahl von Absicherungsaktivitäten dient. Jedoch erfordert der Ansatz eine strikte Anwendung von Methoden und Systemen des Requirements Engineering. Dies ist laut einer Studie des Fraunhofer Instituts für Experimentelles Software Engineering (IESE) bei Unterneh-

---

304 PFV: *Prioritization Factor Value*, vgl. Srikanth, H.; Williams, Laurie, Osborne, Jason: Prioritization of System Test Cases, 2014, S. 325.

305 Vgl. a. a. O., S. 326.

306 WP: *Weighted Priority*, Vgl. ebenda.

307 Vgl. ebenda.

308 Vgl. ebenda.

men der klassischen IT-/Softwarebranche der Fall, in allen anderen Branchen findet das systematische Requirements Engineering eher „ansatzweise Beachtung“[309]. Darüber hinaus erfolgt im Rahmen des PORT-Ansatzes keine Berücksichtigung der Ergebnisse von Methoden des technischen Risikomanagements. Zwar wird die Fehleranfälligkeit von Anforderungen als Kriterium bei der Priorisierung miteinbezogen, diese wird jedoch subjektiv geschätzt und nach Aussage von SRIKANTH ET AL. nicht für neuartige Anforderungen angewendet. Ferner findet bei der Einschätzung der Fehleranfälligkeit keine Berücksichtigung von Unsicherheit in Form von Informationsdefiziten zur Risikoeinschätzung statt.

SCHETTLER (2005): Precision Testing[310]

Im Rahmen seiner Arbeiten entwickelt SCHETTLER den Ansatz *Precision Testing*, welcher das Kosten-Nutzen-Verhältnis von Testaktivitäten verbessern soll.[311] Dieser Ansatz stellt eine Planspielsimulation für Testaktivitäten dar, bei dem verschiedene Nutzen- und Kostenkenngrößen berechnet werden.[312] Unter dem Testnutzen fasst der Autor „die durch Test (und Fehlerkorrektur) erreichte Risikosenkung“[313] zusammen. Diese kann durch den Vergleich von zu schätzenden Risikokenngrößen einer Systemfunktion im ungetesteten und im getesteten Zustand quantifiziert werden. Die Testkosten beinhalten erforderliche Investitionen oder laufende Kosten.[314]

SCHETTLER stellt in seinen Arbeiten ein innovatives Rahmenwerk für die Optimierung der Testplanung auf Basis eines Kosten-Nutzen-Verhältnisses auf. Dabei legt er den Fokus auf die Risikoorientierung und Risikoreduzierung bei der Planung von Testaktivitäten. Folglich zeigt er den engen Zusammenhang zwischen der Bewertung technischer Risiken und der Planung von Absicherungsaktivitäten in Form von Softwaretests auf. Allerdings bleiben die Ausführungen in seinen Arbeiten auf einem allgemeingültigen Niveau, konkrete Hinweise zu Methoden der Risikobewertung im Kontext der Testplanung sowie zu Unsicherheiten bei der Risikobewertung werden nicht gegeben.

YADAV ET AL. (2005): Reliability Demonstration Test Planning

Zur Verbesserung der Testplanung stellen YADAV ET AL. ein Vorgehensmodell auf, mithilfe dessen robuste und kosteneffektive Testpläne entwickelt werden können, welche die Zuverlässigkeit eines technischen Systems und seiner Komponenten sicherstellen.[315] Grundlage der Arbeit ist die praktischen Problemstellung, dass bestehende Vorgehensweisen der Testplanung häufig zu suboptimalen Testaktivitäten führen.[316] Folglich bedarf es einer zusätzlichen

---

[309] Adam, S.; Wünch, C., et al.: RE-Kompass, Oktober 2013, S. 3.

[310] Die hier vorgenommene Analyse der Arbeiten von SCHETTLER bezieht sich auf ein von ihm im Jahre 2005 veröffentlichtes Whitepaper, welches die Weiterentwicklung eines wissenschaftlichen Konferenzbeitrags (vgl. Schettler, H.: Management von IT-Tests, 2003) darstellt.

[311] Vgl. Schettler, H.: Precision Testing, 2005, S. 1.

[312] Vgl. ebenda.

[313] Schettler, H.: Precision Testing, 2005, S. 2.

[314] Vgl. ebenda.

[315] Vgl. Yadav, O. P.; Singh, N., et al.: Reliability demonstration test planning, 2005, S. 884.

[316] Vgl. a. a. O., S. 882.

Entscheidungsunterstützung in der Produktentwicklung, um kritische Risiken zu identifizieren und die Erfüllung von Zuverlässigkeitsforderungen nachzuweisen.[317]

Das von YADAV ET AL. entwickelte Vorgehensmodell besteht aus sechs Arbeitsschritten:[318] Nach Auswahl des zu untersuchenden Systems (Schritt 1) wird das Produkt in einem zweiten Arbeitsschritt bezüglich (a) seiner Produktstruktur, (b) seinen funktionalen Anforderungen sowie (c) seiner zu erwartenden Betriebsdauer bis zum Ausfall[319] analysiert. Hierbei wird auf vorhandene FMEA-Risikoanalysen zurückgegriffen.[320] Auf Basis der Analyse werden im dritten Schritt Zielwerte für die Zuverlässigkeit von Sub-Systemen, Schnittstellen, Funktionen und Ausfallarten festgelegt. Anschließend werden verfügbare Informationen gesammelt, die Aufschluss über die Ist-Werte der Zuverlässigkeit des zu entwickelnden Systems geben können (Schritt 4). Dies kann beispielsweise auf Basis von Gewährleistungsdaten vergleichbarer Produkte erfolgen. Mithilfe der verfügbaren Informationen können in einem fünften Arbeitsschritt Zuverlässigkeitsschätzungen für das Produkt abgegeben und eine Gesamtzuverlässigkeit berechnet werden. Sind diese Berechnungswerte zu niedrig, können erforderliche Testaktivitäten geplant werden, die quantitative Informationen bezüglich der Zuverlässigkeitsschätzung bereitstellen (Schritt 6).

Das von YADAV ET AL. entwickelte Vorgehensmodell zeigt insbesondere auf, wie durch Tests zusätzliche bzw. verlässliche Informationen bezüglich der Einschätzung von Zuverlässigkeitsrisiken gewonnen werden können. Somit wird eine direkte Verknüpfung von Risikoanalysen und Testplanung vorgenommen. Die Entscheidungsunterstützung bei der Testplanung beschränkt sich jedoch ausschließlich auf Testaktivitäten zur Sicherstellung der Systemzuverlässigkeit. Die Planung von Testaktivitäten zur Absicherung weiterer technischer Risiken liegt nicht im Betrachtungsbereich der Autoren. Weiterhin liegt der Fokus der Arbeiten von YADAV ET AL. auf der detaillierten Gestaltung von Zuverlässigkeitstests (z. B. Festlegung von Stichprobengrößen und Belastungszyklen). Explizite Vorgehensweisen zur Priorisierung von Testaktivitäten sowie zur Berücksichtigung von Unsicherheiten bei der FMEA-Risikobewertung werden im Rahmen des Vorgehensmodells nicht erörtert.

Weitere Arbeiten zur Testplanung

KUKULIES ET AL. zeigen in ihrer Arbeit einen konzeptionellen Ansatz auf, mithilfe dessen sich Vorgehensweisen zur Testplanung optimieren lassen.[321] Dabei schlagen sie vor, sowohl den Testbedarf auf Grundlage von Risikountersuchungen als auch den Testaufwand auf Basis von Kostenbestandteilen zu modellieren, um neue Ansätze für eine verbesserte Testplanung zu identifizieren. Konkrete Hinweise, wie diese auszugestalten ist, werden von den Autoren jedoch nicht gegeben.

---

[317] Vgl. ebenda.

[318] Vgl. a. a. O., S. 884.

[319] Diese wird häufig durch die Kenngröße *Mean Time to Failure* (MTTF) beschrieben.

[320] Vgl. ebenda.

[321] Vgl. Kukulies, J.; Falk, B., et al.: Optimized Test Planning Procedures, 2016, S. 97 f.

Weiterhin wurde mit der ISO/IEC/IEEE 29119 im Jahr 2013 ein fünfteiliger Standard zum Testen von Softwaresystemen herausgegeben. Dabei bezieht sich der erste Teil auf Konzepte und Definitionen beim Testen von Software.[322] Hier wird auf das risikobasierte Testen als ein zentrales Konzept der Norm hingewiesen.[323] Die Ausführungen hierzu sind jedoch weitestgehend qualitativ, konkrete Vorgehensweisen zur Bereitstellung quantitativer Entscheidungsunterstützung bei der Testplanung werden nicht gegeben. Auch im zweiten Teil der Norm, welche alle Prozesse im Zusammenhang mit Softwaretests beschreibt,[324] finden sich keine Methoden zur quantitativen Integration des technischen Risikomanagements in die Testplanung.

3.3.2 Ansätze der Prüfplanung

Verschiedene Forschungsarbeiten zur Prüfplanung beschäftigen sich mit der Fragestellung, wie die Planung von Qualitätsprüfungen im Produktionsablauf optimiert werden kann. Einige der Ansätze entwickeln neue Methoden zur Entscheidungsunterstützung bei der Auswahl erforderlicher Prüfaktivitäten. Aufgrund der möglichen Übertragbarkeit dieser Methoden auf die Planung der Eigenschaftsabsicherung werden relevante Arbeiten zur Prüfplanung nachfolgend vorgestellt und analysiert.

BLANK (2010): Automatisierte Berücksichtigung von Qualitätsrisiken in der Prüfplanung

Ziel der Arbeit von BLANK ist die Entwicklung einer Methode, welche die Prüfplanung im Bezug auf die Auswahl von Qualitätsprüfungen in der Produktion unterstützt, Qualitätsrisiken mit möglichst geringem Aufwand und hoher Prüfabdeckung abzusichern.[325] Dies wird durch eine computergestützte Auswahlmethodik namens FLoTASQ[326] erreicht, welche vorhandene Qualitätsrisiken von Produktfunktionen mithilfe einer Fuzzy-Logic Entscheidungslogik bei der Prüfauswahl berücksichtigt und Qualitätsprüfungen priorisiert.[327]

Als Grundlage der Auswahlmethodik stellt BLANK einen Katalog mit Kriterien vor, welche grundsätzlich für die Auswahl und Festlegung von Prüfmerkmalen relevant sind. Diese Kriterien geben grundlegend Aufschluss über die Priorität einer Prüfung im Rahmen des Prüfauswahlverfahrens und lassen sich in die folgenden vier Gruppen gliedern:[328]

- gesetzliche Vorgaben
- Vorgaben der Entwicklung und der Produktion
- Expertenwissen
- berechenbare Kriterien (z. B. Fehlerhäufigkeiten, Komplexität der Funktion)

---

[322] Vgl. International Organization for Standardization (ISO): Software and systems engineering, 2013.

[323] Vgl. a. a. O., S. 24.

[324] Vgl. ISO/IEC/IEEE: Software and systems engineering, 2013, S. 11.

[325] Vgl. Blank, M.: Berücksichtigung von Qualitätsrisiken, 2010, S. 2.

[326] *Fuzzy Logik Testselection with Automated Synergy of Quality risks*, vgl. Blank, M.: Berücksichtigung von Qualitätsrisiken, 2010, S. 57.

[327] Vgl. ebenda.; a. a. O., S. 3.

[328] Vgl. Blank, M.: Berücksichtigung von Qualitätsrisiken, 2010, S. 58.

Um die Prüfauswahl zu automatisieren, modelliert BLANK einen Prüfauswahlprozess mithilfe der Fuzzy-Logic Theorie. Die Auswahl dieser Theorie begründet er zum einen mit der hohen Eignung, unsicheres bzw. unscharfes Expertenwissen für die Prüfauswahl bereit zu stellen. Zum anderen können im Rahmen einer technischen Realisierung der Auswahlmethodik digitale Eingangsgrößen aus Qualitätssensoren[329] mithilfe der Fuzzy-Logic Theorie verarbeitet werden.[330]

Die entwickelte FLoTASQ-Methode gliedert sich in die drei Bereiche (1) Vorverarbeitung und Eingangsschnittstellen, (2) Verarbeitung innerhalb von FLoTASQ und (3) Ausgabeschnittstellen.[331] Im Rahmen der Vorverarbeitung werden zunächst in einem Eingangsdatenvektor alle relevanten Daten für den Prüfauswahlprozess festgehalten. Dies sind beispielsweise Aussagen von unterschiedlichen Qualitätssensoren, die sich an den o. g. Auswahlkriterien orientieren.[332] Anschließend erfolgt eine Fuzzy-Logic-Verarbeitung der Eingangsdaten innerhalb der FLoTASQ Methode. Für jede potenzielle Qualitätsprüfung wird auf Basis der Auswahlkriterien ein Prioritätswert berechnet.[333] Das Berechnungsergebnis wird über die Ausgabeschnittstelle des Systems dargestellt. Gemäß der Priorisierung erfolgt eine Auflistung der Funktionen mit der zugehörigen Prüfgewichtung. Die Prüfungen werden unter Berücksichtigung der verfügbaren Prüfzeit in die Prüfauswahl übernommen.[334]

Der von BLANK entwickelte FLoTASQ-Ansatz stellt eine innovative Methode dar, erforderliche Prüfaktivitäten im Produktionsablauf zu priorisieren und somit eine quantitative Entscheidungsunterstützung für die gezielte Auswahl von Qualitätsprüfungen bereitzustellen. Zudem zeigt der Autor auf, dass vorhandenes Expertenwissen unsicherheitsbehaftet ist und entwickelt mit dem Fuzzy-Logic Operator ein geeignetes Werkzeug, dieses unsichere Wissen zu verarbeiten. Hieraus kann für die Planung der Eigenschaftsabsicherung, die sich auf unsicherheitsbehafteten Risikoanalysen und -bewertungen stützt,[335] festgehalten werden, dass Unsicherheiten der Risikobewertung quantitativ berücksichtigt werden können.

Jedoch ist bezüglich des Ansatzes von BLANK anzumerken, dass keine Berücksichtigung von Methoden des technischen Risikomanagements vorgenommen wird. Dies kann darauf zurückgeführt werden, dass für ein bereits in Serie produziertes Produkt eine ausreichende Informationsbasis zu auftretenden Fehlern vorhanden ist und somit die Ergebnisse einer präventiven Risikoanalyse und -bewertung eine untergeordnete Rolle spielen. Folglich bietet der Ansatz von BLANK keine weiteren Hinweise zur quantitativen Integration von Methoden des technischen Risikomanagements in die Absicherungsplanung.

---

329 BLANK verwendet den Begriff des Qualitätssensors, der jedoch nicht im Rahmen seiner Arbeit definiert wird. Aus dem Kontext der begrifflichen Verwendung im Zusammenhang mit Qualitätsregelkreisen lässt sich jedoch ableiten, dass es sich hierbei um unternehmerische Datenquellen handelt, welche Aussagen zu qualitätsrelevanten Produkt- und Prozessmerkmalen erfassen und dem Qualitätsregelkreis zur Verfügung stellen, vgl. Laass, M. C.: Qualitätssensor für Social Media, 2015, S. 14.

330 Vgl. Blank, M.: Berücksichtigung von Qualitätsrisiken, 2010, S. 80 f.

331 Vgl. a. a. O., S. 82.

332 Vgl. a. a. O., S. 84.

333 Vgl. ebenda.

334 Vgl. a. a. O., S. 89.

335 Vgl. Abschnitt 3.2.3.

FORCHERT (2009): Prüfplanung - Ein neues Prozessmanagement für Fahrzeugprüfungen

Im Rahmen seiner Dissertation entwickelt FORCHERT ein Prozessmanagementkonzept für die Prüfplanung in der Automobilserienfertigung (vgl. Abbildung 3.7).[336] Ziel des Konzepts ist eine IT-gestützte Auswahl von Prüfungen zur Gewährleistung der Sicherheit und Qualität von Fahrzeugen im Montagebereich der Produktion.[337]

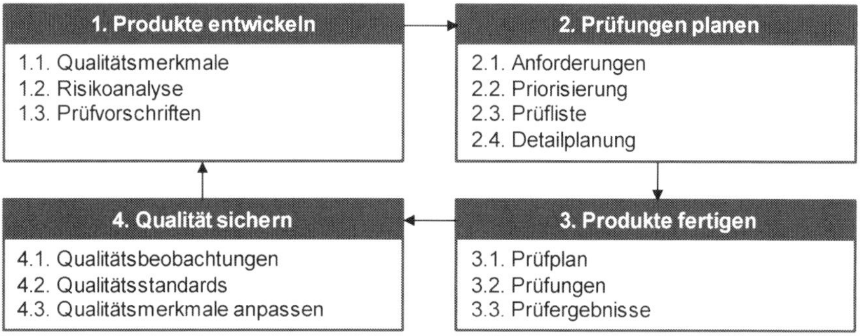

Abbildung 3.7: Prozessmodell der Prüfplanung nach FORCHERT[338]

In Phase 1 erfolgt nach der Identifikation von Qualitätsmerkmalen eine technische Risikoanalyse, um Risikofaktoren zu erfassen. Diese Faktoren beinhalten die Bedeutung sowie die Auftretens- und Entdeckungswahrscheinlichkeit eines Fehlers für ein Qualitätsmerkmal ohne zugeordnete Qualitätsprüfung. Auf Basis der Risikoanalyse werden Prüf- und Inbetriebnahmevorschriften für das Gesamtfahrzeug sowie einzelne Fahrzeugsysteme erstellt.[339]

Der zweite Hauptprozess *Prüfungen planen* stellt den Kernprozess des Ansatzes von FORCHERT dar. Auf Basis der ermittelten Risikofaktoren sowie Anforderungen an die Prüfgestaltung wird zunächst eine Prüfbedarfsliste erzeugt, welche erforderliche Qualitätsprüfungen für noch nicht abgesicherte Qualitätsmerkmale beinhaltet. Anschließend werden die Prüfungen in der Prüfbedarfsliste gemäß eines Algorithmus priorisiert. Dieser von FORCHERT vorgeschlagene Algorithmus basiert auf der Risikoprioritätszahl, die im Rahmen der FMEA verwendet wird. Für ein vorhandenes Risiko werden die Prioritätskennzahlen PKZ_α und PKZ_β berechnet. Dabei stellt PKZ_α die Risikoprioritätszahl eines Risikos ohne Qualitätsprüfung und PKZ_β die Risikoprioritätszahl desselben Risikos mit Prüfung dar. Liegt die Prioritätskennzahl eines Risikos mit zugeordneter Prüfung PKZ_β über einem festgelegten Risikogrenzwert R, so handelt es sich um ein nicht-akzeptables Risiko, für das konstruktive Absicherungsmaßnahmen erforderlich sind. Liegt die Prioritätskennzahl PKZ_β innerhalb des Grenzwertes, so wird die durch eine Qualitätsprüfung erreichte Risikominimierung ΔPKZ durch die Differenz

---

[336] Vgl. Forchert, T.: Prüfplanung, 2009, S. 84.

[337] Vgl. a. a. O., S. 84 f.

[338] Vgl. a. a. O., S. 91.

[339] Vgl. a. a. O., S. 94.

$$\Delta PKZ = PKZ_{\alpha} - PKZ_{\beta} \tag{3.3}$$

berechnet. Anschließend werden in der Prüfbedarfsliste die Ergebnisse für ΔPKZ in absteigender Reihenfolge sortiert, um diejenigen Prüfungen auszuwählen, welche den höchsten Beitrag zur Risikoreduzierung leisten.[340]

Die nachfolgenden Hauptprozesse *Produkte fertigen* und *Qualität sichern* des Prozessmodells nach FORCHERT liefern im Kontext der vorliegenden Arbeit keine weiteren Hinweise zur Lösung des identifizierten Praxisproblems und werden daher hier nicht weiter ausgeführt.

Das von FORCHERT vorgestellte Prozessmodell stellt einen vielversprechenden Ansatz zur risikobasierten Auswahl von Qualitätsprüfungen im Rahmen der Prüfplanung dar. Dabei greift er die Bewertungsergebnisse der FMEA als eine etablierte Methode des technischen Risikomanagements auf und stellt durch den Vergleich verschiedener Prioritätskennzahlen eine quantitative Entscheidungsunterstützung zur Verfügung. Allerdings geht FORCHERT nicht auf den Umgang mit Unsicherheiten ein, die bei der Bewertung und Analyse von technischen Risiken durch die FMEA-Methode vorherrschen können. Ist die Informationsgrundlage zur Bewertung des Risikos einer Funktion mit und ohne Prüfung unzureichend, so besteht die Gefahr, dass die errechneten Prioritätskennzahlen und folglich die durch eine Qualitätsprüfung erreichbare Risikominimierung ΔPKZ nicht ausreichend valide sind, um eine Verbesserung der Auswahleffektivität von Qualitätsprüfungen zu erreichen. Dieser Aspekt wird im Rahmen der Arbeit von FORCHERT nicht adressiert.

BERNARDS (2005): Modulare Prüfplanung

Ziel der Arbeit von BERNARDS ist sowohl die Integration der Prüfplanung in die unternehmensinternen Abläufe des Produktentstehungsprozesses als auch die verstärkte Nutzung von Informationen aus QM-Methoden für die Planung von Qualitätsprüfungen. Sein Lösungsansatz basiert auf einer Analyse von Informationsbeziehungen der Prüfplanung.[341] Diese werden dabei zu weiteren, am Produktentstehungsprozess beteiligten Organisationseinheiten (z. B. Qualitätsplanung, Konstruktion oder Arbeitsvorbereitung) modelliert.[342] Darüber hinaus werden die informationsbezogenen Abhängigkeiten innerhalb einzelner Aufgabenbereiche der Prüfplanung (z. B. „Auswahl der Prüfmerkmale“ und „Festlegung des Prüfzeitpunktes“) untersucht.[343]

Im Rahmen der Analyse von Informationsbeziehungen der Prüfplanung untersucht BERNARDS unter anderem diejenigen Informationen, die für die Beurteilung der Prüfnotwendigkeit erforderlich bzw. verwendbar sind.[344] Diese sind in Abbildung 3.8 dargestellt.

---

[340] Vgl. a. a. O., S. 99 ff.; a. a. O., S. 96.
[341] Vgl. Bernards, M.: Modulare Prüfplanung, 2006, S. 43 ff.
[342] Vgl. a. a. O., S. 49 ff.
[343] Vgl. a. a. O., S. 60 ff.
[344] Vgl. a. a. O., S. 63.

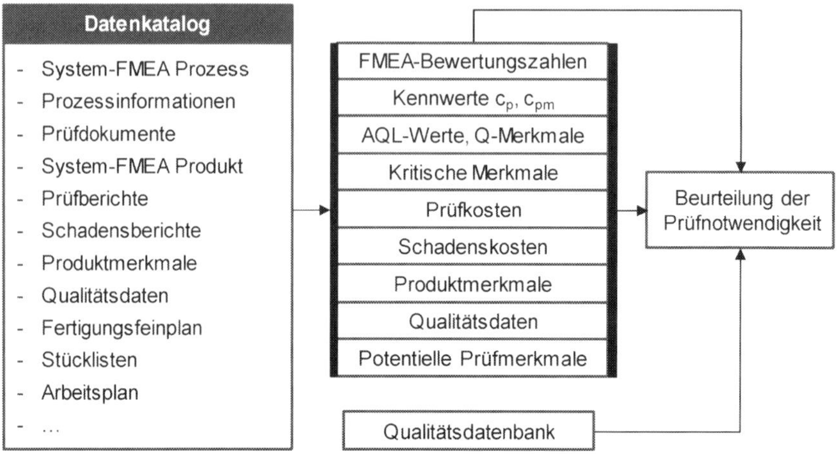

Abbildung 3.8: Informationen zur Beurteilung der Prüfnotwendigkeit[345]

Der Abbildung ist zu entnehmen, dass die Ergebnisse der Risikobewertung eine Rolle bei der Bestimmung der Prüfnotwendigkeit eines Merkmals und damit bei der Priorisierung der erforderlichen Prüfprozesse spielen. Hierfür nennt der Autor die Ergebnisse der FMEA-Risikobewertung. Hinweise bezüglich einer weiterführenden Integration der Risikobewertung in die Prüfplanung, einer quantitativen Entscheidungsunterstützung oder einer Berücksichtigung von Unsicherheiten werden jedoch im Rahmen der Arbeit von BERNARDS nicht gegeben.

Weitere Arbeiten zur Prüfplanung

Zur Prüfplanung existieren weitere jüngste Forschungsarbeiten, die nachfolgend kurz zusammengefasst werden. BASSE[346] entwickelt ein Simulationsmodell zur Untersuchung des Verhaltens von anlaufenden Montagesystemen unter Berücksichtigung unterschiedlicher Prüfstrategien. Weiterhin entwirft WAßMUTH[347] eine Methode zum Aufbau eines Office-basierten CAQ-Systems am Beispiel der Integration von FMEA, Prüfplanung und Reklamationsmanagement. Darüber hinaus stellt STENKAMP[348] eine Methodik sowie ein Softwaresystem zur automatisierten Auswahl und Bewertung von Prüfmitteln hinsichtlich ihrer Eignung für zerstörungsfrei zu prüfende Merkmale vor. Keine dieser Arbeiten besitzt direkte Anknüpfungspunkte oder Hinweise zur Entwicklung von quantitativen Methoden der Entscheidungsunterstützung bei der Auswahl von prüfrelevanten Merkmalen.

3.3.3 Zwischenfazit

Aktuelle Forschungsarbeiten zur Test- und Prüfplanung fokussieren vermehrt den Aspekt, dass eine *Priorisierung bzw. Auswahl von absicherungsrelevanten Produkteigenschaften* für

[345] In Anlehnung an Bernards, M.: Modulare Prüfplanung, 2006, S. 63.
[346] Vgl. Basse, I.: Systemtheoretische Modellierung von Qualitätsprüfungen, 2015.
[347] Vgl. Waßmuth, S.: Office-basierte CAQ-Systeme, 2009.
[348] Vgl. Stenkamp, A.: Automatisierte Prüfmittelauswahl, 2008.

eine wirtschaftliche Absicherung erforderlich ist. Dabei bestätigen mehrere Autoren, dass es bestehenden Vorgehensweisen an Entscheidungsunterstützung mangelt, um die Priorisierung und Auswahl nachvollziehbar zu gestalten.

Jüngst wurden verschiedene methodische Ansätze vorgestellt, die den Anwender in diesem Prozess unterstützen. Ein Teil dieser Methoden stellt dabei eine *quantitative Entscheidungsunterstützung* für die Priorisierung bzw. die Auswahl bereit. Insbesondere sind in diesem Zusammenhang die Arbeiten von SRIKANTH ET AL, BLANK und FORCHERT zu nennen, deren Bestreben es ist, den Prozess zur Priorisierung von Anforderungen, Produkteigenschaften oder technischen Risiken durch eine quantitative Entscheidungshilfe zu unterstützen. Diese Quantifizierung ermöglicht rechnergestützte Entscheidungsprozesse und trägt folglich zur Verbesserung der Absicherungsplanung bei.

Den derzeitigen Ansätzen mangelt es jedoch an einer durchgängigen *quantitativen Integration der technischen Risikobewertung in die Planungsprozesse*, welche auch die *Unsicherheiten bei der Risikobewertung* berücksichtigen. Zwar weisen verschiedene Ansätze auf die Bedeutung der Ergebnisse von Risikoanalyse und -bewertung hin; eine durchgängige Anwendung von etablierten Methoden des technischen Risikomanagements mit anschließender quantitativer Überführung der Ergebnisse in die Priorisierung ist derzeit jedoch noch nicht existent. Eine Ausnahme bildet die Arbeit von FORCHERT, dessen Methodik allerdings keine Betrachtung von Unsicherheiten, die bei der Risikobewertung vorherrschen können, vornimmt. Die Ergebnisse der Analysen von Ansätzen zur Test- und Prüfplanung sind in Tabelle 3.3 visuell zusammengefasst.

Tabelle 3.3: Zusammenfassung der Analysen zur Test- und Prüfplanung

Autor(en) / Jahr	Auswahl relevanter Produktmerkmale	Quantitative Entscheidungsunterstützung	Integration des TR in die Planung der EA	Berücksichtigung von Unsicherheiten
Srikanth et al. 2014	◑	●	○	○
Schettler 2005	●	◑	◑	○
Yadav et al. 2005	◑	◑	◑	○
Blank 2010	◑	●	○	●
Forchert 2009	●	●	●	○
Bernards 2005	◑	○	◑	○

● erfüllt ◑ teilweise erfüllt ○ nicht erfüllt

EA: Eigenschaftsabsicherung

TR: Technisches Risikomanagement

3.4 Zwischenfazit zum Stand der Forschung

Die zuvor durchgeführten Analysen zur Planung der Eigenschaftsabsicherung, zum technischen Risikomanagement sowie zur Test- und Prüfplanung haben verschiedene *Defizite des gegenwärtigen Forschungsstands* aufgezeigt, die wie folgt zusammengefasst werden können:

- Bei der Priorisierung bzw. Auswahl von absicherungsrelevanten Produkteigenschaften mangelt es an quantitativen Methoden zur Entscheidungsunterstützung.
- Eine hinreichende quantitative Verknüpfung von Ergebnissen des technischen Risikomanagements mit der Planung der Eigenschaftsabsicherung ist bisher nicht existent.
- Arbeiten zum technischen Risikomanagement liefern keine ausreichenden Hinweise zum Umgang mit Unsicherheiten, die bei der Risikobewertung vorherrschen können.

Zunächst ist festzuhalten, dass bestehende Planungsansätze der Eigenschaftsabsicherung *keine ausreichende quantitative Entscheidungsunterstützung bei der Auswahl bzw. Priorisierung von absicherungsrelevanten Produkteigenschaften* geben. Vorhandene quantitative Methoden beziehen sich vorrangig auf die Zuordnung von geeigneten Absicherungsmethoden für bereits festgelegte Absicherungsmerkmale; Methoden zur Priorisierung und Auswahl letzterer bieten hingegen nur qualitative Unterstützung. Ein Lösungsansatz kann in der Nutzung von Konzepten der Test- und Prüfplanung gefunden werden, die eine quantitative Priorisierung von test- und prüfrelevanten Anforderungen,[349] Funktionen[350] oder Risiken[351] vorschlagen. Diese quantitativen Priorisierungsansätze greifen jedoch nicht ausreichend auf Ergebnisse von etablierten Methoden des technischen Risikomanagements zurück. Zwar betonen alle Ansätze zur Auswahl bzw. Priorisierung von absicherungsrelevanten Produkteigenschaften die besondere Bedeutung der Risikobewertung, eine durchgängige Integration von methodischen Bewertungsergebnissen in die Planung der Eigenschaftsabsicherung ist bisher jedoch noch nicht zu finden.

Bestehende Ansätze zur quantitativen Integration von Ergebnissen des technischen Risikomanagements stützen sich allerdings auf *unsicherheitsbehaftete Risikobewertungen*. Insbesondere im Rahmen der Produktentwicklung ist die Informationslage bezüglich der Einschätzung von technischen Produktrisiken fehlerhaft oder unvollständig, sodass es zur Ableitung von Aktivitäten der Eigenschaftsabsicherung einer Untersuchung der vorherrschenden Unsicherheit bedarf. Die Arbeiten, die im Rahmen dieses Kapitels untersucht worden sind, weisen zwar auf Unsicherheiten bei der Risikobewertung hin,[352] stellen jedoch keine Vorgehensweisen zum Umgang mit diesen bereit. Zur Modellierung und Untersuchung des Einflusses von Unsicherheiten, unter anderem bei der technischen Risikobewertung, existieren jedoch weitere Forschungsarbeiten, die im nachfolgenden Kapitel näher erörtert werden.

---

[349] Vgl. Srikanth, H.; Williams, Laurie, Osborne, Jason: Prioritization of System Test Cases, 2014.

[350] Vgl. Schettler, H.: Precision Testing, 2005.

[351] Vgl. Blank, M.: Berücksichtigung von Qualitätsrisiken, 2010; Forchert, T.: Prüfplanung, 2009.

[352] Vgl. Zentis, T.: Bewertung und Kontrolle technischer Risiken, 2013; Simon, D.; Simon, F.: Integrating Test and Risk Management, 2012; VDA: Produkt- und Prozess-FMEA, 2012.

4 Lösungsansatz: Unsicherheitsmodellierung

Im Rahmen der vorherigen Ausführungen zum Forschungsstand der Absicherungsplanung sowie zu angrenzenden Forschungsfeldern wurden die folgenden Defizite festgehalten:

- Es fehlen quantitative Methoden der Entscheidungsunterstützung bei der Auswahl von absicherungsrelevanten Produkteigenschaften.
- Bei der Absicherungsplanung werden quantitative Ergebnisse von etablierten Methoden des technischen Risikomanagements nur unzureichend genutzt.
- Unsicherheiten in Form von Informationsdefiziten werden bei der quantitativen Risikobewertung im Zuge der Produktentwicklung nicht ausreichend berücksichtigt.

Zwischen den letztgenannten Unsicherheiten bei der technischen Risikobewertung und der Planung der Eigenschaftsabsicherung besteht dabei ein enger Zusammenhang: Durch Absicherungsaktivitäten lassen sich verlässliche Informationen über die tatsächliche Schwere und Eintrittswahrscheinlichkeit eines technischen Risikos gewinnen, wodurch die vorherrschende Unsicherheit bei der Risikobewertung reduziert werden kann. Folglich kann das bei der Risikobewertung vorliegende Unwissen als Entscheidungskriterium bei der Planung von erforderlichen Absicherungsaktivitäten verwendet werden. Hierzu bedarf es jedoch einer quantitativen Modellierung von Unsicherheiten, die bei der Risikobewertung vorherrschen, um eine quantitative Entscheidungsunterstützung für die Auswahl von absicherungsrelevanten Produkteigenschaften bereitzustellen und somit die drei oben genannten Defizite zu adressieren.

Um den Zusammenhang zwischen Unsicherheiten bei der technischen Risikobewertung und der entsprechenden Absicherungsplanung herstellen zu können, ist eine weiterführende Untersuchung erforderlich, inwiefern im bestehenden Stand der Forschung Ansätze zur quantitativen Modellierung von Unsicherheiten bei der Risikobewertung vorhanden sind und inwieweit deren Ergebnisse als Entscheidungshilfe bei der Planung der Eigenschaftsabsicherung genutzt werden können. Hierfür wird nachfolgend der Forschungsstand aus dem Gebiet der quantitativen Unsicherheitsmodellierung dargestellt und hinsichtlich der zuvor herausgestellten Theoriedefizite analysiert.

Im Bezug auf die Forschungsmethodik der gestaltungsorientierten Forschung sind daher die nachfolgenden Ausführungen zur Unsicherheitsmodellierung den Aktivitäten des Rigor Cycle zuzuordnen. Hierbei werden zunächst grundlegende Konzepte der Unsicherheitsmodellierung zusammengefasst (vgl. Abschnitt 4.1). Anschließend wird auf die Möglichkeiten zur Modellierung von Unsicherheiten mithilfe der Evidenztheorie eingegangen (vgl. Abschnitt 4.2), die ein geeignetes mathematisches Werkzeug zur quantitativen Unsicherheitsmodellierung darstellt. Weiterhin werden jüngste Ansätze vorgestellt, welche sich mit der Berücksichtigung von Unsicherheiten im Kontext des technischen Risikomanagements beschäftigen (vgl. Abschnitt 4.3). Das Kapitel schließt mit einer Zusammenfassung des Theoriedefizits (vgl. Abschnitt 4.4), in dem die Erkenntnisse aus der Betrachtung des Forschungsfelds zur Unsicherheitsmodellierung und zur Planung der Eigenschaftsabsicherung zusammengefasst werden.

4.1 Grundlagen der Unsicherheitsmodellierung

4.1.1 Der Unsicherheitsbegriff

Für den Unsicherheitsbegriff existiert in der wissenschaftlichen Literatur keine allgemeingültige Definition. Dies ist darauf zurückzuführen, dass für die Behandlung und Analyse von Unsicherheiten eine Vielzahl von Anwendungsfällen existiert.[353] Die vorliegende Arbeit baut auf dem Begriffsverständnis der allgemeinen Informationstheorie[354] auf. In dieser sind die beiden Begriffe Unsicherheit und Information eng miteinander verknüpft. KLIR definiert hierbei *Unsicherheit* als Erscheinungsform eines vorhandenen Informationsdefizits, welches durch entsprechend geeignete Informationen reduziert werden kann.[355]

Eine häufig anzutreffende Kategorisierung des Unsicherheitsbegriffs unterscheidet zwischen aleatorischer (zufallsbezogener) und epistemischer (wissensbezogener) Unsicherheit.[356] Die *aleatorische Unsicherheit* umfasst natürliche, physikalisch-bedingte Schwankungen eines Systems oder seiner Umgebung.[357] Diese Art von Unsicherheit ist im Grunde[358] nicht durch zusätzliche Informationen reduzierbar.[359] Ein Beispiel hierfür sind Schwankungen in den Festigkeitskennwerten von technischen Komponenten aufgrund von natürlichen Abweichungen im Material.[360] Die wahren Werte der Materialfestigkeit unterliegen zufallsbezogenen Schwankungen, die jedoch meist mit einer bekannten Verteilungsfunktion beschrieben werden können.[361]

Die *epistemische Unsicherheit* resultiert aus unzureichendem Wissen bezüglich eines Phänomens, eines Systems oder seiner Umgebung,[362] und kann auf einen Mangel an Systemverständnis zurückgeführt werden.[363] Durch zusätzliche, unsicherheitsbezogene Informationen kann diese Art von Unsicherheit reduziert werden. Dies trifft z. B. auf Strömungsgeschwindigkeiten der Luft an einem Rotorblatt eines Propellers zu. Durch zusätzliche Informationen, die beispielsweise im Rahmen von computerbasierten Simulationen oder Tests im Windkanal gewonnen werden können,[364] kann die epistemische Unsicherheit verringert werden.

---

[353] Vgl. Knetsch, T.: Unsicherheiten in Ingenieurberechnungen, 2006, S. 13.

[354] Englisch: *Generalized Information Theory*

[355] Vgl. Klir, G. J.: Uncertainty and information, 2006, S. 7.; a. a. O., xiii.

[356] Vgl. Flage, R.; Baraldi, P., et al.: Uncertainty in fault tree analysis, 2013, S. 121.; Helton, J. C.; Burmaster, D. E.: Aleatory and epistemic uncertainty, 1996, S. 92.

[357] Vgl. Flage, R.; Baraldi, P., et al.: Uncertainty in fault tree analysis, 2013, S. 121.; Ferdous, R.; Khan, F., et al.: Fault and event tree analyses, 2011, S. 88.; Oberkampf, W. L.; Helton, J. C., et al.: Uncertainty in system response, 2004, S. 14.

[358] Bei näherer Betrachtung ist jede Art von Unsicherheit durch zusätzliche Informationen reduzierbar. Eine lesenswerte Ausführung sowie ein anschauliches Beispiel anhand des fairen Münzwurfs liefert Winkler, R. L.: Uncertainty in probabilistic risk assessment, 1996, S. 128.

[359] Vgl. Durga Rao, K.; Kushwaha, H. S., et al.: Quantification of uncertainties, 2007, S. 948.

[360] Vgl. Catrinu, M. D.; Nordgård, D. E.: Risk analysis under uncertainty, 2011, S. 664.

[361] Vgl. Limbourg, P.: Dependability modelling under uncertainty, 2008, S. 22.

[362] Vgl. Flage, R.; Baraldi, P., et al.: Uncertainty in fault tree analysis, 2013, S. 121.; Ferdous, R.; Khan, F., et al.: Fault and event tree analyses, 2011, S. 88.; Durga Rao, K.; Kushwaha, H. S., et al.: Quantification of uncertainties, 2007, S. 948.; Oberkampf, W. L.; Helton, J. C., et al.: Uncertainty in system response, 2004, S. 14.

[363] Vgl. Catrinu, M. D.; Nordgård, D. E.: Risk analysis under uncertainty, 2011, S. 664.

[364] Vgl. Shabi, J.; Reich, Y.: Planning systems verification, 2012, S. 432.

Abbildung 4.1 stellt den zuvor erläuterten Zusammenhang zwischen Unsicherheit und Information bildlich dar.

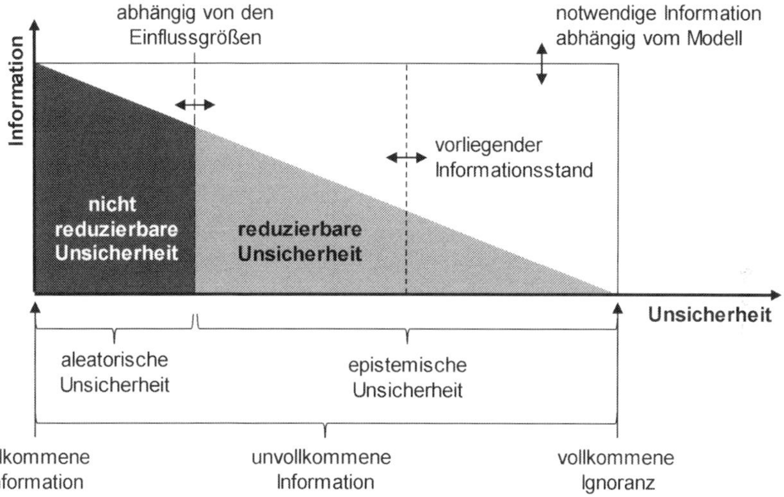

Abbildung 4.1: Zusammenhang zwischen Unsicherheit und Information[365]

Verschiedene Arbeiten der wissenschaftlichen Literatur beschäftigen sich umfassend mit der Klärung des Unsicherheitsbegriffs. Um die vorliegende Arbeit nachvollziehen zu können, sind die zuvor dargestellten Begriffsdefinitionen ausreichend und werden daher hier nicht weiter ausgeführt. Zur anknüpfenden detaillierten Behandlung des Unsicherheitsbegriffs sei auf die einschlägige Literatur[366] verwiesen.

4.1.2 Ziele und Strategien der Unsicherheitsmodellierung

Bei der Modellierung von Unsicherheiten im Kontext von technischen Systemen können verschiedene Zielsetzungen verfolgt werden, die sich in vier Kategorien einteilen lassen:[367]

- Unsicherheitseinflüsse verstehen, um zusätzliche Messungen, Modellierungen oder Entwicklungsaktivitäten zu motivieren.
- Feststellen, ob ein Modell oder eine Methode für einen beabsichtigten Einsatzzweck geeignet ist.
- Unterschiedliche Gestaltungsoptionen vergleichen und auswählen.

[365] In Anlehnung an Knetsch, T.: Unsicherheiten in Ingenieurberechnungen, 2006, S. 31. auf Grundlage von Mag, W.: Grundzüge der Entscheidungstheorie, 1990, S. 7.

[366] Vgl. beispielsweise Jeschke, S.; Jakobs, E.-M., et al.: Exploring Uncertainty, 2013; Aven, T.; Zio, E.: Treatment of uncertainties in risk assessment, 2011; Catrinu, M. D.; Nordgård, D. E.: Risk analysis under uncertainty, 2011; Rocquigny, E. de; Devictor, N., et al.: Uncertainty in industrial practice, 2008; Klir, G. J.: Uncertainty and information, 2006; Knetsch, T.: Unsicherheiten in Ingenieurberechnungen, 2006; Helton, J. C.; Burmaster, D. E.: Aleatory and epistemic uncertainty, 1996.

[367] Vgl. Rocquigny, E. de; Devictor, N., et al.: Uncertainty in industrial practice, 2008, S. 7.

- Nachweisen, ob ein System einen bestimmten Grenzwert einhält.

Insbesondere die erste Zielsetzung nimmt im Rahmen der vorliegenden Arbeit eine zentrale Rolle ein, da ein Zusammenhang zwischen Unsicherheiten bei der technischen Risikobewertung und zu planenden Aktivitäten der Eigenschaftsabsicherung, die zusätzliche Messungen (z. B. Tests) oder Modellierungen (Analysen, Simulationen) beinhalten, hergestellt wird.

Für die quantitative Modellierung von Unsicherheiten haben sich in der Literatur zwei grundlegende Strategien herauskristallisiert. Die erste Strategie stellt die einfache probabilistische Modellierung dar, häufig auch als *Level-1-Modellierung* bezeichnet.[368] Hierbei wird der unbekannte, wahre Wert einer zu untersuchenden Zielgröße (z. B. die Ausfallwahrscheinlichkeit eines technischen Systems) durch eine Zufallsvariable beschrieben. Diese ist abhängig von verschiedenen variablen Eingangsgrößen (z. B. Ausfallwahrscheinlichkeiten von Komponenten), deren Verteilungsfunktion jedoch bekannt ist. Durch geeignete Berechnungsmethoden, z. B. anhand einer Monte-Carlo-Simulation, lässt sich die Verteilungsfunktion der Zielgröße berechnen. Vorteil der Level-1-Modellierung ist der geringe Modellierungsaufwand sowie die geringe Modellierungskomplexität.

Ein häufig genannter Nachteil der zuvor genannten Level-1-Modellierung ist die fehlende Unterscheidung zwischen aleatorischer und epistemischer Unsicherheit.[369] Aus diesem Grunde existiert eine zweite Modellierungsstrategie, die sogenannte *Level-2-Modellierung*. Diese berücksichtigt explizit das Wissensdefizit hinsichtlich der Beschreibung von aleatorischen Unsicherheiten, z. B. aufgrund von zu geringen Datenmengen, Uneinigkeiten der Experten oder Unsicherheiten im vorhandenen Systemmodell.[370] Die in einem System vorherrschende Unsicherheit wird dabei unterschieden in aleatorische Unsicherheitsquellen (z. B. die Ausfallwahrscheinlichkeiten von Komponenten) und in das unsichere Wissen bezüglich dieser aleatorischen Unsicherheitsquellen (z. B. Form oder Parameter der Verteilungsform für die aleatorische Unsicherheit). Die Level-2-Modellierung spielt insbesondere im Bereich der Risiko- und Zuverlässigkeitsanalyse von technischen Systemen eine vordergründige Rolle[371] und wird daher im Rahmen der vorliegenden Arbeit weiter aufgegriffen.

4.1.3 Das ESReDA-Modellierungsrahmenwerk

Um quantitative Modellierungen von Unsicherheiten zu standardisieren, wurde im Jahr 2008 das ESReDA-Rahmenwerk[372] vorgestellt. Dieses ist in Abbildung 4.2 vereinfacht dargestellt und wird nachfolgend in einigen Auszügen erläutert, die für die vorliegende Arbeit relevant sind.[373]

---

[368] Vgl. Limbourg, P.; Rocquigny, E. de: Uncertainty analysis using evidence theory, 2010, S. 551.; Rocquigny, E. de; Devictor, N., et al.: Uncertainty in industrial practice, 2008, S. 13 f.

[369] Vgl. Limbourg, P.; Rocquigny, E. de: Uncertainty analysis using evidence theory, 2010, S. 551.

[370] Vgl. Rocquigny, E. de; Devictor, N., et al.: Uncertainty in industrial practice, 2008, S. 14 ff.

[371] Vgl. a. a. O., S. 15.

[372] ESReDA: *European Safety and Reliability Data Association*.

[373] Für eine ausführliche Darstellung des Rahmenwerks sei auf Rocquigny, E. de; Devictor, N., et al.: Uncertainty in industrial practice, 2008, S. 4 ff. verwiesen, für eine kritische Würdigung des Rahmenwerks auf Aven, T.: Uncertainty analysis and management, 2010, S. 195 ff.

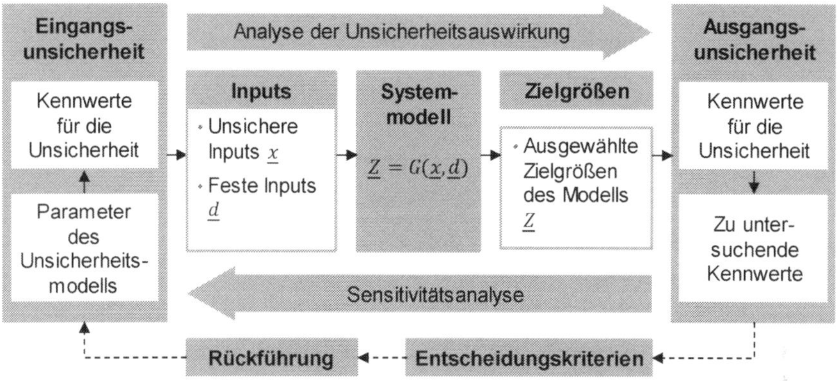

Abbildung 4.2: ESReDA-Rahmenwerk zur Unsicherheitsmodellierung[374]

Motivation jeder quantitativen Unsicherheitsmodellierung ist eine zu untersuchende *Zielgröße* (ggf. auch mehrere Zielgrößen, nachfolgend mit dem Vektor $\underline{Z}$ bezeichnet), deren wahrer Wert unbekannt ist. Das Unwissen über den wahren Wert spielt dabei für eine zu treffende Entscheidung eine wichtige Rolle, sodass es einer näheren quantitativen Analyse der Unsicherheit bedarf. Beispielsweise kann dies bei einem sicherheitskritischen System der Nachweis sein, dass die Ausfallwahrscheinlichkeit des Gesamtsystems unter einem bestimmten Schwellenwert liegt.[375]

Der Wert der Zielgröße(n) ist abhängig von verschiedenen Eingangsvariablen. Diese können in bekannte, *feststehende Eingangsgrößen* (nachfolgend mit dem Vektor $\underline{d}$ bezeichnet) und *unsichere Eingangsvariablen* (nachfolgend mit dem Vektor $\underline{x}$ bezeichnet) unterteilt werden. Im Allgemeinen ist der Einfluss letzterer auf die Zielgröße $\underline{Z}$ von vorrangiger Bedeutung bei der Unsicherheitsmodellierung. Durch den Vektor $\underline{x}$ können dabei alle vorhandenen unsicheren Eingangsquellen abgebildet werden.[376]

Der Zusammenhang zwischen Eingangs- und Zielgröße(n) wird im ESReDA-Rahmenwerk durch die folgende allgemeingültige *Abbildungsfunktion* G dargestellt:[377]

$$\underline{Z} = G(\underline{x}, \underline{d}) \qquad 4.1$$

[374] In Anlehnung an Rocquigny, E. de; Devictor, N., et al.: Uncertainty in industrial practice, 2008, S. 12.

[375] Vgl. a. a. O., S. 8.

[376] Vgl. a. a. O., S. 5 f.

[377] Vgl. a. a. O., S. 5.

Um die Funktion G mathematisch zu modellieren, existiert eine Vielzahl an Methoden und Konzepten.[378] Hierunter fallen die klassische Wahrscheinlichkeitstheorie, jedoch auch neuere Ansätze wie die Evidenztheorie.[379]

Sind alle Elemente der Abbildungsfunktion bestimmt, kann die vorwärts gerichtete *Analyse der Unsicherheitsauswirkung*[380] erfolgen. In diesem Schritt wird der Effekt von Unsicherheiten in den Eingangsgrößen auf die Unsicherheiten der zu untersuchenden Ausgangsgrößen berechnet.[381] Auch hierzu existiert eine Vielzahl an quantitativen Methoden, wie z. B. die Monte-Carlo-Simulation.[382] Das Ergebnis dieser Analyse ist ein Abbild der Unsicherheit hinsichtlich der wahren Werte der Zielgrößen.

Im Anschluss an die Analyse der Unsicherheitsauswirkung kann eine rückwärtsgerichtete *Sensitivitätsanalyse* erfolgen. Hierbei wird untersucht, welche der Eingangsgrößen eine besondere Auswirkung auf die Unsicherheiten der Ausgangsgrößen hat. Üblicherweise kommen hier statistische Verfahren zum Einsatz, welche die Unsicherheiten von Eingangs- und Zielgrößen miteinander in Beziehung setzen.[383]

Auf Basis der Ergebnisse der Sensitivitätsanalyse können weitere Maßnahmen zum Umgang mit der vorherrschenden Unsicherheit abgeleitet werden. Im ESReDA-Rahmenwerk wird dieser Vorgang als *Rückführungsprozess* (*Feedback Process*) bezeichnet.[384] Wie bereits im vorherigen Abschnitt 4.1.2 dargestellt kann eine mögliche Maßnahme darin bestehen, zusätzliche Informationen zu beschaffen, um die vorherrschende Unsicherheit in den Eingangsgrößen und folglich der zu untersuchenden Zielgröße zu reduzieren.[385]

Die Vorstellung des ESReDA-Rahmenwerks nach ROCQUIGNY ET AL. stellt einen bedeutsamen wissenschaftlichen Beitrag zur Analyse von Unsicherheiten dar.[386] Die Vielzahl an Fallbeispielen, die in der Arbeit aufgeführt sind, unterstreicht die Allgemeingültigkeit des Ansatzes sowie die Eignung zur Modellierung von unterschiedlichen Problemstellungen im Umgang mit Unsicherheit. Aus diesem Grund wird in der vorliegenden Arbeit das ESReDA-Rahmenwerk zur Unsicherheitsmodellierung bei der Bewertung von technischen Risiken verwendet.

---

[378] Vgl. ebenda.

[379] Ein Überblick über die Modellierungsmethoden wird im nachfolgenden Abschnitt 4.1.4 gegeben; die Evidenztheorie in Abschnitt 4.2.1 ausführlich erläutert.

[380] Dieser Schritt wird in der englischsprachigen Literatur weitestgehend mit *uncertainty propagation* beschrieben, vgl. Rocquigny, E. de; Devictor, N., et al.: Uncertainty in industrial practice, 2008, S. 10.

[381] Vgl. ebenda.

[382] Vgl. Aven, T.: Uncertainty analysis and management, 2010, S. 195.; Rocquigny, E. de; Devictor, N., et al.: Uncertainty in industrial practice, 2008, S. 11.

[383] Vgl. Rocquigny, E. de; Devictor, N., et al.: Uncertainty in industrial practice, 2008, S. 11.

[384] Vgl. a. a. O., S. 9.

[385] Vgl. Limbourg, P.; Rocquigny, E. de: Uncertainty analysis using evidence theory, 2010, S. 562.; Limbourg, P.; Savić, R., et al.: FTA using Dempster-Shafer theory, 2007, S. 719.

[386] Vgl. Aven, T.: Uncertainty analysis and management, 2010, S. 200.

4.1.4 Modellierungsmethoden

Zur quantitativen Modellierung von Unsicherheiten – z. B. für die Entwicklung eines Systemmodells im Kontext des ESReDA-Rahmenwerks – existiert eine Vielzahl an mathematischen Methoden und Theorien. Hierunter fallen:[387]

- Intervallmathematische Methoden
- Possibilistische Methoden
- Fuzzy-Set-Theorie
- Evidenztheorie

In aktuellen Forschungsarbeiten zur Unsicherheitsanalyse im Kontext der Entwicklung technischer Systeme spielt die letztgenannte Evidenztheorie eine wichtige Rolle.[388] Sie stellt zum einen ein umfangreiches mathematisches Werkzeug dar, mit dem Aussagen zu einem unsicheren Ereignis aus verschiedenen Informationsquellen modelliert werden können, was eine explizite Quantifizierung von vorherrschenden Unsicherheiten ermöglicht. Zum anderen bringt die Evidenztheorie ein hohes Maß an Modellierungsflexibilität mit sich.[389] Darüber hinaus gewinnt sie auch für die Modellierung von Unsicherheiten im praktischen Einsatz an Bedeutung,[390] sodass sie in der vorliegenden Arbeit weiter verwendet und nachfolgend näher dargestellt wird.

4.2 Evidenztheoretische Unsicherheitsmodellierung

Die Evidenztheorie geht auf Arbeiten der beiden Mathematiker ARTHUR P. DEMPSTER und GLENN SHAFER zurück.[391] Der Ursprung der Theorie findet sich in der Publikation von DEMPSTER aus dem Jahr 1967, welche die Fusion von Aussagen voneinander abweichender Sensordaten thematisiert. Die Arbeiten von DEMPSTER wurden durch SHAFERS Publikation „A mathematical theory of evidence" im Jahre 1976 zusammengefasst und durch eigene Arbeiten zur Fusion von unsicherheitsbehafteten menschlichen Expertenaussagen und Glaubensfunktionen ergänzt.[392] Obwohl die Evidenztheorie ihren Ursprung in der Mitte des 20. Jahrhunderts hat, wurde sie bis zum Beginn des 21. Jahrhunderts kaum zur Modellierung und Berechnung von Unsicherheiten verwendet. Seitdem hat sie sowohl in theoretischer als auch praktischer Hinsicht enorm an Bedeutung gewonnen.[393]

---

[387] Vgl. Flage, R.; Baraldi, P., et al.: Uncertainty in fault tree analysis, 2013, S. 122.; Pedroni, N.; Zio, E.: Uncertainty analysis in fault tree models, 2013, S. 1146.; Knetsch, T.: Unsicherheiten in Ingenieurberechnungen, 2006, S. 13.

[388] Vgl. Boersch, I.; Heinsohn, J., et al.: Wissensverarbeitung, 2007, S. 244.

[389] Vgl. Limbourg, P.: Dependability modelling under uncertainty, 2008, S. 3.

[390] Vgl. Ike, T.: Evidenzbasierte Analyse, 2011, S. 16.; Limbourg, P.; Rocquigny, E. de: Uncertainty analysis using evidence theory, 2010, S. 550.

[391] Aus diesem Grunde wird sie oftmals auch Dempster-Shafer-Theorie genannt. Diese Bezeichnung findet in englischsprachigen Publikationen einen höheren Verbreitungsgrad, vgl. Klir, G. J.: Uncertainty and information, 2006, S. 166.

[392] Vgl. Boersch, I.; Heinsohn, J., et al.: Wissensverarbeitung, 2007, S. 235.

[393] Vgl. Limbourg, P.; Rocquigny, E. de: Uncertainty analysis using evidence theory, 2010, S. 550.

Im Rahmen des nachfolgenden Abschnitts 4.2.1 erfolgt eine Vorstellung wichtiger Elemente der Evidenztheorie, die in der vorliegenden Arbeit aufgegriffen werden. In der bestehenden Literatur kann zwar bereits eine Vielzahl an Einführungen gefunden werden,[394] allerdings wird eine ausführliche Erläuterung der Theorie im Rahmen der vorliegenden Arbeit aus den folgenden Gründen als sinnvoll erachtet:

- Die Evidenztheorie ist komplex und spielt bei der Methodikentwicklung der vorliegenden Arbeit eine entscheidende Rolle.
- Eine Vielzahl der bestehenden Einführungen in die Evidenztheorie legt den Schwerpunkt auf die Erläuterung der Grundlagen mit mangelndem Anwendungsbezug.
- Bisher wurde die Evidenztheorie nur geringfügig zur Unsicherheitsmodellierung im Kontext der Entwicklung technischer Systeme verwendet.[395]

4.2.1 Einführung in die Evidenztheorie

Die Evidenztheorie liefert ein mathematisches Werkzeug, um subjektive Einschätzungen zu einer unbekannten Tatsache zu quantifizieren.[396] Ausgangspunkt sind verschiedene Alternativen (z. B. verschiedene Ereignisse, Hypothesen, Aussagen, Diagnosen), die in einer Situation vorliegen können.[397] Für die vorhandenen Alternativen werden sogenannte Evidenzen aus Informationsquellen gesammelt, die entweder für oder gegen eine Alternative sprechen. Durch die Betrachtung von mehreren Evidenzen kann ein quantifiziertes Glaubensmaß für jede der vorhandenen Alternativen berechnet werden. Ein bekanntes Einsatzbeispiel für die Evidenztheorie ist die Diagnose von Krankheiten in der Medizin.[398]

Zur Veranschaulichung der Evidenztheorie wird nachfolgend ein Fallbeispiel aufgegriffen, welches sich eng an die Arbeit von BOERSCH ET AL.[399] anlehnt: Ein autonomes Transportmittel soll einer schwarzen Linie folgen, die auf einem Fußboden eingezeichnet ist. Hierzu besitzt das Fahrzeug vier Fotosensoren, die im Folgenden mit a, b, c und d bezeichnet werden. Jeder Sensor hat die Aufgabe, schwarz (Linie) oder weiß (Umgebung der Linie) zu detektieren, um festzustellen, ob sich das Transportmittel links der Linie, mittig auf der Linie oder rechts der Linie befindet. Anhand dieses Fallbeispiels werden in den nachfolgenden Ausführungen die wichtigsten Elemente der Evidenztheorie vorgestellt und erörtert. Diese Elemente sind in Tabelle 4.1 übersichtlich dargestellt.

---

[394] Eine Übersicht mit Einführungen in die Evidenztheorie ist dem Anhang A.1 zu entnehmen.
[395] Vgl. ebenda.; Limbourg, P.: Dependability modelling under uncertainty, 2008, S. 3.
[396] Vgl. Rakowsky, U. K.: Fundamentals of the Dempster-Shafer Theory, 2007, S. 580.
[397] Vgl. Spreckelsen, C.; Spitzer, K.: Wissensbasen und Expertensysteme, 2009, S. 157.
[398] Siehe beispielsweise Gross, R.; Löffler, M.: Prinzipien der Medizin, 1997, S. 160.
[399] Vgl. Boersch, I.; Heinsohn, J., et al.: Wissensverarbeitung, 2007, S. 235 ff.

Tabelle 4.1: Zu erläuternde Elemente der Evidenztheorie

Element	Kurzbeschreibung
Sensormenge Ω	Menge an Sensoren ω, die eine Aussage zu einem Ereignis liefern
Wahrnehmungsrahmen Θ	Menge an zu beobachtenden Alternativen (hier: Ereignisse)
Potenzmenge des Wahrnehmungsrahmens 2^{Θ}	Menge aller möglichen Teilmengen des Wahrnehmungsrahmens Θ
Beobachtungsfunktion Γ	Zusammenhang zwischen Sensormenge Ω und Potenzmenge des Wahrnehmungsrahmens 2^{Θ}
Evidenz $m(x)$	Maß an Unterstützung eines Sensors ω für ein bestimmtes Ereignis oder eine Ereignismenge x in der Potenzmenge des Wahrnehmungsrahmens 2^{Θ}
Kombination von Evidenzen	Regeln zur Kombination von Evidenzen aus unterschiedlichen, voneinander unabhängigen Informationsquellen
Glaubensfunktion Bel	Maß an Unterstützung für ein bestimmtes Ereignis bzw. eine bestimmte Ereignismenge auf Basis der vorliegenden Evidenzen
Plausibilitätsfunktion Pl	Maß für die maximal mögliche Unterstützung für ein bestimmtes Ereignis bzw. eine bestimmte Ereignismenge

Sensormenge Ω

Die Sensormenge Ω beinhaltet die Sensoren ω, welche Aussagen über das Vorliegen eines Ereignisses liefern.[400] Diese Aussagen stellen die Grundlage zur Berechnung von Evidenzen dar. Für das vorliegende Fallbeispiel ergibt sich die folgende Sensormenge, welche die vier genannten Fotosensoren beinhaltet:

$$\Omega = \{a, b, c, d\} \qquad 4.2$$

Sensoren können bei ihrer Messung unterschiedlich zuverlässig sein. Bei technischen Sensoren kann dies beispielsweise auf Herstellungseinflüsse, bei Experten auf ihren Wissensstand zurückgeführt werden. Die Zuverlässigkeit der einzelnen Sensoren, nachfolgend als μ bezeichnet, wird für das Fallbeispiel exemplarisch wie folgt angenommen:[401]

$$\mu(a) = 0{,}4;\ \mu(b) = \mu(c) = \mu(d) = 0{,}2 \qquad 4.3$$

[400] Vgl. a. a. O., S. 237.

[401] Vgl. ebenda.

In diesem Beispiel ist der Sensor a zuverlässiger als die drei übrigen Sensoren. Weiterhin wird für das Fallbeispiel angenommen, dass die Zuverlässigkeit der Sensoren additiv ist, sodass beispielsweise gilt:[402]

$$\mu(\{a,b\}) = \mu(a) + \mu(b) = 0{,}6 \qquad 4.4$$

Die Gesamtzuverlässigkeit aller vorhandenen Sensoren summiert sich hierbei zu 1 auf.

Der Wahrnehmungsrahmen Θ

Der Wahrnehmungsrahmen wird durch eine mathematische Menge von alternativen Aussagen repräsentiert, bei der im Allgemeinen unklar ist, welche der Aussagen in der vorliegenden Situation wahr ist bzw. zutrifft. Je nach vorliegender Problemstellung beinhaltet der Wahrnehmungsrahmen Aussagen, Hypothesen, Ereignisse oder Diagnosen, die beobachtet werden bzw. eintreten können. Nachfolgend wird zur vereinfachten Veranschaulichung durchgehend der *Ereignis*-Begriff für die im Wahrnehmungsrahmen vorhandene Menge an alternativen Aussagen weiterverwendet.

Bezogen auf das Fallbeispiel beinhaltet der Wahrnehmungsrahmen drei Ereignisse: Entweder befindet sich das Transportmittel links der Linie, mittig auf der Linie oder rechts der Linie. Dieser Wahrnehmungsrahmen wird mathematisch daher wie folgt modelliert:

$$\Theta = \{l, m, r\};\ mit\ l = links\ der\ Linie;\ m = mittig;\ r = rechts\ der\ Linie \qquad 4.5$$

An den Wahrnehmungsrahmen werden in der Evidenztheorie zwei zentrale Anforderungen gestellt:[403]

- Der Wahrnehmungsrahmen muss vollständig sein.
- Die Aussagen des Wahrnehmungsrahmens müssen unverträglich sein.

Die erste Anforderung impliziert, dass es neben den im Wahrnehmungsrahmen vorhandenen Ereignissen keine weiteren Ereignisse geben kann. Alle Ereignisse, die als möglich gelten, müssen im Wahrnehmungsrahmen erfasst werden und mindestens ein Ereignis muss wahr sein bzw. eintreten. Letzteres führt dazu, dass die leere Menge $\emptyset$ aus dem Wahrnehmungsrahmen ausgeschlossen wird.

Die zweite Anforderung stellt sicher, dass höchstens ein Ereignis wahr sein kann. Für das vorliegende Fallbeispiel bedeutet dies, dass sich das Transportmittel auf keiner anderen Position als denen im Wahrnehmungsrahmen Enthaltenen befinden kann. Weiterhin muss es sich auf genau einer dieser Positionen befinden. In einem Zustand perfekter Information könnte daher die Lage des Transportmittels mit absoluter Gewissheit identifiziert werden.

---

402 Vgl. ebenda.

403 Vgl. Stein, B.; Lettmann, T.: Modellierung wissensintensiver Probleme, 17.01.2014, S. 34.; Rakowsky, U. K.: Fundamentals of the Dempster-Shafer Theory, 2007, S. 580.; Garzotto, A.: Erkennung von Schriftzeichen, 1994, S. 3.

Ein Wahrnehmungsrahmen kann auf unterschiedlichste Weise definiert werden. Im vorliegenden Fallbeispiel wird er anhand der Position des Transportmittels durch ein qualitatives, nominalskaliertes Merkmal mit drei Ausprägungsformen modelliert. Weitere Modellierungsmöglichkeiten bestehen in der Verwendung von ordinal- oder intervallskalierten Merkmalen.

Die Potenzmenge des Wahrnehmungsrahmens 2^{Θ}

Die Potenzmenge des Wahrnehmungsrahmens entspricht der Menge aller möglichen Teilmengen des Wahrnehmungsrahmens:[404] Sie „bildet die Menge hierarchisch angeordneter Aussageklassen, wobei eine grobe Aussageklasse feinere, disjunktiv verknüpfte Klassen zusammenfasst.“[405] Abbildung 4.3 stellt die Potenzmenge des Wahrnehmungsrahmens für das vorliegende Fallbeispiel bildlich dar. Demnach beinhaltet die Potenzmenge des Wahrnehmungsrahmens sowohl die einelementigen Mengen $\{l\}$, $\{m\}$ und $\{r\}$ als auch deren übergeordnete Ereignismengen. Dabei wurde die leere Menge aufgrund der zuvor dargestellten Anforderungen an den Wahrnehmungsrahmen aus der Potenzmenge entfernt.

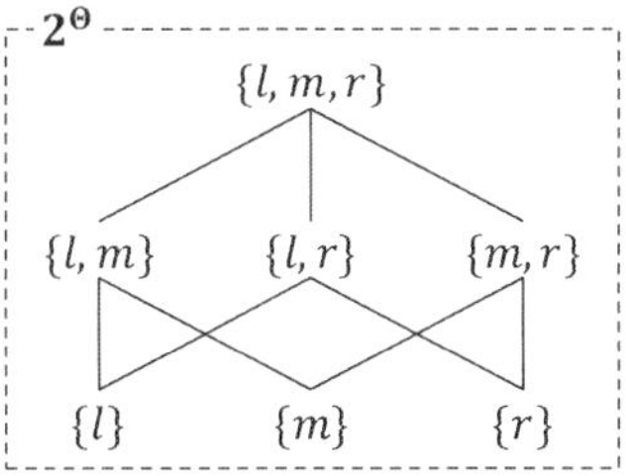

Abbildung 4.3: Potenzmenge des Wahrnehmungsrahmens für das Fallbeispiel

Die Potenzmenge des Wahrnehmungsrahmens spielt in der Evidenztheorie eine wichtige Rolle, da Glaubensmaße in Form von Evidenzen nicht nur auf einzelne einelementige Ereignisse, sondern auch auf übergeordnete Ereignismengen gelegt werden können.[406] Bezogen auf das Fallbeispiel kann exemplarisch einer der Fotosensoren zu der Aussage gelangen, dass sich das Fahrzeug entweder links der Linie oder mittig auf der Linie befindet.

Die Beobachtungsfunktion Γ

Die Beobachtungsfunktion Γ stellt den Zusammenhang zwischen der Sensormenge Ω und der Potenzmenge des Wahrnehmungsrahmens 2^{Θ} her, indem jeder Sensor angibt, welche Menge von Elementarereignissen er für möglich hält.[407] Die Beobachtungsfunktion Γ wird folgendermaßen definiert:[408]

---

[404] Vgl. Rakowsky, U. K.: Fundamentals of the Dempster-Shafer Theory, 2007, S. 580.

[405] Vgl. Grabe, B.: Evidenzbasierte Bewertung, 2011, S. 67.; Ike, T.: Evidenzbasierte Analyse, 2011, S. 16.

[406] Diese Möglichkeit, Glaubensmaße auf übergeordnete Ereignismengen zu legen, stellt einen zentralen Unterschied zur klassischen probabilistischen Modellierung dar, vgl. Limbourg, P.: Dependability modelling under uncertainty, 2008, S. 29.; Limbourg, P.; Savić, R., et al.: FTA using Dempster-Shafer theory, 2007, S. 716.

[407] Vgl. Boersch, I.; Heinsohn, J., et al.: Wissensverarbeitung, 2007, S. 237.

[408] Vgl. ebenda.

$$\Gamma : \Omega \rightarrow 2^{\Theta} \quad 4.6$$

Für das vorliegende Fallbeispiel der autonomen Positionsbestimmung wird exemplarisch folgende Situation angenommen:

- Sensor a liefert die Angabe: links der Linie
- Sensor b liefert die Angabe: links der Linie oder mittig
- Sensor c liefert die Angabe: mittig oder rechts der Linie
- Sensor d ist defekt und liefert keine Angaben

Hieraus ergibt sich für das Fallbeispiel die folgende Beobachtungsfunktion:[409]

$$\Gamma : a \rightarrow \{l\}; b \rightarrow \{l, m\}; c \rightarrow \{m, r\}; d \rightarrow \{\} \quad 4.7$$

Diese Ausprägung der Beobachtungsfunktion ist in Abbildung 4.4 visualisiert.

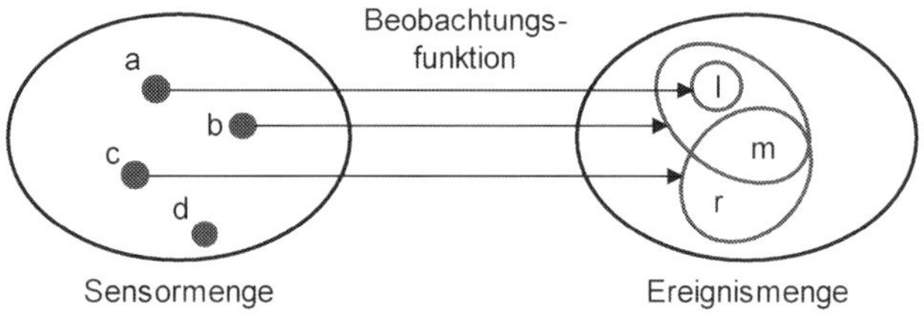

Abbildung 4.4: Zusammenhang zwischen Sensor- und Ereignismenge[410]

Die Evidenz $m(x)$

Die Evidenz $m(x)$ gibt die Unterstützung von Sensoren für ein Ereignis bzw. eine Ereignismenge x in der Potenzmenge des Wahrnehmungsrahmens an.[411] Sie repräsentiert das Maß an Glauben, welches exakt einem bestimmten Ereignis bzw. exakt einer bestimmten Menge an Ereignissen – und nicht etwa einer Teilmenge davon – zugewiesen werden kann.[412] Die Evidenz wird durch folgende Abbildung definiert:[413]

$$m : 2^{\Theta} \rightarrow [0; 1] \quad 4.8$$

---

409 Vgl. ebenda.

410 In Anlehnung an Boersch, I.; Heinsohn, J., et al.: Wissensverarbeitung, 2007, S. 238.

411 Vgl. Dietmayer, K.: Evidenztheorie, 2006, S. 44.

412 Vgl. Beierle, C.; Kern-Isberner, G.: Methoden wissensbasierter Systeme, 2014, S. 466.; Boersch, I.; Heinsohn, J., et al.: Wissensverarbeitung, 2007, S. 242.; Rakowsky, U. K.: Fundamentals of the Dempster-Shafer Theory, 2007, S. 580.; Shafer, G.: A mathematical theory of evidence, 1976, S. 38.

413 Vgl. Stein, B.; Lettmann, T.: Modellierung wissensintensiver Probleme, 17.01.2014, S. 35.

Sie ordnet – ähnlich wie in der Wahrscheinlichkeitstheorie – den Ereignissen bzw. Ereignismengen des Wahrnehmungsrahmens ein Glaubensmaß zwischen 0 und 1 zu. Evidenzen müssen dabei die folgenden beiden Anforderungen erfüllen:[414]

$$m(\emptyset) = 0 \tag{4.9}$$

$$\sum_{x \subseteq \Theta} m(x) = 1 \tag{4.10}$$

Durch diese beiden Anforderungen wird sichergestellt, dass dem unmöglichen Ereignis (leere Menge) kein Maß an Glauben geschenkt wird und dass die Gesamtmenge des Glaubens 1 beträgt.[415] Wenn alle Glaubensmaße auf die Ereignisse bzw. Ereignismengen verteilt worden sind, wird das übrig gebliebene Glaubensmaß – sprich die Differenz der bereits verteilten Glaubensmaße zu 1 – dem gesamten Wahrnehmungsrahmen Θ zugeschrieben.[416]

Um für das vorliegende Fallbeispiel den Evidenzbegriff zu veranschaulichen und zu modellieren, muss der defekte Sensor d aus der Menge der gültigen Sensordaten ausgeschlossen werden.[417] Dazu wird als Maß für die Evidenz $m_s(x)$ die normierte Zuverlässigkeit derjenigen Fotosensoren definiert, welche exakt das Ereignis bzw. die Ereignismenge x (mit $x \in 2^{\Theta}$) nennen und nicht defekt sind:[418]

$$m_s(x) = \frac{\mu(\{\omega \in \Omega \,|\, \Gamma(\omega) = x\})}{\mu(\{\omega \in \Omega \,|\, \Gamma(\omega) \neq \emptyset\})} \tag{4.11}$$

Die obige Gleichung 4.11 gibt an, dass sich die Evidenz $m_s(x)$ für das mögliche Ereignis oder die mögliche Ereignismenge x aus der Summe der Zuverlässigkeiten derjenigen Sensoren ergibt, welche exakt das Ereignis oder die Ereignismenge x beobachten,[419] bezogen auf die gesamte Zuverlässigkeit der Menge an funktionsfähigen, aussagenden Sensoren. Unter Berücksichtigung der einzelnen Zuverlässigkeiten der Sensoren aus dem Fallbeispiel ergeben sich für die vorliegende Beobachtungssituation die in Tabelle 4.2 dargestellten Evidenzen. Zu erkennen ist hierbei auch, dass $m_s(x)$ die zuvor genannten beiden Bedingungen an die Definition von Evidenzen erfüllt.[420]

[414] Vgl. Beierle, C.; Kern-Isberner, G.: Methoden wissensbasierter Systeme, 2014, S. 466.; Limbourg, P.; Savić, R., et al.: FTA using Dempster-Shafer theory, 2007, S. 716.; Shafer, G.: A mathematical theory of evidence, 1976, S. 38.

[415] Vgl. Beierle, C.; Kern-Isberner, G.: Methoden wissensbasierter Systeme, 2014, S. 466.

[416] Vgl. Dietmayer, K.: Evidenztheorie, 2006, S. 44.

[417] Mit der Beobachtung der leeren Menge (siehe Erläuterung der Beobachtungsfunktion) widerspricht der Sensor der ersten Anforderung, die an die Definition von Evidenzen gestellt wird.

[418] Vgl. Boersch, I.; Heinsohn, J., et al.: Wissensverarbeitung, 2007, S. 242.

[419] Es sei zur besseren Verständlichkeit noch einmal angemerkt, dass x auch eine Menge von Ereignissen sein kann.

[420] Vgl. a. a. O., S. 243.

Tabelle 4.2: Situation der Evidenzen im Fallbeispiel

x	$\{l\}$	$\{m\}$	$\{r\}$	$\{l,m\}$	$\{m,r\}$	$\{l,r\}$	$\{l,m,r\}$	$\emptyset$
$m_s(x)$	0,5	0	0	0,25	0,25	0	0	0

Jedes Ereignis bzw. jede Ereignismenge x, auf das bzw. die eine Evidenz gelegt wurde (d. h. $m(x) > 0$), wird zudem als *fokales Element* g bezeichnet.[421] Für das vorliegende Fallbeispiel sind das Ereignis $\{l\}$ sowie die beiden Ereignismengen $\{l, m\}$ und $\{m, r\}$ fokal.

In Bezug auf die Evidenz sind in der Literatur unterschiedliche Begrifflichkeiten geläufig. Häufig anzutreffen sind die Begriffe „Basismaß"[422] oder „Massefunktion".[423] Gelegentlich wird für den Begriff der Evidenz bzw. des Basismaßes auch der Begriff der „Basiswahrscheinlichkeit" verwendet.[424] Letzterer kann jedoch irreführend sein, da es sich bei der Evidenz nicht um ein klassisches Wahrscheinlichkeitsmaß handelt.[425] Diese weisen die folgenden Eigenschaften auf, die nicht zwingend auf Evidenzen zutreffen müssen:[426]

- $m(\Theta) = 1$
- $m(y) \leq m(x)$, wenn $y \subset x$
- Es existiert ein Zusammenhang zwischen $m(x)$ und $m(\neg x)$.

Als Informationsquellen für Evidenzen können bei der evidenztheoretischen Modellierung einer Problemstellung sowohl technische Sensoren als auch andere Entitäten, wie z. B. Personen in Form von Fachexperten, genutzt werden.[427] Diese Möglichkeit macht die Evidenztheorie interessant für die Modellierung verschiedenster Problemstellungen, wie auch in der vorliegenden Arbeit.

Kombination von Evidenzen

Eine besondere Eigenschaft der Evidenztheorie ist die Möglichkeit, Evidenzen aus unterschiedlichen, voneinander unabhängigen Informationsquellen zu kombinieren.[428] Zur Kombination von Evidenzen können dabei unterschiedliche Methoden verwendet werden. Zwei wichtige Methoden sind

- die Kombinationsregel von DEMPSTER (und Abwandlungen dieser) sowie

[421] Vgl. Stein, B.; Lettmann, T.: Modellierung wissensintensiver Probleme, 17.01.2014, S. 35.; Beierle, C.; Kern-Isberner, G.: Methoden wissensbasierter Systeme, 2014, S. 466.; Boersch, I.; Heinsohn, J., et al.: Wissensverarbeitung, 2007, S. 242.; Rakowsky, U. K.: Fundamentals of the Dempster-Shafer Theory, 2007, S. 581.

[422] Vgl. beispielsweise Beierle, C.; Kern-Isberner, G.: Methoden wissensbasierter Systeme, 2014, S. 466.

[423] Vgl. beispielsweise Dietmayer, K.: Evidenztheorie, 2006, S. 43.

[424] Vgl. beispielsweise Boersch, I.; Heinsohn, J., et al.: Wissensverarbeitung, 2007, S. 242.

[425] Vgl. Beierle, C.; Kern-Isberner, G.: Methoden wissensbasierter Systeme, 2014, S. 466.; Rakowsky, U. K.: Fundamentals of the Dempster-Shafer Theory, 2007, S. 581.

[426] Vgl. Rakowsky, U. K.: Fundamentals of the Dempster-Shafer Theory, 2007, S. 581.

[427] Vgl. a. a. O., S. 580.

[428] Vgl. Boersch, I.; Heinsohn, J., et al.: Wissensverarbeitung, 2007, S. 247.

- die Weighted-Mixing Methode.[429]

Die Kombinationsregel von DEMPSTER berechnet eine kombinierte Evidenz $m_c(x)$ auf Basis vorhandener Evidenzen wie folgt:[430]

$$m_c(x) = \frac{1}{1-K} \sum_{y,z:y \cap z = x} m_s(y) \cdot m_k(z) \tag{4.12}$$

Dabei beschreibt K den Konfliktgrad beider Informationsquellen:

$$K = \sum_{y,z:y \cap z = \emptyset} m_s(y) \cdot m_k(z) \tag{4.13}$$

Nimmt man für das vorliegende Fallbeispiel an, dass neben den Fotosensoren noch ein Kamerasystem existiert, welche das Transportmittel von einer übergeordneten Position beobachtet, könnte dieses System durch digitale Bildverarbeitung die folgenden Evidenzen zur Position des Transportmittels liefern:

$$m_k(\{l\}) = 0{,}8 \tag{4.14}$$

$$m_k(\{m,r\}) = 0{,}2 \tag{4.15}$$

Bei der Kombination von Evidenzen der Fotosensoren $m_s(x)$ mit denjenigen des Kamerasystems $m_k(x)$ ergeben sich durch die Anwendung von DEMPSTERS Regel die in Tabelle 4.3 dargestellten Evidenzen.[431] Zu erkennen ist, dass sich die fokalen Elemente geändert haben. Fokal sind nun die Ereignisse $\{l\}$, $\{m\}$ sowie die Ereignismenge $\{m,r\}$, da Evidenzen auf ihnen liegen. Für DEMPSTERS Kombinationsregel wird häufig die Schreibweise $m_s \oplus m_k$ verwendet.

Tabelle 4.3: Kombinierte Evidenzen für das Fallbeispiel[432]

x	$\{l\}$	$\{m\}$	$\{r\}$	$\{l,m\}$	$\{m,r\}$	$\{l,r\}$	$\{l,m,r\}$	$\emptyset$
$m(x)$	0,86	0,07	0	0	0,07	0	0	0

Die Anwendung der Kombinationsregel von DEMPSTER ist in der Literatur nicht unumstritten.[433] Sie ist nur anwendbar, wenn die vorliegenden Informationen nicht gänzlich widersprüchlich sind. Für widersprüchliche Informationen ($K = 1$), auch als „echte Inkonsistenz“[434] bezeichnet,

---

[429] Vgl. Limbourg, P.: Dependability modelling under uncertainty, 2008, S. 34 f.

[430] Vgl. Boersch, I.; Heinsohn, J., et al.: Wissensverarbeitung, 2007, S. 248.

[431] Eine detaillierte Darstellung des Berechnungsvorgangs findet sich in Boersch, I.; Heinsohn, J., et al.: Wissensverarbeitung, 2007, S. 248.

[432] Vgl. a. a. O., S. 249.

[433] Vgl. Limbourg, P.: Dependability modelling under uncertainty, 2008, S. 34.; Klir, G. J.: Uncertainty and information, 2006, S. 173.

[434] Boersch, I.; Heinsohn, J., et al.: Wissensverarbeitung, 2007, S. 248.

ist die Kombinationsregel nicht definiert. Weiterhin führt die Anwendung der Kombinationsregel bei hohen Konfliktgraden zu Ergebnissen, die der Intuition eines menschlichen Beobachters widersprechen.[435]

Eine geeignete alternative Vorgehensweise zur Evidenzkombination stellt die Weighted-Mixing Methode dar.[436] Diese ordnet einzelnen Evidenzen ein spezifisches Gewicht $w_j(x)$ zu. Die kombinierten Evidenzen ergeben sich nach der Weighted-Mixing Methode zu:[437]

$$m_i(x) = \frac{1}{\sum_{j=1}^{k} w_j} \cdot \sum_{j=1}^{k} w_j \cdot m_{i,j}(x) \qquad 4.16$$

Die Anwendung der Weighted-Mixing Methode ist unabhängig von der Ausprägung der vorliegenden Evidenzen möglich und stellt somit eine robuste Alternative zu DEMPSTERS Kombinationsregel dar.[438] Aus diesem Grund wird sie bei den nachfolgenden Ausführungen zur Methodikentwicklung weiter aufgegriffen.

Glaubensfunktion Bel

Die Glaubensfunktion Bel misst in der Evidenztheorie das Maß an Unterstützung bzw. Vertrauen in ein bestimmtes Ereignis bzw. eine bestimmte Ereignismenge x, indem die vorhandenen Evidenzen aller Teilmengen $y \subseteq x$ addiert werden.[439] Die Glaubensfunktion ist wie folgt definiert:[440]

$$Bel: 2^{\Theta} \rightarrow [0,1] \qquad 4.17$$

$$Bel(x) = \sum_{y \subseteq x} m(y) \qquad 4.18$$

Als alternative Benennung ist in der Literatur auch der Begriff der Vertrauensfunktion zu finden.[441] Die resultierenden Werte der Glaubensfunktion für das Fallbeispiel der Fotosensoren sind in der nachfolgenden Tabelle 4.4 aufgeführt.

Plausibilitätsfunktion Pl

Als Ergänzung zur Glaubensfunktion wird in der Evidenztheorie auch die Plausibilitätsfunktion Pl definiert:[442]

---

435 Vgl. Limbourg, P.: Dependability modelling under uncertainty, 2008, S. 35.

436 Vgl. Limbourg, P.; Savić, R., et al.: FTA using Dempster-Shafer theory, 2007, S. 717.

437 Vgl. Limbourg, P.: Dependability modelling under uncertainty, 2008, S. 35.

438 Vgl. ebenda.

439 Vgl. Boersch, I.; Heinsohn, J., et al.: Wissensverarbeitung, 2007, S. 243.; Dietmayer, K.: Evidenztheorie, 2006, S. 46.

440 Vgl. Stein, B.; Lettmann, T.: Modellierung wissensintensiver Probleme, 17.01.2014, S. 38.; Beierle, C.; Kern-Isberner, G.: Methoden wissensbasierter Systeme, 2014, S. 466.; Boersch, I.; Heinsohn, J., et al.: Wissensverarbeitung, 2007, S. 243.; Rakowsky, U. K.: Fundamentals of the Dempster-Shafer Theory, 2007, S. 581.; Dietmayer, K.: Evidenztheorie, 2006, S. 46.

441 Siehe beispielsweise Dietmayer, K.: Evidenztheorie, 2006, S. 46.

442 Vgl. Boersch, I.; Heinsohn, J., et al.: Wissensverarbeitung, 2007, S. 243.; Dietmayer, K.: Evidenztheorie, 2006, S. 46.

$$Pl: 2^{\Theta} \rightarrow [0,1] \qquad 4.19$$

$$Pl(x) = 1 - Bel(\overline{x}) = \sum_{y \cap x \neq \emptyset} m(y) \qquad 4.20$$

Die Plausibilitätsfunktion misst die maximal mögliche Unterstützung, die einem bestimmten Ereignis bzw. einer bestimmten Ereignismenge x zugewiesen werden kann.[443] Der Wert dieser Funktion für das Ereignis x wird beispielsweise verringert, wenn ein Sensor dieses Ereignis in seiner Aussage ausschließt. Die resultierenden Werte der Plausibilitätsfunktion für das Fallbeispiel der Fotosensoren sind in Tabelle 4.4 aufgeführt.

Tabelle 4.4: Evidenzen, Glauben und Plausibilität für das Fallbeispiel[444]

x	$\{l\}$	$\{m\}$	$\{r\}$	$\{l,m\}$	$\{m,r\}$	$\{l,r\}$	$\{l,m,r\}$	$\emptyset$
$m(x)$	0,5	0	0	0,25	0,25	0	0	0
$Bel(x)$	0,5	0	0	0,75	0,25	0,5	1	0
$Pl(x)$	0,75	0,5	0,25	1	0,5	1	1	0

Zusammenhang zwischen Evidenz, Glaubens- und Plausibilitätsfunktion

Zu beachten ist, dass die drei definierten Funktionen $m(x)$, $Bel(x)$ und $Pl(x)$ die gleichen Informationen beinhalten, jedes Maß jedoch eine eigenständige Interpretation der vorhandenen Informationssituation darstellt.[445] Abbildung 4.5 liefert eine Visualisierung des Zusammenhangs zwischen den drei Funktionen für ein Ereignis bzw. eine Ereignismenge x.

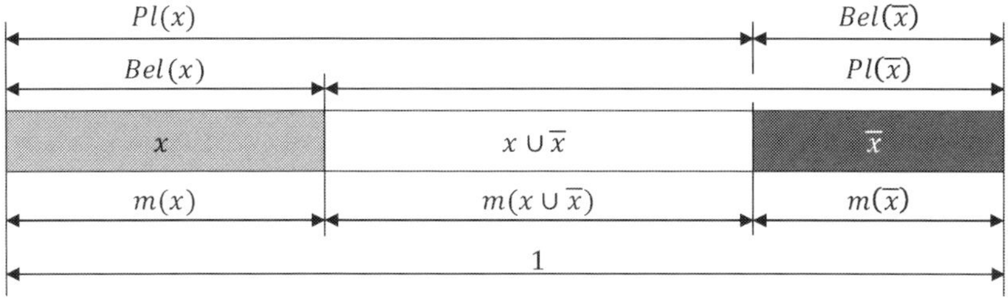

Abbildung 4.5: Zusammenhang zwischen Evidenz, Glaubens- und Plausibilitätsfunktion[446]

[443] Vgl. Boersch, I.; Heinsohn, J., et al.: Wissensverarbeitung, 2007, S. 244.; Dietmayer, K.: Evidenztheorie, 2006, S. 46.
[444] Vgl. Boersch, I.; Heinsohn, J., et al.: Wissensverarbeitung, 2007, S. 244.
[445] Vgl. ebenda.
[446] Vgl. Beck, S.: Lösung von Entscheidungsproblemen bei Unsicherheit, 2005, S. 4.

4.2.2 Quantitative Unsicherheitsmodellierung

Eine besondere Eigenschaft der Evidenztheorie ist die von ihr bereitgestellte Möglichkeit, Unsicherheiten explizit zu berücksichtigen und zu quantifizieren. Grundlegend kann im Rahmen der Evidenztheorie zwischen zwei Kategorien von Unsicherheit unterschieden werden: Unspezifität[447] und Konflikt.[448] Ein hohes Maß an *Unspezifität* kommt zustande, wenn vorhandene Evidenzen auf übergeordnete Ereignismengen mit mehreren Elementen gelegt werden, z. B. auf große Intervallbreiten bei intervallskalierten Merkmalen.[449] Je breiter das Intervall, auf das ein Glaubensmaß gelegt wird, desto unspezifischer ist die Aussage.[450] Bezogen auf das Fallbeispiel sind die Aussagen der Sensoren $b \rightarrow \{l, m\}$ und $c \rightarrow \{m, r\}$ unspezifischer als die Aussage des Sensors $a \rightarrow \{l\}$. Noch unspezifischer wäre nur ein – hier rein theoretisch angenommener – Sensor e, dessen Aussage sich auf alle Elemente des Wahrnehmungsrahmens bezieht ($e \rightarrow \{l, m, r\}$).

Die zweite Art der Unsicherheit in der Evidenztheorie ist das Maß an *Konflikt*, welches zwischen verschiedenen Aussagen herrscht. Dieses entsteht, wenn sich Aussagen einzelner Sensoren widersprechen.[451] Im Fallbeispiel entsteht ein Konflikt zwischen den Aussagen der beiden Sensoren $a \rightarrow \{l\}$ und $c \rightarrow \{m, r\}$, deren Ereignismengen disjunkt sind.

Zur quantitativen Beschreibung von Unspezifität und Konflikt existieren in der Evidenztheorie verschiedene mathematische Kenngrößen, die in Abbildung 4.6 dargestellt sind. Diese werden nachfolgend näher erläutert.

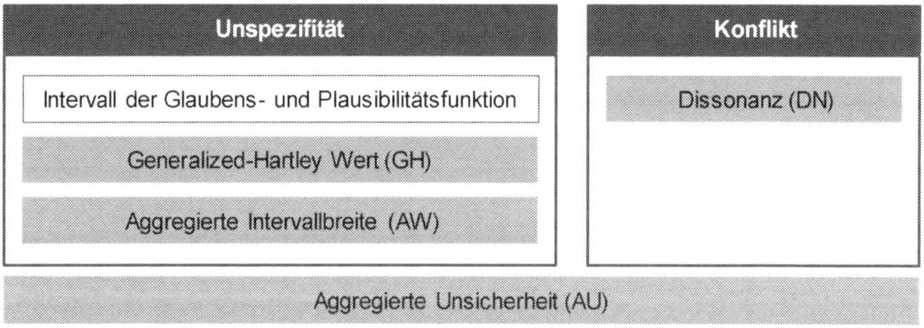

Abbildung 4.6: Unsicherheitskennwerte in der Evidenztheorie

[447] Englisch: *nonspecifity*.

[448] Vgl. Klir, G. J.: Uncertainty and information, 2006, S. 226.; a. a. O., S. 196.

[449] Vgl. Limbourg, P.: Dependability modelling under uncertainty, 2008, S. 44.

[450] Vgl. ebenda.

[451] Vgl. a. a. O., S. 45.; Klir, G. J.: Uncertainty and information, 2006, S. 196 f.

Intervall der Glaubens- und Plausibilitätsfunktion

Ein einfaches Maß für die vorhandene Unsicherheit bezüglich des Eintretens eines spezifischen Ereignisses x kann durch das Intervall $[Bel(x), Pl(x)]$ beschrieben werden.[452] Je breiter das Intervall ist, desto größer ist die Unsicherheit. Für das vorliegende Fallbeispiel sind Unsicherheitswerte in Tabelle 4.5 eingetragen.

Tabelle 4.5: Intervall der Glaubens und Plausibilitätfunktion für das Fallbeispiel[453]

x	$\{l\}$	$\{m\}$	$\{r\}$	$\{l,m\}$	$\{m,r\}$	$\{l,r\}$	$\{l,m,r\}$	$\emptyset$
Bel	0,5	0	0	0,75	0,25	0,5	1	0
Pl	0,75	0,5	0,25	1	0,5	1	1	0
$Pl - Bel$	0,25	0,5	0,25	0,25	0,25	0,5	0	0

Jedoch ist das Intervall zwischen der Glaubens- und Plausibilitätsfunktion für jedes Element des Wahrnehmungsrahmens unterschiedlich und kann daher nicht als zusammenfassende, übergeordnete Messgröße für die Unsicherheit einer Evidenz verwendet werden. Aus diesem Grund wird diese Kenngröße im Rahmen der vorliegenden Arbeit nicht weiter behandelt.

Generalized-Hartley Wert (GH)

Einen Messwert zur Beschreibung der Unspezifität stellt der *Generalized-Hartley Wert* (GH) dar:[454]

$$GH(m) = \sum_{g \in G} m(g) \cdot \log_2 |g| \qquad 4.21$$

Dieser berücksichtigt neben dem Glaubensmaß der Evidenzen $m(g)$ auch die Breite der fokalen Elemente $|g|$. Bei intervallskalierten Merkmalen ist letzteres die Intervallbreite $(\overline{g} - \underline{g})$, die sich aus der Differenz des höchsten Elements $\overline{g}$ und des niedrigsten Elements $\underline{g}$ ergibt. Bei nominal- oder ordinalskalierten Merkmalen kann die Breite der fokalen Elemente über die Mächtigkeit, d. h. die Anzahl an enthaltenen Elementen, berücksichtigt werden.

Der GH-Wert stellt einen verallgemeinerten Messwert für die Unspezifität dar, welcher auf der Informationsentropie von SHANNON[455] basiert. Die Informationsentropie ist wie folgt definiert:[456]

[452] Vgl. Stein, B.; Lettmann, T.: Modellierung wissensintensiver Probleme, 17.01.2014, S. 43.; Boersch, I.; Heinsohn, J., et al.: Wissensverarbeitung, 2007, S. 244.; Rakowsky, U. K.: Fundamentals of the Dempster-Shafer Theory, 2007, S. 582.
[453] Vgl. Boersch, I.; Heinsohn, J., et al.: Wissensverarbeitung, 2007, S. 244.
[454] Vgl. Klir, G. J.: Uncertainty and information, 2006, S. 209.
[455] Vgl. Limbourg, P.: Dependability modelling under uncertainty, 2008, S. 45.
[456] Vgl. Shannon, C. E.: A Mathematical Theory of Communication, 1948.

$$H = -\sum_{x \in X} p_x \cdot \log_2(p_x) \tag{4.22}$$

Aggregierte Intervallbreite (AW)

Eine weitere Möglichkeit zur Quantifizierung von Unspezifität in der Evidenztheorie kann über die *Aggregierte Intervallbreite (AW)*[457] vorgenommen werden:[458]

$$AW(m) = \sum_{\underline{\overline{g}} \in G} m\left(\underline{\overline{g}}\right) \cdot \left(\overline{g} - \underline{g}\right) \tag{4.23}$$

Ähnlich wie bei der Berechnung des GH-Wertes wird sowohl das Maß an Glauben der einzelnen Evidenzen als auch die Breite der fokalen Elemente berücksichtigt. Die Rechenoperation $(\overline{g} - \underline{g})$ ist jedoch nur für intervallskalierte Merkmale zulässig. Für Wahrnehmungsrahmen mit nicht-intervallskalierten Merkmalen kann die Breite der fokalen Elemente – analog zum GH-Wert – über die Mächtigkeit berücksichtigt werden:

$$AW(m) = \sum_{g \in G} m(g) \cdot (|g| - 1) \tag{4.24}$$

Der Term $(|g| - 1)$ stellt dabei sicher, dass bei einelementigen fokalen Elementen, die keine Unspezifität aufweisen, der Beitrag zum AW-Wert gleich Null ist. Die Aggregierte Intervallbreite liefert eine Aussage über die Breite der vorhandenen fokalen Elemente und stellt somit einen intuitiven Messwert für die Unspezifität dar.[459] Der AW-Wert ist jedoch nicht Teil der allgemeinen Informationstheorie und spielt im Rahmen der vorliegenden Arbeit eine untergeordnete Rolle.

Dissonanz (DN)

Eine wichtige Kenngröße zur Quantifizierung des Maßes an Konflikt stellt die *Dissonanz (DN)* dar:[460]

$$DN(m) = -\sum_{g \in G} m(g) \cdot \log_2(Pl(g)) \tag{4.25}$$

Im Gegensatz zu den bereits genannten Unsicherheitskennwerten zur Unspezifität GH und AW wird in der Dissonanz nicht die Breite der fokalen Elemente berücksichtigt, sondern die Widersprüchlichkeit der in einer Evidenzsituation enthaltenen Aussagen. Dies lässt sich anschaulich anhand der Formel 4.25 erläutern. Wenn für ein fokales Element, für dessen Eintreten per Definition eine Evidenz vorhanden sein muss $(m(g) > 0)$, kein Widerspruch herrscht,

---

457 Englisch: *Aggregated Width* (AW).

458 Vgl. Limbourg, P.: Dependability modelling under uncertainty, 2008, S. 45.

459 Vgl. a. a. O., S. 46.

460 Vgl. a. a. O., S. 44.; Klir, G. J.: Uncertainty and information, 2006, S. 219.

d. h. keine Evidenz *gegen* das Eintreten des besagten fokalen Elements vorhanden ist, gilt für dieses fokale Element $Pl(g) = 1$ und damit $\log_2(Pl(g)) = 0$. Beim Vorliegen von verschiedenen Evidenzen, die sowohl für als auch gegen das fokale Element g sprechen, nimmt die Funktion $\log_2(Pl(g))$ Werte zwischen $-\infty$ und 0 an. Da nach der grundlegenden Annahme für Evidenzen $m(g) > 0$ sein muss, ergeben sich für fokale Elemente mit widersprüchlichen Aussagen ausschließlich negative Summanden, welche durch die der Summe vorstehende Vorzeichenkorrektur invertiert werden und somit die Dissonanz der Evidenzgesamtheit erhöhen. Die Dissonanz stellt dabei eine direkte Möglichkeit dar, die allgemeine SHANNON-Entropie auf die Evidenztheorie zu übertragen.[461]

Aggregierte Unsicherheit (AU)

Mit den Kennwerten *GH*, *AW* und *DN* wurden Unsicherheitskennwerte vorgestellt, die jeweils die Unspezifität bzw. das Maß an Konflikt in einer Evidenzsituation messen. Um sowohl Unspezifität als auch Konflikt einer Evidenzsituation in einem gemeinsamen Kennwert zusammenzufassen, kann im Rahmen der allgemeinen Informationstheorie die *Aggregierte Unsicherheit (AU)* genutzt werden.[462] Diese wird von KLIR auf Basis der Glaubensfunktionen der Ereignismengen und übergeordneten Ereignismengen wie folgt definiert:[463]

$$AU(Bel) = -\sum_{x \in \Theta} p_x \cdot \log_2 p_x \qquad 4.26$$

Die Berechnung der Aggregierten Unsicherheit für eine vorliegende Evidenzsituation stellt ein nichtlineares Optimierungsproblem dar, welches jedoch mithilfe eines vereinfachten, allgemeingültigen Algorithmus gelöst werden kann.[464] Dieser ist in Abbildung 4.7 schematisch dargestellt und wird nachfolgend genauer erläutert.[465]

[461] Vgl. Klir, G. J.: Uncertainty and information, 2006, S. 219.

[462] Vgl. a. a. O., S. 226.

[463] Vgl. a. a. O., S. 226 ff.

[464] Vgl. a. a. O., S. 230.

[465] Eine weitere anschauliche Darstellung des Algorithmus liefert das von KLIR vorgestellte Fallbeispiel, vgl. Klir, G. J.: Uncertainty and information, 2006, S. 231 f.

Schritt 1	Finde eine nichtleere Menge $A \subseteq X$, bei der $Bel(A)/\|A\|$ maximal ist.*
Schritt 2	Setze $p_x = Bel(A)/\|A\|$ für $x \in A$.
Schritt 3	Setze $Bel(B) = B(B \cup A) - Bel(A)$ für jedes $B \subseteq X - A$.
Schritt 4	Setze $X = X - A$.
Schritt 5	Falls $X \neq \emptyset$ und $Bel(X) > 0$, gehe wieder zu Schritt 1.
Schritt 6	Falls $Bel(X) = 0$ und $X \neq \emptyset$, setze $p_x = 0$ für alle $x \in X$.
Schritt 7	Berechne $AU(Bel) = -\sum p_x \cdot \log_2 p_x$.

* Sollten mehrere Maxima existieren, wähle diejenige Menge mit der höchsten Mächtigkeit.

Abbildung 4.7: Algorithmus zur Berechnung des AU-Kennwerts[466]

In einem ersten Schritt werden zunächst in einer vorgegebenen Evidenzsituation die Werte für die Glaubensfunktion Bel aller Ereignisse und übergeordneten Ereignismengen eines Wahrnehmungsrahmens Θ (d. h. aller Elemente der Potenzmenge 2^{Θ}) berechnet. Auf Basis der Werte der Glaubensfunktion wird diejenige Ereignismenge A ausgewählt, für die der Wert $Bel(A)/|A|$ maximal ist. Falls mehrere Möglichkeiten für diese Ereignismenge A existieren, wird diejenige Ereignismenge mit der höchsten Mächtigkeit ausgewählt.

Im zweiten Schritt wird für alle Elemente x der gewählten Ereignismenge A ein Wahrscheinlichkeitswert $p_x = Bel(A)/|A|$ festgelegt. Dieser Wert wird zwischengespeichert und die zugehörigen Elemente werden nachfolgend aus dem Wahrnehmungsrahmen entfernt. Anschließend werden im dritten Arbeitsschritt die Werte für die Glaubensfunktion auf die verbleibenden Elemente der Menge B gemäß folgender Berechnungsvorschrift verteilt:

$$\forall B \subseteq (\Theta - A): Bel(B) = Bel(B \cup A) - Bel(A) \qquad 4.27$$

Im vierten Schritt des Algorithmus wird der Wahrnehmungsrahmen um die Elemente der gewählten Ereignismenge A reduziert ($\Theta_{neu} = \Theta - A$). Anschließend wird in einem fünften Schritt geprüft, ob noch Elemente im modifizierten Wahrnehmungsrahmen vorhanden sind ($\Theta_{neu} \neq \emptyset$) und ob die Glaubensfunktion für diesen Wahrnehmungsrahmen größer Null ist ($Bel(\Theta_{neu}) > 0$). Falls dies der Fall ist, wird die gesamte Vorgehensweise ab dem ersten Schritt mit dem neuen Wahrnehmungsrahmen wiederholt.

Durch den Algorithmus werden in jedem Durchlauf Elemente aus dem Wahrnehmungsrahmen entfernt. Kommt es im fünften Schritt dazu, dass noch Elemente vorhanden sind ($\Theta_{neu} \neq \emptyset$), die Glaubensfunktion für den neuen Wahrnehmungsrahmen jedoch leer ist ($Bel(\Theta_{neu}) = 0$), so wird den verbleibenden Elementen x in einem sechsten Schritt der Wahrscheinlichkeitswert

[466] Vgl. a. a. O., S. 231.

$p_x = 0$ zugewiesen. Im letzten siebten Arbeitsschritt wird die Aggregierte Unsicherheit auf Basis der Wahrscheinlichkeitswerte für alle einzelnen Elemente des Wahrnehmungsrahmens berechnet:[467]

$$AU(Bel) = -\sum_{x \in \Theta} p_x \cdot \log_2 p_x \qquad 4.28$$

Mit der Aggregierten Unsicherheit existiert in der allgemeinen Informationstheorie ein Kennwert, der sowohl das Maß an Unspezifität als auch an Konflikt einer vorliegenden Evidenzsituation beschreibt. Dieser Kennwert ist daher für die vorliegende Arbeit von besonderer Bedeutung und wird nachfolgend weiter aufgegriffen.

4.2.3 Zwischenfazit

Die Evidenztheorie stellt ein umfangreiches mathematisches Werkzeug dar, mit dem Aussagen über ein unsicheres Ereignis aus verschiedenen Informationsquellen modelliert und miteinander kombiniert werden können. Dabei sind zwei Vorteile der Theorie nach DEMPSTER /SHAFER im Kontext der vorliegenden Arbeit besonders hervorzuheben:

- hohe Flexibilität bei der Modellierung
- explizite Quantifizierung von Unsicherheiten

Der erste wichtige Vorteil der Evidenztheorie liegt in der hohen Modellierungsflexibilität. Bei der Definition von Wahrnehmungsrahmen und Evidenzen werden nur wenige Modellierungsanforderungen gestellt.[468] Eine Vielzahl an Vorgaben, die für Wahrscheinlichkeitsmaße der Probabilistik gelten,[469] müssen bei der Modellierung von Evidenzen nicht eingehalten werden. Dies bietet dem Anwender insbesondere die Möglichkeit, Evidenzen mit beliebigen Glaubensmaßen auf einzelne Ereignisse oder übergeordnete Ereignismengen zu legen und somit die vorliegende Informationssituation vereinfacht abzubilden.

Den zweiten entscheidenden Vorteil stellt die Möglichkeit dar, Unsicherheiten explizit quantifizieren zu können. Durch die Modellierung von Aussagen zu einzelnen Ereignissen und übergeordneten Ereignismengen aus unterschiedlichen Sensorquellen können sowohl das Maß an *Unspezifität* (Mächtigkeit der Ereignismengen, auf die sich die Sensoraussagen beziehen) als auch das Maß an *Konflikt* (Widerspruch zwischen den Sensoraussagen) gemessen werden. Diese Quantifizierung von Unsicherheiten lässt sich folglich dazu verwenden, nachgelagerte Entscheidungsprozesse zu stützen, die auf die Reduzierung von Unsicherheiten gerichtet sind.

Aufgrund der zuvor dargestellten Vorteile wird die Evidenztheorie in der vorliegenden Arbeit als zentrales Modellierungswerkzeug verwendet.

---

467 Ein Nachweis der Korrektheit des Algorithmus findet sich in Klir, G. J.: Uncertainty and information, 2006, S. 437 ff.

468 Vgl. Abschnitt 4.2.1 sowie darin die Gleichungen 4.9 und 4.10.

469 Vgl. Abschnitt 4.2.1.

4.3 Unsicherheitsmodellierung im technischen Risikomanagement

Die Modellierung von Unsicherheiten kann in verschiedenen Anwendungsbereichen durchgeführt werden. Im Kontext der vorliegenden Arbeit ist insbesondere die Unsicherheitsmodellierung bei der Bewertung von technischen Risiken von Interesse. Mit diesem Forschungsfeld haben sich im Rahmen der letzten Jahre verschiedene Arbeiten befasst, die nachfolgend im Bezug auf die bereits identifizierten Theoriedefizite[470] analysiert werden.

4.3.1 Ansätze zur Unsicherheitsmodellierung

LIMBOURG (2008): Dependability modelling under uncertainty

Im Rahmen seiner Arbeit entwickelt LIMBOURG verschiedene Methoden, welche die Integration von quantitativen Zuverlässigkeitsbewertungen in die frühen Phasen der mechatronischen Produktentwicklung ermöglichen.[471] Anhand einer Fehlerbaumanalyse (FTA) für das Gesamtprodukt werden verschiedene Experteneinschätzungen zu Ausfallwahrscheinlichkeiten der Komponenten (Basisereignisse des Fehlerbaums) mithilfe der Evidenztheorie modelliert und kombiniert, um die vorherrschende Unsicherheit bezüglich der Ausfallwahrscheinlichkeit des Gesamtsystems zu berechnen.

Die erforderlichen Angaben zu den Ausfallwahrscheinlichkeiten der Komponenten können dabei durch Expertenschätzungen auf unterschiedliche Weisen erfasst werden:[472]

- Schätzung eines konkreten Wertes p_i
- Schätzung eines Intervalls, welches den Wert p_i beinhalten kann
- Schätzung von Mittelwert und Standardabweichung einer Normalverteilung, welche die Unsicherheit bezüglich des Wertes p_i beschreibt

Weiterhin kann jeder Experte mehrere Schätzungen zu ein und derselben Komponente abgeben und diese gewichten.[473] Die Einschätzungen zu den Komponenten-Ausfallwahrscheinlichkeiten werden anschließend mithilfe der Evidenztheorie modelliert und durch die Weighted-Mixing Methode miteinander kombiniert.

Um die Ausfallwahrscheinlichkeit des Gesamtsystems zu kalkulieren, erfolgt eine Monte-Carlo-Simulation für das übergeordnete Ereignis des Fehlerbaums. Hierzu verwendet der Autor die von ihm entwickelte und frei verfügbare „imprecise probability toolbox for MATLAB“[474] (kurz: IPP-Toolbox), die bereits eine Vielzahl von Berechnungsalgorithmen für die Evidenztheorie beinhaltet.[475] Die resultierende Evidenz für die Ausfallwahrscheinlichkeit des Gesamtsystems wird zu Nachweiszwecken mit normativen Grenzwerten verglichen (vgl. Abbildung 4.8).

---

[470] Vgl. Abschnitt 3.4.

[471] Vgl. Limbourg, P.: Dependability modelling under uncertainty, 2008, S. 3.

[472] Vgl. a. a. O., S. 112.

[473] Vgl. ebenda.

[474] Auer, E.; Luther, W., et al.: A Verified MATLAB Toolbox, 2015; Limbourg, P.: Dependability modelling under uncertainty, 2008, S. 114.

[475] Die Toolbox wird im weiteren Verlauf der Arbeit bei der Implementierung der Methodik aufgegriffen, vgl. Abschnitt 5.2.

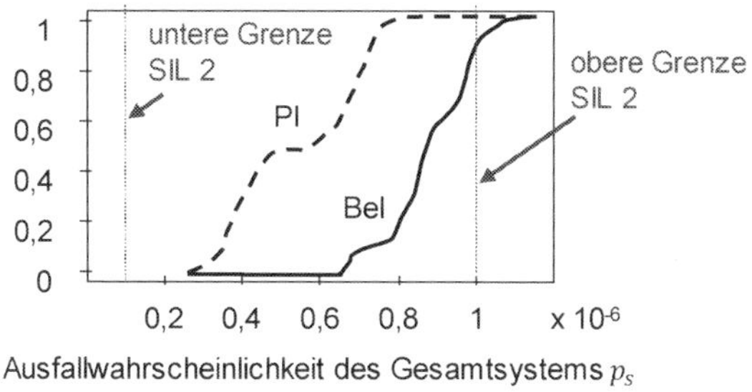

Abbildung 4.8: Evidenz für die Ausfallwahrscheinlichkeit des Gesamtsystems[476]

Zu erkennen ist, dass die Ausfallwahrscheinlichkeit des Gesamtsystems unterhalb des oberen Grenzwerts ($p_{s,o} = 1 \cdot 10^{-6}$) für das Sicherheitsintegritätslevel 2 (SIL 2) mit den Werten $Pl(p_{s,o}) = 1$ und $Bel(p_{s,o}) = 0{,}92$ liegt. Die untere Grenze des SIL2 zum strengeren Niveau SIL3 ($p_{s,u} = 0{,}1 \cdot 10^{-6}$) wird jedoch nicht erreicht ($Pl(p_{s,u}) \approx Bel(p_{s,u}) \approx 0$).[477]

Die Arbeit von LIMBOURG liefert einen bedeutsamen Beitrag zur Modellierung von Unsicherheiten im Rahmen des technischen Risikomanagements. Sie zeigt auf, dass die Evidenztheorie zur Modellierung von Unsicherheiten bezüglich der Bewertung von technischen Risiken anwendbar und praktikabel ist. Der Autor betont weiterhin, dass die Evidenztheorie ein hohes Maß an Modellierungsflexibilität aufweist, indem Expertenaussagen zu Unsicherheiten auf verschiedene Weisen eingebracht werden können. Darüber hinaus führt LIMBOURG mit dem Erwartungswert EV sowie dem Vertrauenswert CV zwei zusätzliche Kenngrößen zur Beschreibung von Evidenzen ein, die in der vorliegenden Forschungsarbeit aufgegriffen werden.

An verschiedenen Stellen weist LIMBOURG auf den engen Zusammenhang zwischen der Behandlung von Unsicherheiten und Aktivitäten der Eigenschaftsabsicherung hin. Er stellt dar, dass Testaktivitäten dazu genutzt werden können, wissensbezogene Unsicherheiten bezüglich der mittleren Betriebsdauer bis zum Systemausfall[478] eines mechatronischen Produkts zu reduzieren.[479] Die Überführung von Ergebnissen der Unsicherheitsmodellierung in die Planung der Eigenschaftsabsicherung liegt jedoch nicht im Betrachtungsbereich von LIMBOURGS Arbeit, sodass hierzu keine weiteren Ausführungen zu finden sind.

[476] In Anlehnung an Limbourg, P.: Dependability modelling under uncertainty, 2008, S. 115.

[477] Vgl. a. a. O., S. 114 f.

[478] Englisch: *mean time to failure* (MTTF).

[479] Vgl. a. a. O., S. 13.

YANG ET AL. (2011): Risk evaluation in FMEA

YANG ET AL. entwickeln einen Ansatz zur Modellierung der FMEA-Risikobewertung mithilfe der Evidenztheorie, um unterschiedliche unsicherheitsbehaftete Expertenschätzungen miteinander zu kombinieren.[480] Dabei werden die Aussagen der einzelnen Experten zur Einschätzung der FMEA-Bewertungszahlen als Evidenzen modelliert.[481]

Ziel des Ansatzes ist die Entwicklung einer Priorisierungsgröße für technische Risiken.[482] Hierfür wird zunächst für jede FMEA-Bewertungszahl eines technischen Risikos ein eigener Wahrnehmungsrahmen definiert, der bis zu zehn Bewertungszahlen $\{1,2,3,\ldots,10\}$ beinhalten kann. Anschließend wird der Wahrnehmungsrahmen auf die Spanne derjenigen Bewertungszahlen reduziert, die von den Experten in ihren Aussagen genannt werden.[483] Um diese Aussagen nachfolgend miteinander kombinieren zu können, schlagen die Autoren eine Abwandlung von DEMPSTERS Kombinationsregel vor, bei der die vorliegenden Einschätzungen mit einer Gewichtung versehen werden, um dem unterschiedlichen Erfahrungsstand der Experten Rechnung zu tragen.[484] Zur Ableitung einer Priorisierungsgröße für die Produktentwicklung beinhaltet der Ansatz einen Vorschlag zur Berechnung einer mittleren Risikoprioritätszahl (RPZ).[485]

Der Ansatz von YANG ET AL. zeigt auf, wie die Evidenztheorie zur Modellierung des Prozesses der FMEA-Risikobewertung verwendet werden kann, um zum einen unsicheres Wissen bei der Bewertung zu modellieren und zum anderen Informationen von mehreren Experten unabhängig voneinander zu erfassen. Dieser Grundgedanke des Ansatzes wird in der vorliegenden Arbeit aufgegriffen und bei der Methodikentwicklung weitergeführt.

Jedoch ist auch eine kritische Würdigung des Ansatzes vorzunehmen. Zunächst ist die von den Autoren vorgenommene Eingrenzung des Wahrnehmungsrahmens auf vorliegende Expertenaussagen aus Sicht der Evidenztheorie als problematisch anzusehen. Durch diese Restriktion besteht die Möglichkeit, dass eine zentrale Anforderung an die Definition des Wahrnehmungsrahmens verletzt werden kann, indem das zu beobachtende Ereignis (hier: der tatsächliche Wert der Bewertungszahl) außerhalb der Expertenschätzungen liegt.[486]

Weiterhin nehmen YANG ET AL. an, dass bei der Risikobewertung keine Aussagenkonflikte vorherrschen. Dies ist darauf zurückzuführen, dass sie zur Kombination von Evidenzen DEMPSTERS Regel anwenden, die bei vollständigem Konflikt zwischen einzelnen Aussagen nicht definiert ist.[487] Die Bewertungssituation, dass sich die Aussagen der Experten nicht decken, ist jedoch in der praktischen Anwendung der FMEA-Methode vorzufinden. Informationen über die konfliktbezogene Unsicherheit gehen folglich im hier diskutierten Ansatz verloren und können somit auch nicht bei der Gestaltung der Priorisierungsgröße berücksichtigt werden.

---

480 Vgl. Yang, J.; Huang, H.-Z., et al.: Risk evaluation in FMEA, 2011, S. 2086.
481 Vgl. a. a. O., S. 2088.
482 Vgl. a. a. O., S. 2084.
483 Vgl. a. a. O., S. 2088.
484 Vgl. a. a. O., S. 2088 f.
485 Vgl. a. a. O., S. 2089.
486 Vgl. Abschnitt 4.2.1.
487 Vgl. Abschnitt 4.2.1.

Abschließend ist festzuhalten, dass die weitere Verwendung der im Ansatz identifizierten Priorisierungsgröße nicht erörtert wird. Wie die mittlere Risikoprioritätszahl für nachfolgende Entscheidungsprozesse, z. B. für die Planung der Eigenschaftsabsicherung, genutzt werden kann, wird in der Arbeit von YANG ET AL. nicht dargestellt. Der Fokus des Ansatzes liegt ausschließlich auf der evidenztheoretischen Modellierung des FMEA-Bewertungsprozesses.

4.3.2 Weitere Arbeiten

Verschiedene Ansätze der gegenwärtigen Forschung behandeln die Modellierung von epistemischen und/oder aleatorischen *Unsicherheiten in Methoden des technischen Risikomanagements*. Hierzu wird in den Arbeiten von FLAGE ET AL.[488], PEDRONI/ZIO[489], FERDOUS ET AL.[490] sowie MI ET AL.[491] der Umgang mit Unsicherheiten in der Fehler- bzw. Ereignisbaumanalyse diskutiert. Weiterhin stellt RAKOWSKY[492] Möglichkeiten zur evidenztheoretischen Modellierung von Unsicherheiten in der Risikoeinschätzung für die Fehlerbaumanalyse sowie die FMECA-Methode vor. Ein direkter Bezug zwischen Unsicherheitsmodellierung und der Planung einer nachgelagerten Eigenschaftsabsicherung wird in den Arbeiten jedoch nicht vorgenommen.

Weitere Ansätze fokussieren die Bedeutung der expliziten *Berücksichtigung von Unsicherheiten bei Entscheidungsprozessen*, die der Risikobewertung nachgelagert sind. AVEN/ZIO[493] betrachten den Stand der Forschung zum Umgang mit Unsicherheiten in der technischen Risikoanalyse mit Fokus auf dessen Mehrwert für nachgelagerte Entscheidungsprozesse. Die Autoren betonen die Bedeutung einer Unsicherheitsanalyse zur Entscheidungsunterstützung bei technischen Risiken, gehen jedoch nicht auf die Eigenschaftsabsicherung zur Behandlung der Risiken ein. CATRINU/NORDGÅRD[494] stellen einen Ansatz zur Integration der Risikoanalyse in eine multidimensionale Entscheidungsunterstützung unter der Berücksichtigung von Unsicherheiten vor. Die Planung der Eigenschaftsabsicherung wird dabei nicht thematisiert.

Darüber hinaus existieren weitere Arbeiten, welche die *Reduzierung von Unsicherheit* adressieren. MÖLLER/HANSSON halten fest, dass der Einsatz von verschiedenen Prinzipien der Sicherheitstechnik (z. B. die Bereitstellung von Rückfallebenen zur Gewährleistung der Betriebssicherheit eines technischen Systems) die Möglichkeit bietet, sowohl Risiko als auch Unsicherheit zu reduzieren.[495] Ein expliziter Bezug zur Planung der Eigenschaftsabsicherung wird von den Autoren nicht vorgenommen. OBERKAMPF ET AL. stellen heraus, dass bei einer unzureichenden Unsicherheitsanalyse zusätzliche Experimente durchgeführt werden können, um die Unsicherheitsbeschreibung zu konkretisieren.[496] Wie die Unsicherheitsanalyse mit der Planung der Experimente verknüpft werden kann, wird nicht erörtert. Weiterhin beschreiben

---

[488] Vgl. Flage, R.; Baraldi, P., et al.: Uncertainty in fault tree analysis, 2013, S. 121.
[489] Vgl. Pedroni, N.; Zio, E.: Uncertainty analysis in fault tree models, 2013, S. 1147.
[490] Vgl. Ferdous, R.; Khan, F., et al.: Fault and event tree analyses, 2011, S. 86.
[491] Vgl. Mi, J.; Li, Y.-F., et al.: Reliability assessment under epistemic uncertainty, 2016, S. 1.
[492] Vgl. Rakowsky, U. K.: Fundamentals of the Dempster-Shafer Theory, 2007, S. 590.
[493] Vgl. Aven, T.; Zio, E.: Treatment of uncertainties in risk assessment, 2011, S. 64.
[494] Vgl. Catrinu, M. D.; Nordgård, D. E.: Risk analysis under uncertainty, 2011, S. 664.
[495] Vgl. Möller, N.; Hansson, S. O.: Principles of engineering safety, 2008, S. 798.
[496] Vgl. Oberkampf, W. L.; Helton, J. C., et al.: Uncertainty in system response, 2004, S. 11.

THOMKE/BELL die Rolle von Testaktivitäten im Produktentwicklungsprozess zur Reduzierung von Unsicherheit. Sie stellen in allgemeingültiger Form heraus, dass durch das Testen von Produktmodellen, z. B. in Form von Prototypen, die Unsicherheit bezüglich der Erfüllung von Kundenanforderungen reduziert werden kann.[497] Eine explizite Verknüpfung von Unsicherheitsanalyse und Absicherungsplanung wird jedoch auch hier nicht vorgenommen.

4.3.3 Zwischenfazit

Die vorangehenden Ausführungen haben gezeigt, dass bereits eine Vielzahl an Forschungsarbeiten existiert, die eine Modellierung von Unsicherheiten bei der Bewertung von technischen Risiken vornehmen. Die besondere Bedeutung der expliziten Berücksichtigung von Unsicherheiten wird dabei von verschiedenen Autoren ausdrücklich betont.

Weiterhin zeigen die Arbeiten, dass sich die Evidenztheorie als Methode zur Modellierung von Unsicherheiten im technischen Risikomanagement eignet. Insbesondere die Arbeiten von LIMBOURG sowie YANG ET AL. machen deutlich, dass eine evidenztheoretische Modellierung von Unsicherheiten in der technischen Risikobewertung möglich und im Zuge der Produktentwicklung gewinnbringend einzusetzen ist.

Ein Zusammenhang zwischen der Unsicherheitsmodellierung und der Eigenschaftsabsicherung eines Produktes wird in bestehenden Ansätzen in allgemeiner Form angedeutet. Mehrere Arbeiten zeigen auf, dass im Anschluss an die Unsicherheitsmodellierung zusätzliche Informationen anhand von Analysen oder Tests gewonnen werden können, um die vorherrschende Unsicherheit zu reduzieren. Diese Aktivitäten lassen sich der Eigenschaftsabsicherung zuordnen. Folglich kann die in der Risikobewertung vorherrschende Unsicherheit als Entscheidungskriterium bei der Absicherungsplanung verwendet werden.

Eine direkte Verknüpfung zwischen Unsicherheitsmodellierung und der Planung der Eigenschaftsabsicherung wurde bisher jedoch in keiner der Arbeiten vorgenommen. Bestehende Ansätze fokussieren die verschiedenen Herausforderungen bei der Modellierung von Unsicherheiten und gehen nicht über allgemeine Hinweise zum Zusammenhang zwischen Unsicherheitsmodellierung und Eigenschaftsabsicherung hinaus. Dabei stellt die Verknüpfung dieser beiden Bereiche einen vielversprechenden Ansatz dar, um die Entscheidungsunterstützung bei der Planung von Absicherungsaktivitäten zu verbessern.

4.4 Zusammenfassung des Theoriedefizits

Bei der Analyse des Stands der Forschung zur Eigenschaftsabsicherung sowie zu angrenzenden Forschungsbereichen wurde herausgearbeitet, dass es bestehenden Methoden zur Planung der Eigenschaftsabsicherung an Entscheidungsunterstützung bei der Auswahl von absicherungsrelevanten Produkteigenschaften mangelt. Bisherige Vorgehensweisen berufen sich in allgemeiner Form auf die Ergebnisse des technischen Risikomanagements, welches im

[497] Vgl. Thomke, S.; Bell, D. E.: Sequential Testing in Product Development, 2001, S. 309.

Zuge der Produktentwicklung mögliche Fehler untersucht und bewertet; eine direkte Integration von quantitativen Ergebnissen der Risikobewertung in die Absicherungsplanung ist bisher jedoch nicht existent.

Die Ausführungen zum Stand der Forschung auf dem Gebiet der Unsicherheitsmodellierung haben gezeigt, dass sich eine Vielzahl von Forschungsarbeiten mit der Modellierung und Quantifizierung von Unsicherheiten bei der Bewertung von technischen Risiken beschäftigt. Dabei verweisen mehrere Arbeiten auf den bedeutungsvollen Zusammenhang zwischen der Unsicherheitsmodellierung und der Beschaffung zusätzlicher Informationen, die im Rahmen der Eigenschaftsabsicherung gewonnen werden können. Es besteht folglich ein enger Zusammenhang zwischen Unsicherheitsmodellierung und Eigenschaftsabsicherung. Absicherungsaktivitäten besitzen das Potenzial, Informationen zur zuverlässigen Bewertung von technischen Risiken bereitzustellen und somit die Unsicherheit bei der Risikobewertung im Zuge des Entwicklungsprozesses zu reduzieren.

Eine quantitative Modellierung von Unsicherheiten bei der technischen Risikobewertung, die anschließend als Entscheidungshilfe bei der Auswahl von absicherungsrelevanten Produkteigenschaften im Rahmen der Absicherungsplanung verwendet wird, ist bisher noch in keiner der Forschungsarbeiten zu finden. Um einen Beitrag zur Aufhebung dieses Theoriedefizits zu leisten, wird nachfolgend eine Methodik zur unsicherheitsbasierten Eigenschaftsabsicherung entwickelt.

5 Unsicherheitsbasierte Eigenschaftsabsicherung

Im vorliegenden Kapitel wird die Entwicklung und Implementierung einer Methodik zur unsicherheitsbasierten Planung der Eigenschaftsabsicherung beschrieben. Die Methodik ermöglicht eine Quantifizierung von Unsicherheiten, die bei der Bewertung von technischen Risiken anhand der FMEA-Methode vorherrschen können. Durch die Quantifizierung von Unsicherheiten können diese technische Risiken priorisiert werden, um im Zuge der Planung der Eigenschaftsabsicherung eine Entscheidungshilfe für die Auswahl von absicherungsrelevanten Produkteigenschaften darzustellen.

In Bezug auf die gestaltungsorientierte Forschung spiegeln die Inhalte dieses Kapitels die Ergebnisse der Forschungsaktivitäten aus dem Design Cycle wider. Dabei wird einerseits das Praxisproblem aus dem Relevance Cycle aufgegriffen, andererseits werden Theorien und Methoden aus dem Rigor Cycle miteinbezogen, um ein Artefakt zu schaffen, welches gleichermaßen sowohl einen Beitrag zur Lösung der praktischen Problemstellung als auch die Erweiterung des aktuellen Forschungsstands anstrebt.[498]

In der gestaltungsorientierten Forschung ist für die Entwicklung eines Artefakts eine Vielzahl an Iterationen mit begleitender interner Evaluation erforderlich.[499] Ein Teil der Erkenntnisse aus diesen Iterationen wird im Rahmen der nachfolgenden Ausführungen dargestellt, indem sowohl die Entwicklung als auch die gleichzeitige Analyse der Methodik erläutert werden.

Das vorliegende Kapitel ist folgendermaßen aufgebaut: Zunächst erfolgt die Erläuterung der Methodik, die ein Beschreibungsmodell und ein Vorgehensmodell umfasst (vgl. Abschnitt 5.1). Die Methodik wird anschließend in einer prototypischen Softwareumgebung umgesetzt, die in Abschnitt 5.2 erörtert und analysiert wird. Abschnitt 5.3 fasst die Ergebnisse, den Neuheitsgrad sowie die zentralen Erkenntnisse der Methodikentwicklung und -implementierung zusammen.

5.1 Methodik zur unsicherheitsbasierten Eigenschaftsabsicherung

Die hier entwickelte *Methodik zur unsicherheitsbasierten Eigenschaftsabsicherung* modelliert und quantifiziert Unsicherheiten, die bei der FMEA-Risikobewertung vorliegen können, um eine Priorisierung von technischen Risiken zu ermöglichen. Diese Priorisierung kann anschließend als Entscheidungshilfe bei der Planung der Eigenschaftsabsicherung zur Auswahl von absicherungsrelevanten Produkteigenschaften genutzt werden. Die aus der Durchführung von späteren Absicherungsaktivitäten zusätzlich gewonnenen Informationen lassen sich sodann in die Risikobewertung zurückführen, um die vorgenommene Unsicherheitsreduzierung aufzuzeigen und ggf. weitere Planungsmaßnahmen zur Behandlung der Risiken vorzunehmen.

---

[498] Vgl. Hevner, A. R.: Design Science Research, 2007, S. 90 f.
[499] Vgl. a. a. O., S. 91.

Die Methodik zur unsicherheitsbasierten Eigenschaftsabsicherung umfasst zwei wesentliche Bestandteile:

- Ein *Beschreibungsmodell* zur evidenztheoretischen Modellierung von verschiedenen Informationsquellen zur FMEA-Risikobewertung unter Berücksichtigung von Unsicherheiten
- Ein *Vorgehensmodell* zur Priorisierung von technischen Risiken als Entscheidungsunterstützung für die Planung der Eigenschaftsabsicherung auf Basis der Quantifizierung von Unsicherheiten

Das *Beschreibungsmodell* ist qualitativ in Abbildung 5.1 dargestellt. Mögliche Aussagen zu den FMEA-Bewertungszahlen werden dabei aus unterschiedlichen Informationsquellen (Expertenschätzungen, Feldinformationen vergleichbarer Produkte sowie Ergebnissen der Eigenschaftsabsicherung) erfasst und mithilfe der Evidenztheorie modelliert.

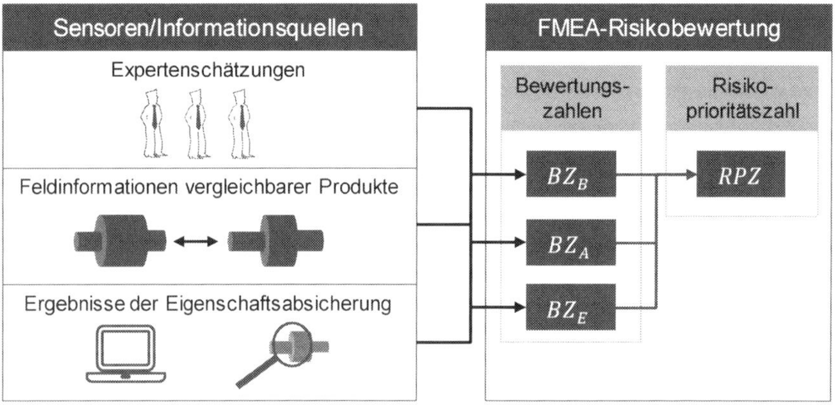

Abbildung 5.1: Qualitative Darstellung des Beschreibungsmodells

Durch eine evidenztheoretische Modellierung der Aussagen werden vorhandene Unsicherheiten explizit berücksichtigt, indem die Informationsquellen ihre Aussage nicht auf einen einzelnen Zahlenwert, sondern auf eine Spanne von Bewertungszahlen beziehen können. Die Aussagen der verschiedenen Sensoren werden folglich als Evidenzen für die Bewertungszahlen eines jeweiligen technischen Risikos modelliert, die sich durch die Anwendung von Kombinationsregeln miteinander verknüpfen lassen. Mit den kombinierten Evidenzen für die jeweiligen FMEA-Bewertungszahlen BZ_B, BZ_A und BZ_E besteht die Möglichkeit, eine Analyse und Quantifizierung der Unsicherheitssituation für jedes in der FMEA enthaltene technische Risiko vorzunehmen. Darüber hinaus kann auf Basis der kombinierten Evidenzen für die Bewertungszahlen eine resultierende Evidenz für die Risikoprioritätszahl (RPZ) berechnet werden, die ebenfalls hinsichtlich ihrer Unsicherheit analysiert werden kann. Eine detaillierte Erläuterung des Beschreibungsmodells wird in den nachfolgenden Abschnitten 5.1.1 und 5.1.2 vorgenommen.

Neben dem evidenztheoretischen Beschreibungsmodell beinhaltet die Methodik ein *Vorgehensmodell* für eine unsicherheitsbasierte Eigenschaftsabsicherung (vgl. Abbildung 5.2), die in den ersten beiden Arbeitsschritten das zuvor genannte Beschreibungsmodell umfasst.

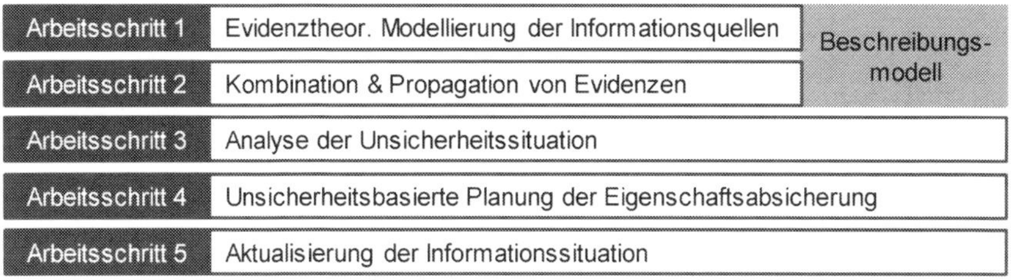

Abbildung 5.2: Qualitative Darstellung des Vorgehensmodells

Ziel des Vorgehensmodells ist es, Unsicherheiten bei der FMEA-Risikobewertung auf Basis des Beschreibungsmodells in quantitativer Form zu analysieren, um technische Risiken für die Planung der Eigenschaftsabsicherung zu priorisieren sowie deren Ergebnisse in die Risikobewertung zurück zu führen. Das Vorgehensmodell baut auf dem ESReDA-Rahmenwerk[500] auf, in dem die in Abbildung 5.2 dargestellten Arbeitsschritte denen des Rahmenwerks zugeordnet werden können (vgl. Abbildung 5.3).

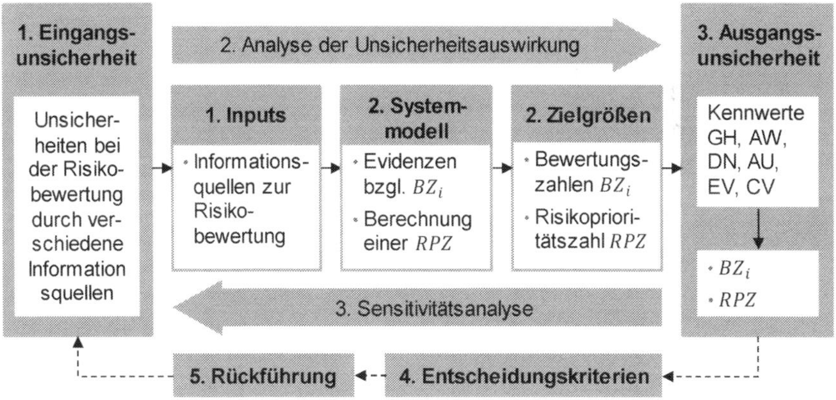

Abbildung 5.3: Einordnung des Vorgehensmodells in das ESReDA-Rahmenwerk

Ausgangspunkt des Vorgehensmodells ist eine bereits durchgeführte und in einer FMEA dokumentierte Struktur- Funktions- und Fehlfunktionsanalyse für ein zu entwickelndes komplexes technisches Produkt. Dies bedeutet, dass technische Risiken in Form von Fehlern, Fehlerfolgen und Fehlerursachen sowie entsprechende Vermeidungs- und Entdeckungsmaßnahmen in der FMEA bereits enthalten sind.

[500] Vgl. Abschnitt 4.1.3.

Die Methodik zur unsicherheitsbasierten Eigenschaftsabsicherung wird nachfolgend in einem Überblick anhand der fünf Arbeitsschritte des Vorgehensmodells dargestellt. Eine detaillierte Erläuterung wird in den nachfolgenden Abschnitten 5.1.1 bis 5.1.5 vorgenommen.

Arbeitsschritt 1: Evidenztheoretische Modellierung der Informationsquellen

In einem ersten Arbeitsschritt erfolgt eine evidenztheoretische Modellierung von Informationsquellen, die Aussagen zur Bewertung von technischen Risiken in der FMEA bereitstellen können. Es werden Aussagen zu den einzelnen FMEA-Bewertungszahlen eines technischen Risikos aus drei verschiedenartigen Informationsquellen erfasst und mithilfe der Evidenztheorie modelliert:

- Expertenschätzungen
- Feldinformationen vergleichbarer Produkte
- Ergebnisse der Eigenschaftsabsicherung

Sowohl Expertenschätzungen als auch Feldinformationen zu vergleichbaren Produkten liegen bereits vor der Durchführung der Eigenschaftsabsicherung vor. Die Ergebnisse der Eigenschaftsabsicherung können im Anschluss an die Durchführung von Absicherungsaktivitäten ebenfalls als Evidenzen modelliert und der Risikobewertung zugeführt werden.

Resultat des ersten Arbeitsschritts ist daher eine Modellierung von vorhandenen Aussagen zu den FMEA-Bewertungszahlen in Form von Evidenzen. Im Bezug auf das ESReDA-Rahmenwerk entspricht dieser Schritt der Modellierung unsicherer Eingangs- bzw. Inputgrößen.

Arbeitsschritt 2: Kombination & Propagation von Evidenzen

Im zweiten Arbeitsschritt werden die Evidenzen zu den FMEA-Bewertungszahlen miteinander kombiniert sowie eine resultierende Evidenz für die Risikoprioritätszahl (RPZ) berechnet (Propagation). Dabei umfassen die kombinierten Evidenzen alle vorhandenen (unsicheren) Aussagen der Informationsquellen zu den einzelnen FMEA-Bewertungszahlen, die in der jeweiligen Informationssituation vorliegen.

Sowohl die kombinierten Evidenzen für die FMEA-Bewertungszahlen als auch die resultierende Evidenz für die RPZ sind Teil des Beschreibungsmodells, in dem sie die vorliegende Informations- bzw. Unsicherheitssituation bei der FMEA-Risikobewertung abbilden. Sie stellen Zielgrößen für nachfolgende Unsicherheitsanalysen dar.

Ergebnis des zweiten Arbeitsschritts ist folglich eine Beschreibung der vorliegenden FMEA-Risikobewertung mithilfe der Evidenztheorie. Bezüglich des ESReDA-Rahmenwerks entspricht dies der Festlegung von zu untersuchenden Variablen der Definition des Systemmodells sowie der vorwärts gerichteten Analyse der Unsicherheitsauswirkung.

Arbeitsschritt 3: Analyse der Unsicherheitssituation

Mithilfe der kombinierten Evidenzen für die FMEA-Bewertungszahlen sowie der resultierenden Evidenz für die RPZ kann im dritten Arbeitsschritt eine quantitative Analyse der Unsicherheitssituation vorgenommen werden. Dabei erfolgt eine Berechnung von mehreren Kenngrößen, welche die vorherrschenden Unsicherheiten bei der FMEA-Risikobewertung anhand der vorliegenden Evidenzen beschreiben. Hierbei wird auf die etablierten Unsicherheitskennwerte

- Generalized-Hartley-Wert (GH)
- Aggregierte Intervallbreite (AW)
- Dissonanz (DN)
- Aggregierte Unsicherheit (AU)

zurückgegriffen.[501] Zudem wird die Beschreibung der Unsicherheitssituation durch weitere Kenngrößen ergänzt, welche die Schwere bzw. Auftretenswahrscheinlichkeit der technischen Risiken mithilfe der Evidenztheorie beschreiben. Dies sind die von LIMBOURG[502] sowie LIMBOURG ET AL.[503] vorgeschlagenen Kennwerte

- Erwartungswert (EV) und
- Vertrauenswert (CV).

Neben der Analyse von Unsicherheitskennwerten kann weiterhin eine Sensitivitätsanalyse für die Risikoprioritätszahl durchgeführt werden. Durch diese Untersuchung lässt sich eine Aussage ableiten, welche der kombinierten Evidenzen für die drei FMEA-Bewertungszahlen den höchsten Unsicherheitsbeitrag bei der Berechnung der resultierenden RPZ-Evidenz leistet.

Ergebnis des dritten Schritts ist eine quantitative Analyse der vorherrschenden Unsicherheitssituation bei der FMEA-Risikobewertung. Er umfasst die Untersuchung von Unsicherheiten in den Zielgrößen sowie die Sensitivitätsanalyse im ESReDA-Rahmenwerk.

Arbeitsschritt 4: Unsicherheitsbasierte Planung der Eigenschaftsabsicherung

Auf Basis der Analyse der Unsicherheitssituation kann im vierten Arbeitsschritt der Methodik eine unsicherheitsbasierte Planung der Eigenschaftsabsicherung vorgenommen werden. Hierfür werden zunächst die vorliegenden technischen Risiken gemäß der Unsicherheitskennwerte priorisiert. Kritische Risiken, bei deren Bewertung eine hohe epistemische Unsicherheit und damit ein Informationsdefizit zur Einschätzung von Risikoschwere und Auftretenswahrscheinlichkeit vorliegt, werden bei der Planung der Eigenschaftsabsicherung bevorzugt berücksichtigt. Dies erfordert, dass die Arbeitsschritte 1 bis 3 für alle technischen Risiken, die in der jeweiligen FMEA enthalten sind, durchgeführt worden sind. Die Risikopriorisierung kann anschließend bei der Planung der Eigenschaftsabsicherung als Entscheidungshilfe genutzt werden, um die vorrangig abzusichernden Produkteigenschaften auszuwählen.

Dieser Arbeitsschritt stellt einen neuen Ansatz bei der Planung der Eigenschaftsabsicherung dar. Bisherige Vorgehensweisen nehmen die Priorisierung der abzusichernden Merkmale auf

[501] Vgl. auch Abschnitt 4.2.2.
[502] Vgl. Limbourg, P.: Dependability modelling under uncertainty, 2008, S. 115.
[503] Vgl. Limbourg, P.; Savić, R., et al.: FTA using Dempster-Shafer theory, 2007, S. 721.

Basis der Schwere und Auftretenswahrscheinlichkeit[504] der technischen Risiken vor. Die epistemische Unsicherheit, die bei der Risikobewertung im Zuge der Produktentwicklung vorliegt, bleibt in bestehenden Planungsansätzen unberücksichtigt. Durch eine Priorisierung von technischen Risiken auf Basis von Unsicherheitskennwerten wird erstmalig die epistemische Unsicherheit als Entscheidungskriterium bei der Absicherungsplanung berücksichtigt.

Ergebnis des vierten Arbeitsschritts ist eine Priorisierung von technischen Risiken auf Basis von Unsicherheitskennwerten, die dazu genutzt werden kann, relevante Produkteigenschaften für die Absicherungsplanung auszuwählen. Im Bezug auf das ESReDA-Rahmenwerk entspricht dieser Schritt der Festlegung von Entscheidungskriterien zur Unsicherheitsbehandlung.

Im Anschluss kann die weitere Spezifikation und Durchführung der Eigenschaftsabsicherung erfolgen.[505] Wie bei der Eingrenzung des Objektbereichs[506] dargestellt, liegen diese Aktivitäten außerhalb des Betrachtungsbereichs und werden daher nachfolgend nicht weiter ausgeführt.

Arbeitsschritt 5: Aktualisierung der Informationssituation

Der abschließende fünfte Arbeitsschritt der Methodik umfasst die Aktualisierung der Informationssituation auf Basis der Ergebnisse der Eigenschaftsabsicherung. Diese stellen Informationen bereit, die das Potenzial besitzen, die bei der Risikobewertung vorherrschenden epistemischen Unsicherheiten zu reduzieren. Dabei werden durch die Absicherungsaktivitäten Erkenntnisse über die tatsächliche Schwere, Auftretens- und Entdeckungswahrscheinlichkeit der untersuchten technischen Risiken gewonnen. Die Ergebnisse der Eigenschaftsabsicherung können daher als zusätzliche Evidenzen modelliert (vgl. Arbeitsschritt 1) und der Informationssituation bei der FMEA-Risikobewertung hinzugefügt werden. Weiterhin besteht die Möglichkeit, Evidenzen für bestehende Expertenschätzungen auf Basis der Erkenntnisse aus der Absicherung zu korrigieren.

In Summe ergibt sich durch die zusätzlichen Evidenzen aus der Eigenschaftsabsicherung sowie die eventuell korrigierten Expertenschätzungen ein aktualisiertes Bild der technischen Risikobewertung. Dabei wird im Allgemeinen die epistemische Unsicherheit reduziert. Der Rückgang dieser Unsicherheit kann durch einen Vorher-Nachher-Vergleich der Unsicherheitskennwerte sowohl für die einzelnen FMEA-Bewertungszahlen als auch für die resultierende RPZ quantifiziert werden. Auf Basis der Reduzierung der epistemischen Unsicherheit kann eine erneute Priorisierung der vorhandenen technischen Risiken auf Basis der angepassten Risikogrößen und Unsicherheitskennwerte erfolgen.

Ergebnis des fünften Arbeitsschritts ist eine aktualisierte Risikobewertung, bei der im Allgemeinen eine Verringerung der epistemischen Unsicherheit für diejenigen Risiken zu verzeichnen ist, die im Rahmen der Eigenschaftsabsicherung untersucht worden sind. Dieser letzte

---

[504] Die Auftretenswahrscheinlichkeit technischer Risiken entspricht der aleatorischen Unsicherheit. Sie ist abhängig von der jeweiligen Auslegung des Produktes und lässt sich nicht durch zusätzliche Informationen reduzieren, sondern nur durch gestalterische Maßnahmen der Produktentwicklung.

[505] Vgl. Abbildung 2.3.

[506] Vgl. Abschnitt 2.3.2.

Schritt der Methodik entspricht im ESReDA-Rahmenwerk dem Feedback-Prozess sowie der Ergebnisrückführung in die Unsicherheitsmodellierung.

Die zuvor in einem Überblick dargestellten fünf Arbeitsschritte der Methodik zur unsicherheitsbasierten Eigenschaftsabsicherung werden nachfolgend in den einzelnen Abschnitten 5.1.1 bis 5.1.5 detailliert erläutert.

5.1.1 Schritt 1 - Evidenztheoretische Modellierung der Informationsquellen

Der erste Schritt der Methodik zur unsicherheitsbasierten Eigenschaftsabsicherung umfasst die Modellierung von Informationsquellen, die Aussagen im Rahmen der FMEA-Risikobewertung liefern können. Dabei werden Einschätzungen zu den Bewertungszahlen BZ_B, BZ_A und BZ_E aus unterschiedlichen Informationsquellen gesammelt und als Evidenzen modelliert. Die nachfolgende Beschreibung des ersten Arbeitsschritts wird anhand der zentralen Elemente der Evidenztheorie[507] vorgenommen.

Definition der Sensormenge Ω

Ausgangspunkt der evidenztheoretischen Modellierung ist die Identifikation von Sensoren, die Aussagen über das Vorliegen eines Ereignisses bereitstellen. In der vorliegenden Arbeit werden dabei Sensoren identifiziert, die im Rahmen der FMEA-Risikobewertung eine Aussage bezüglich der FMEA-Bewertungszahlen BZ_B, BZ_A und BZ_E liefern. Im Beschreibungsmodell werden dabei drei Kategorien von Sensoren unterschieden:[508]

- Experteneinschätzungen $\omega_{Experte,i}$ (kurz: $\omega_{E,i}$)
- Feldinformationen vergleichbarer Produkte $\omega_{Feld,i}$ (kurz: $\omega_{F,i}$)
- Ergebnisse der Eigenschaftsabsicherung $\omega_{Absicherung,i}$ (kurz: $\omega_{A,i}$)

Die erste Sensorkategorie $\omega_{E,i}$ modelliert die Risikoeinschätzungen der Experten, die an der FMEA-Durchführung beteiligt sind. Durch die hier vorgenommene evidenztheoretische Modellierung können die Einschätzungen von unterschiedlichen Experten separat erfasst und anschließend kombiniert werden. Dies ermöglicht sowohl eine Dezentralisierung des Vorgangs zur Risikobewertung als auch eine Quantifizierung von Unsicherheiten in den Expertenaussagen.

Die zweite Sensorkategorie $\omega_{F,i}$ erfasst Aussagen zur Risikobewertung, die sich aus der Analyse von Felddaten vergleichbarer Produkte ergeben. Bei der Durchführung einer FMEA im Rahmen der Produktentwicklung wird eine Vielzahl von Risiken bewertet, die sich auf Baugruppen oder Komponenten beziehen, die bereits in bestehenden Produkten integriert sind. Felddaten dieser Produkte können daher genutzt werden, um Risikoeinschätzungen für Baugruppen und Komponenten vorzunehmen, die für das zu entwickelnde Produkt übernommen werden sollen. Voraussetzung für die Nutzung der zweiten Sensorkategorie $\omega_{F,i}$ ist, dass die

[507] Vgl. auch Abschnitt 4.2.1.

[508] Die Bedeutung dieser drei Informationsquellen wird ebenfalls von SEGISMUNDO/MIGUEL betont, vgl. Segismundo, A.; Miguel, P. A. C.: FMEA in new product development, 2008, S. 905.

Anwendungsfälle der zu untersuchenden Baugruppen und Komponenten vergleichbar sind. Dies bezieht sich beispielsweise auf ähnliche Einbaubedingungen oder Lastsituationen. Nur wenn diese Voraussetzung erfüllt ist, können Erkenntnisse aus der Produktbeobachtung in die FMEA-Risikobewertung bei der Entwicklung eines vergleichbaren Produktes überführt werden.

Die dritte Sensorkategorie $\omega_{A,i}$ umfasst die Ergebnisse der Eigenschaftsabsicherung. Hier werden gezielte Aktivitäten durchgeführt, um Informationen bezüglich der Einschätzung von technischen Risiken zu gewinnen. Beispielsweise wird anhand von Testreihen herausgearbeitet, wie häufig eine Funktion ausfällt und welche Auswirkungen dies hat. Die Ergebnisse der Eigenschaftsabsicherung können daher der FMEA-Risikobewertung zugeführt werden, um ein möglichst valides Bild der vorliegenden Risikosituation zu erhalten.

Von jeder Sensorkategorie können mehrere Sensorinstanzen vorhanden sein. Dies wird über den Index $i = 1 \dots n$ zum Ausdruck gebracht. Hierdurch ist es insbesondere möglich, unterschiedliche Aussagen der an der FMEA-Risikobewertung beteiligten Experten separat zu modellieren, wodurch nicht nur Unsicherheiten innerhalb einzelner Aussagen, sondern auch Unsicherheiten durch Widersprüchlichkeiten zwischen den Experten berücksichtigt werden können.[509]

Zusammenfassend ergibt sich folgende Sensormenge Ω_{UbEa}[510] für das evidenztheoretische Beschreibungsmodell:

$$\Omega_{UbEa} = \{\omega_{j,i}\} \text{ mit } j = Experte, Feld, Absicherung \text{ und } i = 1 \dots n \qquad 5.1$$

Im Rahmen der vorliegenden Arbeit erfolgt die Modellierung von Sensoren für die FMEA-Risikobewertung ausschließlich auf Basis dieser drei Kategorien. Nichtsdestotrotz ist eine Erweiterung dieses Modells durch zusätzliche Kategorien von Informationsquellen für die Risikobewertung jederzeit möglich.

Definition des Wahrnehmungsrahmens Θ

Neben der Definition von Sensoren bedarf es im Rahmen der Evidenztheorie der Modellierung eines Wahrnehmungsrahmens, der die Ereignisse beinhaltet, zu denen die Sensoren Aussagen tätigen können. Dabei wurde bereits in den Ausführungen von Abschnitt 4.2.1 festgehalten, dass Wahrnehmungsrahmen auf unterschiedliche Weisen definiert bzw. modelliert werden können.

Die Güte der späteren Entscheidungsunterstützung hängt wesentlich von der Konzeption dieses Wahrnehmungsrahmens ab. Ein Wahrnehmungsrahmen, welcher nur wenige Aussagen mit nominalskalierten Merkmalen enthält[511] (z. B. $\{Risiko\ ist\ gering, Risiko\ ist\ hoch\}$), besitzt

[509] Vgl. Abschnitt 5.1.3.

[510] UbEa: Unsicherheitsbasierte Eigenschaftsabsicherung (vgl. Abschnitt 5.2.2).

[511] Jüngste Fallbeispiele hierzu sind in den folgenden Arbeiten zu finden: Grabe, B.: Evidenzbasierte Bewertung, 2011; Ike, T.: Evidenzbasierte Analyse, 2011.

bei der Planung der Eigenschaftsabsicherung eine geringere Aussagekraft zur Entscheidungsunterstützung als jener, der metrisch-skalierte Merkmale beinhaltet[512] (z. B. quantitative Ausfallwahrscheinlichkeiten von Produkten und Komponenten). Je differenzierter die im Wahrnehmungsrahmen enthaltenen Aussagen oder Ereignisse sind, desto besser kann die Unsicherheitssituation analysiert werden, was der Güte an Entscheidungsunterstützung zufällt.

Die Definition des Wahrnehmungsrahmens erfolgt in der vorliegenden Arbeit auf Basis des bestehenden Bewertungskonzeptes einer FMEA-Risikobewertung. Für jede FMEA-Bewertungszahl wird zu jedem technischen Risiko ein Wahrnehmungsrahmen konzipiert, der die einzelnen Bewertungsziffern beinhaltet. Hieraus ergeben sich die folgenden drei Kategorien für Wahrnehmungsrahmen:

$$\Theta_B = \Theta_A = \Theta_E = \{1, 2, \dots, 10\} \qquad 5.2$$

In Kurzform können diese auch wie folgt geschrieben werden:

$$\Theta_k \text{ mit } k = B, A, E \qquad 5.3$$

Diese Form der Modellierung entspricht aus mathematischer Sichtweise einem Wahrnehmungsrahmen, dessen Aussagen durch ordinalskalierte Merkmale beschrieben werden. Eine Intervallskalierung, wie sie beispielsweise in der Arbeit von LIMBOURG[513] zu finden ist, liegt im vorliegenden Anwendungsfall nicht vor, da Differenzen zwischen den Ausprägungen der Bewertungszahlen keiner sinnvollen Interpretation unterliegen.

Neben dem Wahrnehmungsrahmen zu den einzelnen FMEA-Bewertungszahlen wird ein Wahrnehmungsrahmen für die resultierende Risikoprioritätszahl (RPZ) eines jeden technischen Risikos konzipiert. Hierdurch kann im zweiten Arbeitsschritt[514] der Methodik auf Basis von Evidenzen zu den FMEA-Bewertungszahlen eine resultierende Evidenz für die RPZ abgeleitet werden. Der Wahrnehmungsrahmen $\Theta_{RPZ} = \{RPZ_n\}$ wird unter Berücksichtigung des Bildungsgesetzes für Folgen

$$(RPZ_n) = (b \cdot a \cdot e) \text{ mit } b, a, e \in \{1,2, \dots ,10\} \qquad 5.4$$

definiert. Die Zahlenfolge (RPZ_n) beinhaltet 220 Werte für die Risikoprioritätszahl. Dies kann mithilfe der Kombinatorik gezeigt werden, da sich die Berechnung der RPZ auf eine Auswahl von 3 Elementen aus einer Menge von 10 Elementen mit Wiederholung und ohne Berücksichtigung der Reihenfolge zurückführen lässt:

$$\binom{n+k-1}{k} = \binom{12}{3} = 220 \qquad 5.5$$

[512] Ein Fallbeispiel hierzu liefert Limbourg, P.: Dependability modelling under uncertainty, 2008.

[513] Vgl. a. a. O., S. 29 ff.

[514] Vgl. Abschnitt 5.1.2.

Von diesen 220 Elementen sind jedoch einige gleichwertig, beispielsweise führen die Kombinationen $1 \cdot 3 \cdot 3$ und $1 \cdot 9 \cdot 1$ beide zur RPZ von 9. Zieht man von den 220 möglichen Kombinationen die redundanten Mengenelemente ab, verbleibt ein Wahrnehmungsrahmen mit 120 unterschiedlichen Werten für die Risikoprioritätszahl. Auf eine detaillierte Darstellung dieser Werte wird an dieser Stelle verzichtet.

Potenzmenge des Wahrnehmungsrahmens 2^{Θ}

In der Evidenztheorie spielt die Potenzmenge des Wahrnehmungsrahmens 2^{Θ} eine entscheidende Rolle.[515] Glaubensmaße in Form von Evidenzen können sowohl auf einzelne Ereignisse als auch auf übergeordnete Ereignismengen innerhalb der Potenzmenge gelegt werden. Für den vorliegenden Anwendungsfall bedeutet dies, dass Einschätzungen zur Risikobewertung nicht mehr nur auf eine einzige Bewertungszahl gelegt werden müssen, wie es bei der konventionellen Vorgehensweise der FMEA der Fall ist. Vielmehr können Evidenzen

- auf einzelne Zahlenwerte gelegt werden (z. B. $\{7\}$),[516]
- auf eine Spanne von Bewertungszahlen gelegt werden (z. B. $\{6,7,8,9\}$),
- auf mehrere Spannen von Bewertungszahlen gelegt werden (z. B. $\{1,2,3,6,7,8\}$), oder
- auf den gesamten Wahrnehmungsrahmen ($\{1,2,3,\ldots,10\}$) gelegt werden.

Die letztgenannte Möglichkeit entspricht der Situation, wenn seitens einer Sensorquelle vollständiges Unwissen bezüglich der vorliegenden Risikobewertung herrscht.

Mithilfe dieser Modellierungsform wird eine FMEA-Risikobewertung ermöglicht, die verstärkt der betrieblichen Wirklichkeit in der Produktentwicklung begegnet, da das Wissen bei der Bewertung von technischen Risiken für zu entwickelnde Produkte unvollständig ist und somit epistemische Unsicherheit vorherrscht. Durch die evidenztheoretische Modellierung ist es möglich, diese Unsicherheiten bei der Risikobewertung explizit zu berücksichtigen und zu analysieren.

Beobachtungsfunktion Γ

Auf Basis der Definition von Sensoren sowie der Potenzmengen für die einzelnen Wahrnehmungsrahmen lässt sich die folgende Beobachtungsfunktion definieren:

$$\Gamma_{\mathrm{UbEa,k}} : \Omega_{\mathrm{UbEa}} \rightarrow 2^{\Theta_k} \text{ mit } k = B, A, E \qquad 5.6$$

Dabei stellt Ω_{UbEa} aus mathematischer Sicht die Definitionsmenge, und 2^{Θ_k} die Zielmenge dar.

Die Beobachtungsfunktion $\Gamma_{UbEa,k}$ sagt aus, dass jeder vorhandene Sensor aus der Sensormenge Ω_{UbEa}, eine Aussage bezüglich der Bewertungszahlen BZ_B, BZ_A oder BZ_E im Rahmen der FMEA-Risikobewertung treffen kann. Wie bereits zuvor dargestellt, besteht für jeden Sensor die Möglichkeit, seine Aussage nicht nur auf einen einzelnen Zahlenwert, sondern durch die Abbildung auf die Potenzmenge des Wahrnehmungsrahmens auf mehrere Zahlenwerte zu

[515] Vgl. Abschnitt 4.2.1.

[516] Dies entspricht der konventionellen Vorgehensweise bei der FMEA-Risikobewertung.

beziehen. Weiterhin kann ein Sensor auch bei vollständigem Unwissen keine Aussage treffen, sodass er bei der Einschätzung einer oder mehrerer Bewertungszahlen ausgeschlossen wird. Die Beobachtungsfunktion ist exemplarisch in Abbildung 5.4 visualisiert.

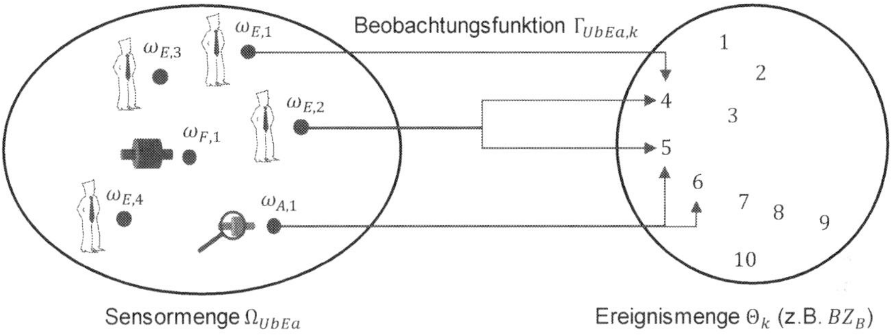

Abbildung 5.4: Exemplarische Darstellung der Beobachtungsfunktion

Definition von Evidenzen

Um Aussagen aus unterschiedlichen Sensorquellen zu erfassen, zusammenzuführen und die Unsicherheitssituation der vorliegenden Informationslage quantitativ analysieren zu können, werden die Aussagen, die im Rahmen der Beobachtungsfunktion $\Gamma_{UbEa,k}$ getroffen werden, in Form von Evidenzen modelliert. Wie bereits in Abschnitt 4.2.1 dargestellt, wird eine Evidenz als das Maß an Glauben definiert, welches einzelnen Ereignissen bzw. Ereignismengen des Wahrnehmungsrahmens auf Basis der Aussage von Sensoren zugeschrieben werden kann. Diese Form der Evidenzmodellierung ist ereignisbezogen und wird folglich auf Basis der Zielmenge definiert.

Im Rahmen der vorliegenden Arbeit erfolgt eine sensorbezogene Modellierung[517] der Evidenz, d. h. auf Basis der Definitionsmenge der Beobachtungsfunktion. Jedem Sensor aus der Sensormenge Ω_{UbEa} wird ein Glaubensmaß von 1 zur Verfügung gestellt, welches er auf einzelne Ereignisse oder übergeordnete Ereignismengen im Wahrnehmungsrahmen verteilen kann. Für jeden Wahrnehmungsrahmen Θ_B, Θ_A und Θ_E existiert daher folgende Abbildungsfunktion:

$$m_{k,i} : 2^{\Theta_k} \rightarrow [0;1] \text{ mit } k = B, A, E \text{ und } i = 1 \dots n \qquad 5.7$$

Wenn ein Sensor $\omega_{j,i}$ eine Aussage zu einer der FMEA-Bewertungszahlen für ein vorliegendes Risiko tätigt, so muss sich diese auf ein Ereignis bzw. eine übergeordnete Ereignismenge in-

[517] Es lässt sich zeigen, dass mithilfe der im weiteren Verlauf vorgenommenen Kombination der Evidenzen anhand der Weighted-Mixing Methode die sensorbezogene Evidenzmodellierung in eine ereignisbezogene Modellierung (wie sie bei der Einführung in die Evidenztheorie im Abschnitt 4.2.1 vorgenommen wurde) überführt werden kann.

nerhalb des entsprechenden Wahrnehmungsrahmens Θ_k beziehen. Durch diese Voraussetzung sowie durch das dem Sensor zur Verfügung stehende Glaubensmaß von 1 werden die beiden Anforderungen an die mathematische Definition einer Evidenz sichergestellt.[518]

Zur Veranschaulichung der in dieser Arbeit vorgenommenen Modellierung von Evidenzen sei das folgende Fallbeispiel[519] einer Einschätzung der Bewertungszahl B durch drei Experten angenommen: Ein erster Experte sagt aus, dass er sich zu 80% sicher ist,[520] dass die Bewertungszahl B für ein in der FMEA identifiziertes technisches Risiko zwischen 7 und 9 liegt. Ein zweiter Experte ist der Auffassung, dass die Bewertungszahl B für dasselbe Risiko genau bei 8 liegt. Ein dritter Experte glaubt, dass für das besagte Risiko die Bewertungszahl B entweder mit 9 oder mit 10 anzunehmen ist. Aus diesem Szenario lässt sich folgende Evidenzsituation modellieren:

$$m_{B,1}(\{7{,}8{,}9\}) = 0{,}8;\; m_{B,1}(\Theta_B) = 0{,}2 \qquad 5.8$$

$$m_{B,2}(\{8\}) = 1 \qquad 5.9$$

$$m_{B,3}(\{9{,}10\}) = 1 \qquad 5.10$$

Bei der ersten Evidenz ist zu erkennen, dass 80% des dem Experten zur Verfügung stehenden Glaubensmaßes auf die Menge $\{7{,}8{,}9\}$ gelegt werden. Die verbleibenden 20% werden dem gesamten Wahrnehmungsrahmen zugeschrieben. Die zweite Evidenz setzt das gesamte Glaubensmaß des Experten auf das einelementige Ereignis $\{8\}$. Die dritte Evidenz schreibt das Glaubensmaß von 1 der Ereignismenge $\{9{,}10\}$[521] zu. Die genannten Mengen sowie der gesamte Wahrnehmungsrahmen Θ_B sind in diesem Fallbeispiel als fokale Elemente[522] anzusehen.

Mit dieser Art von Evidenzmodellierung ist es möglich, unsichere Aussagen bezüglich einzelner FMEA-Bewertungszahlen auf Basis von verschiedenartigen (Index j) und vielzähligen (Index i) Sensoren zu erfassen. Jede Sensoraussage – egal ob Expertenschätzung, Feldinformation oder Eigenschaftsabsicherung – kann als Evidenz bezüglich einer der FMEA-Bewertungszahlen (Index k) für ein vorliegendes technisches Risiko modelliert werden. Hierdurch wird sowohl das Wissen als auch das Unwissen jeder Sensorquelle explizit in die Risikobewertung mit eingebracht.

---

[518] Vgl. Abschnitt 4.2.1.

[519] Dieses Fallbeispiel wird aus Gründen der Anschaulichkeit bei der Erläuterung der nachfolgenden Methodenschritte wiederholt aufgegriffen.

[520] Obgleich diese Art von Expertenaussage unwahrscheinlich ist, soll dieser Fall hier zur Veranschaulichung der Modellierungsmöglichkeiten behandelt werden.

[521] Zur Modellierung der Evidenz aus der dritten Expertenaussage wäre auf den ersten Blick auch eine Modellierung durch zwei separate Evidenzen für die beiden einelementigen Mengen $\{9\}$ und $\{10\}$ mit jeweils einem Glaubensmaß von $0{,}5$ denkbar. Wie sich im weiteren Verlauf der Ausführungen zeigen wird, würde jedoch aus dieser Form der Modellierung ein Aussagekonflikt zwischen den beiden einelementigen Mengen resultieren, der nicht der Bewertungssituation des dritten Experten entspräche, da er sich mit seiner getätigten Aussage gewiss nicht selbst widersprechen möchte.

[522] Vgl. Abschnitt 4.2.1.

5.1.2 Schritt 2 - Kombination und Propagation von Evidenzen

Im ersten Schritt der Methodik wurden Evidenzen für die FMEA-Bewertungszahlen BZ_B, BZ_A und BZ_E auf Basis der Aussagen unterschiedlicher Sensoren modelliert. Um die in der Risikobewertung vorherrschende Unsicherheit analysieren und quantifizieren zu können, bedarf es einer Kombination der erfassten Evidenzen für jede Bewertungszahl. Diese Kombination sowie die Berechnung einer resultierenden Evidenz für die RPZ (Propagation) werden im zweiten Schritt der Methodik vorgenommen.

Kombination von Evidenzen

Wie bereits in Abschnitt 4.2.1 dargestellt, existieren unterschiedliche Methoden zur Kombination von Evidenzen. Hervorzuheben sind DEMPSTERS Kombinationsregel (sowie Abwandlungen dieser) und die Weighted-Mixing Methode.[523]

Für die vorliegende Arbeit ist zur Kombination der Evidenzen für die jeweiligen FMEA-Bewertungszahlen die Anwendung von DEMPSTERS Kombinationsregel[524] ungeeignet. Dies ist darauf zurückzuführen, dass die Kombinationsregel bei hohen Konfliktgraden zwischen den Sensoren nicht anwendbar ist, da die Kombination allein auf Basis der Schnittmengen der zu kombinierenden Evidenzen vorgenommen wird. Würden beispielsweise für das zuvor genannte Fallbeispiel der drei Expertenaussagen die beiden letztgenannten Evidenzen $m_{B,2}(\{8\}) = 1$ und $m_{B,3}(\{9{,}10\}) = 1$ miteinander kombiniert werden, so wäre aufgrund der nicht vorhandenen Schnittmenge der Konfliktgrad $K = 1$ und die Kombinationsregel somit nicht anwendbar. Auch Abwandlungen der Kombinationsregel, wie von KLIR[525] oder YANG ET AL.[526] vorgeschlagen, führen bei einem vollständigen Widerspruch in den zu kombinierenden Evidenzen zu einer resultierenden Evidenz $m_{B,2;3} = 0$. Hierdurch würden die durch die beiden Experten 2 und 3 zur Verfügung gestellten Aussagen bei der Kombination von Evidenzen entfallen.

Zur Kombination von Evidenzen für die jeweiligen FMEA-Bewertungszahlen wird daher auf die Weighted-Mixing Methode zurückgegriffen.[527] Sie aggregiert Evidenzen aus unterschiedlichen Sensorquellen, indem jede Evidenz mit einer spezifischen Gewichtung $w_{j,i}$ versehen und zu einer Gesamtevidenz hinzugefügt wird. Die Gewichtung der Evidenzen kann gemäß der Zuverlässigkeit der identifizierten Sensoren erfolgen. Eine besonders zuverlässige Quelle kann dabei im Vergleich zu einer eher Unzuverlässigen ein deutlich höheres Evidenzgewicht erhalten.

Da die vorliegende Modellierung der FMEA-Risikobewertung einen neuartigen Ansatz darstellt, sind in der bestehenden Literatur zur Kombination von Evidenzen keine vergleichbaren

---

[523] Vgl. a. a. O., S. 34 ff.

[524] Vgl. Abschnitt 4.2.1.

[525] Vgl. Klir, G. J.: Uncertainty and information, 2006, S. 173.

[526] Vgl. Yang, J.; Huang, H.-Z., et al.: Risk evaluation in FMEA, 2011, S. 2088.

[527] Vgl. Abschnitt 4.2.1.

Anhaltspunkte zur Festlegung von Gewichtungen vorhanden. Für das vorliegende Beschreibungsmodell werden daher folgende grundlegende Annahmen für die Gewichtung bei der Anwendung der Weighted-Mixing Methode getroffen:

- Evidenzen aus Expertenschätzungen erhalten unabhängig der Erfahrung der Experten eine Gewichtung von 1 ($w_{Experte,i} = 1$)
- Evidenzen aus Feldinformationen vergleichbarer Produkte erhalten unabhängig ihrer Güte eine Gewichtung von 5 ($w_{Feld,i} = 5$)
- Evidenzen aus Ergebnissen der Eigenschaftsabsicherung erhalten unabhängig ihrer Güte eine Gewichtung von 10 ($w_{Absicherung,i} = 10$)

Diesen Annahmen nach besitzen Erkenntnisse, die durch Produktbeobachtung und Absicherungsaktivitäten gewonnen werden, eine höhere Bedeutung als subjektive Einschätzungen der Experten.

Die Gewichtungen der Evidenzen werden im Zuge der vorliegenden Arbeit als statische Konstanten modelliert. Wie im Ausblick aufgegriffen wird, ist denkbar, dass die Gewichtungen der Evidenzen auch dynamisch modelliert werden, z. B. mithilfe eines lernenden Algorithmus. Dabei kann eine dynamische Gewichtung der Evidenzen sowohl für jede Kategorie als auch für jeden einzelnen Sensor erfolgen, um beispielsweise den unterschiedlichen Wissensstand der Experten zu berücksichtigen.

Zur Veranschaulichung der Kombination von Evidenzen mithilfe der Weighted-Mixing Methode dient das zuvor genannte Fallbeispiel der drei Experteneinschätzungen zur Bewertungszahl BZ_B.[528] Nach Anwendung der Kombinationsregel ergibt sich die nachfolgend in Tabellenform dargestellte kombinierte Evidenz $m_{B,komb}$ für die Bewertungszahl auf Basis der drei Expertenaussagen (vgl. Tabelle 5.1). Zu erkennen ist, dass die zuvor vorgenommene sensorbezogene Modellierung von Evidenzen durch die Anwendung der Weighted-Mixing Methode in eine ereignisbezogene Modellierung überführt wurde. Sobald die Evidenzen miteinander kombiniert worden sind, sind die fokalen Elemente nicht mehr unmittelbar auf ihre zugehörigen Sensorquellen zurückzuführen. Die Evidenzen beziehen sich nunmehr ausschließlich auf die zu beobachtenden Ereignisse in der Ergebnismenge.

Die kombinierte Evidenz für jede der Bewertungszahlen stellt eine Aggregation der jeweils in der vorliegenden Informationssituation vorherrschenden Sensoraussagen dar. Im genannten Fallbeispiel, welches in Tabelle 5.1 illustriert ist, liegen die Aussagen von insgesamt drei Sensoren vor, die allesamt der Kategorie der Expertenschätzung angehören. Die Informationssituation kann jederzeit durch zusätzliche Sensoraussagen, z. B. weitere Expertenschätzungen, Feldinformationen oder Ergebnisse der Eigenschaftsabsicherung, angereichert werden.

[528] Vgl. Abschnitt 5.1.1.

Tabelle 5.1: Fallbeispiel zur kombinierten Evidenz (Bewertungszahl B)

Nr.	Fokales Element	Glaubensmaß
1	$\{7{,}8{,}9\}$	0,2667
2	$\{8\}$	0,3333
3	$\{9{,}10\}$	0,3333
4	$\{1{,}2{,}\ldots{,}10\} = \Theta_B$	0,0667

Im vorliegenden Fallbeispiel wurden bisher nur Evidenzen bezüglich der Bewertungszahl BZ_B betrachtet. Dies diente ausschließlich der Veranschaulichung der Vorgehensweise. Aussagen zu den Bewertungszahlen BZ_A und BZ_E können in analoger Weise von den Sensoren getroffen und jeweils miteinander kombiniert werden.

Zur Visualisierung von kombinierten Evidenzen eignet sich die von LIMBOURG vorgeschlagene Darstellung der Verteilungsfunktion für die Glaubens- und Plausibilitätsfunktion. Diese ist in Abbildung 5.5 unter Bezugnahme auf die Zahlenwerte des zuvor genannten Fallbeispiels dargestellt.

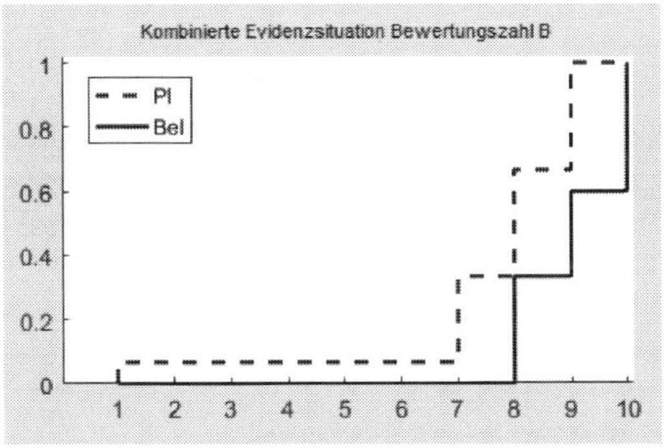

Abbildung 5.5: Glaubens- und Plausibilitätsfunktion für die kombinierte Evidenz

Berechnung einer Evidenz für die RPZ (Propagation)

Sobald bei der FMEA-Risikobewertung kombinierte Evidenzen für alle drei Bewertungszahlen BZ_B, BZ_A und BZ_E vorliegen, ist es möglich, eine resultierende Evidenz für die Risikoprioritätszahl (RPZ) zu berechnen. Dieser Vorgang wird in der englischsprachigen Literatur mit dem Begriff *uncertainty propagation* bezeichnet.[529] Auf Basis der kombinierten Evidenzen für alle drei Bewertungszahlen sowie der einfachen Berechnungsvorschrift für die Risikoprioritätszahl

[529] Vgl. Rocquigny, E. de; Devictor, N., et al.: Uncertainty in industrial practice, 2008, S. 10.

$$RPZ = BZ_B \cdot BZ_A \cdot BZ_E \quad 5.11$$

lässt sich mithilfe einer Monte-Carlo Simulation eine resultierende Evidenz für die RPZ ermitteln. Aufgrund der besseren Nachvollziehbarkeit wird die Erläuterung dieser Berechnung bei der Implementierung der Methodik ausführlicher erläutert.[530]

5.1.3 Schritt 3 - Analyse der Unsicherheitssituation

In den vorherigen Arbeitsschritten der Methodik wurden Aussagen aus unterschiedlichen Sensorquellen bezüglich der FMEA-Bewertungszahlen in Form von Evidenzen erfasst, miteinander kombiniert und auf eine Evidenz für die Risikoprioritätszahl (RPZ) übertragen. In den kombinierten Evidenzen für die Bewertungszahlen sowie der Evidenz für die RPZ wird sowohl die vorhandene Informationssituation als auch die damit verbundene epistemische Unsicherheit bezüglich der zu untersuchenden technischen Risiken repräsentiert.

Im Rahmen des dritten Arbeitsschritts erfolgt eine quantitative Analyse der Unsicherheitssituation, die in der FMEA-Risikobewertung vorliegt. Dabei werden etablierte Unsicherheitskennwerte der Evidenztheorie für die vorhandenen Evidenzen berechnet, die anschließend als Grundlage zur Priorisierung von technischen Risiken verwendet werden.[531]

Die quantitative Analyse der Unsicherheitssituation erfolgt im Rahmen der vorliegenden Arbeit für jedes in der FMEA dokumentierte technische Risiko auf zwei Betrachtungsebenen (vgl. Abbildung 5.6). Zum einen werden Unsicherheitskennwerte für die kombinierten Evidenzen der FMEA-Bewertungszahlen BZ_B, BZ_A und BZ_E berechnet. Zum anderen erfolgt eine quantitative Untersuchung der Unsicherheit für die resultierende Evidenz der RPZ.

Eine Unsicherheitsanalyse auf der Ebene der einzelnen Sensorquellen (Expertenschätzung, Feldinformation, Eigenschaftsabsicherung) wird im Rahmen dieser Arbeit nicht vorgenommen. Dies lässt sich darauf zurückführen, dass die Unsicherheiten der einzelnen Sensoraussagen in der kombinierten Evidenz für die Bewertungszahlen enthalten sind. Zudem ergeben sich in der kombinierten Evidenz zusätzliche Unsicherheitskennwerte (z. B. die Widersprüchlichkeit von Aussagen einzelner Experten), die bei einer isolierten Untersuchung der Unsicherheit von einzelnen Sensorquellen nicht zu Tage treten würden.[532]

Im Rahmen der Einführung in die Evidenztheorie wurden bereits verschiedene Unsicherheitskennwerte vorgestellt. Diese repräsentieren

- das Maß an Unspezifität (Generalized-Hartley Wert, Aggregierte Intervallbreite),
- das Maß an Konflikt (Dissonanz) sowie
- das kombinierte Maß an Unsicherheit (Aggregierte Unsicherheit).

530 Vgl. Abschnitt 5.2.2.

531 Vgl. Abschnitt 5.1.4.

532 Es ist unwahrscheinlich, dass ein Sensor bereits in sich widersprüchliche Aussagen tätigt. Selbst dieser Fall würde sich jedoch ebenfalls in den Unsicherheitskennwerten der kombinierten Evidenz für die Bewertungszahlen widerspiegeln.

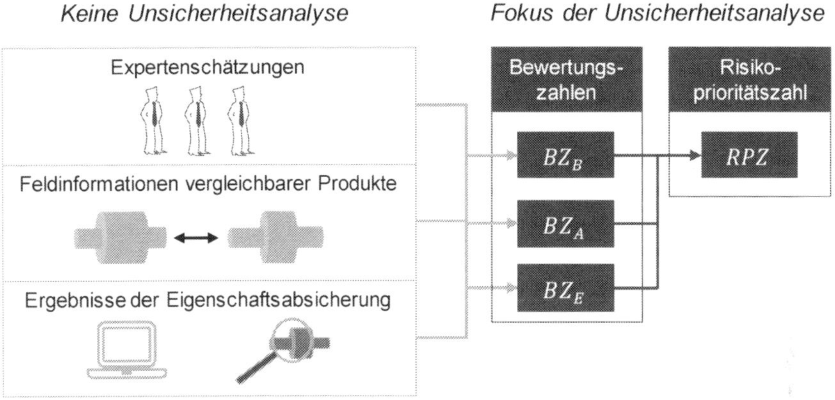

Abbildung 5.6: Betrachtungsebenen der quantitativen Unsicherheitsanalyse

Neben diesen unsicherheitsbezogenen Kennwerten ist für die Priorisierung von technischen Risiken auch die tatsächliche Höhe der Risikobewertung (Schwere, Auftretens- und Entdeckungswahrscheinlichkeit) von Bedeutung. Hierzu werden zwei weitere Kennwerte der Evidenztheorie eingeführt und verwendet, welche die Lage einer Evidenz beschreiben:[533]

- Konfidenzwert (CV[534])
- Erwartungswert (EV[535])

Im Folgenden werden die hier aufgeführten Kennwerte im Kontext der Methodik zur unsicherheitsbasierten Eigenschaftsabsicherung näher erläutert.

Generalized-Hartley Wert (GH)

Ein Kennwert zur Beschreibung der Unspezifität ist der Generalized-Hartley Wert (GH):

$$GH(m) = \sum_{g \in G} m(g) \cdot \log_2 |g| \qquad 5.12$$

Dieser kann zur quantitativen Analyse der Unsicherheitssituation bei der FMEA-Risikobewertung verwendet werden. Die Berechnung des GH-Wertes soll anhand des Fallbeispiels einer kombinierten Evidenz für die Bewertungszahl BZ_B auf Grundlage von drei Experteneinschätzungen[536] erläutert werden: Für das fokale Element $g_1 = \{7,8,9\}$ liegt das Maß an Glauben in der kombinierten Evidenz bei $0{,}2667$. Das fokale Element beinhaltet die drei Elemente des

[533] Die beiden Kennwerte werden in den folgenden Arbeiten verwendet, jedoch dort nicht näher beschrieben: Limbourg, P.; Rocquigny, E. de: Uncertainty analysis using evidence theory, 2010, S. 561.; Limbourg, P.: Dependability modelling under uncertainty, 2008, S. 115.; Limbourg, P.; Savić, R., et al.: FTA using Dempster-Shafer theory, 2007, S. 721.

[534] Englisch: *confidence value* (CV).

[535] Englisch: *expected value* (EV).

[536] Vgl. Abschnitt 5.1.2.

Wahrnehmungsrahmens $\{7\}$, $\{8\}$ und $\{9\}$. Folglich ergibt sich für die Mächtigkeit $|g_1| = 3$. Somit hat das fokalen Element g_1 einen Beitrag von $m(g_1) \cdot \log_2|g_1| = 0{,}2667 \cdot \log_2 3 = 0{,}4227$ zum GH-Wert. Das zweite fokale Element $g_2 = \{8\}$ leistet hingegen keinen Beitrag zum Unsicherheitskennwert GH. Es beinhaltet nur ein Element des Wahrnehmungsrahmens und besitzt folglich das höchste Maß an Spezifität, sodass der Beitrag zum GH-Wert $0{,}3333 \cdot \log_2 1 = 0$ ist. Insgesamt ergibt sich für den GH-Wert der kombinierten Evidenz für BZ_B:

$$GH(m_{B,komb}) = 0{,}2667 \cdot \log_2 3 + 0{,}3333 \cdot \log_2 1 + 0{,}3333 \cdot \log_2 2 + 0{,}0667 \cdot \log_2 10 = 0{,}9776 \quad 5.13$$

Für die resultierende Evidenz der Risikoprioritätszahl (RPZ) ist die Berechnung des GH-Wertes mit höherem Aufwand verbunden. Aufgrund der Berechnung mithilfe der Monte-Carlo-Simulation[537] besteht die RPZ-Evidenz aus einer großen Anzahl an fokalen Elementen.[538] Bei der Berechnung der Mächtigkeit dieser fokalen Elemente muss geprüft werden, welche Elemente des Wahrnehmungsrahmens Θ_{RPZ} in den jeweiligen fokalen Elementen enthalten sind. Ist diese Anzahl bekannt, kann die Mächtigkeit der fokalen Elemente sowie die nachfolgende Berechnung des GH-Wertes für die Risikoprioritätszahl analog zur Berechnung der Bewertungszahlen vorgenommen werden.

Im Rahmen der Methodik zur unsicherheitsbasierten Eigenschaftsabsicherung stellt der GH-Wert eine wichtige Kenngröße zur Beschreibung der Unsicherheit hinsichtlich der Unspezifität dar. Er bringt die Unschärfe zum Ausdruck, die in den vorhandenen Aussagen zu den FMEA-Bewertungszahlen sowie zur resultierenden RPZ vorherrscht.

Aggregierte Intervallbreite (AW)

Als ein weiterer Messwert für die Unspezifität wurde die Messgröße der Aggregierten Intervallbreite (AW) vorgestellt:

$$AW(m) = \sum_{g \in G} m(g) \cdot (|g| - 1) \quad 5.14$$

Analog zur Berechnung des GH-Wertes kann auch die Aggregierte Intervallbreite zur Quantifizierung von Unsicherheit im Rahmen der FMEA-Risikobewertung verwendet werden. Die Werte der Aggregierten Intervallbreite bieten dem Anwender die Möglichkeit einer intuitiven Interpretation, da die mittlere Breite von Bewertungsspannen zum Ausdruck gebracht wird. Ein Bezug zur Aggregierten Unsicherheit der allgemeinen Informationstheorie besteht jedoch nicht, sodass die Aggregierte Intervallbreite im Rahmen der weiteren Ausführungen nicht mehr gesondert aufgegriffen wird.

---

[537] Eine genauere Erläuterung der Berechnung einer Evidenz für die Risikoprioritätszahl wird in Abschnitt 5.2.2 vorgenommen.

[538] Bei einer exemplarischen Verwendung von 1.000 durchzuführenden Monte-Carlo-Iterationen können bis zu 1000 fokale Elemente vorhanden sein.

Dissonanz (DN)

Zur Quantifizierung des Maßes an Konflikt, welcher zwischen verschiedenen Aussagen herrscht, kann in Bezug auf die Evidenztheorie die Dissonanz verwendet werden:

$$DN(m) = -\sum_{g \in G} m(g) \cdot \log_2(Pl(g)) \quad 5.15$$

Im Rahmen der evidenztheoretischen Modellierung der FMEA-Risikobewertung kann die Dissonanz sowohl für die kombinierte Evidenz der Bewertungszahlen als auch für die resultierende RPZ-Evidenz berechnet werden. Zur Berechnung sind die Werte der Plausibilitätsfunktion $Pl(g)$ für die fokalen Elemente zu ermitteln. Diese ergeben sich zu:[539]

$$Pl(g) = \sum_{y: y \cap g \neq \emptyset} m(y) \quad 5.16$$

Somit ist bei der Berechnung der Plausibilitätsfunktion für ein bestimmtes fokales Element zu prüfen, ob andere, disjunkte fokale Elemente vorhanden sind. Für das vorliegende Fallbeispiel der kombinierten Evidenz zur Bewertungszahl BZ_B auf Basis der drei Expertenschätzungen ergibt sich eine Dissonanz von $DN = 0{,}39$ (vgl. Tabelle 5.2). Die Berechnung der Dissonanz für die resultierende RPZ-Evidenz erfolgt analog und wird daher hier nicht näher ausgeführt.

Neben der Unspezifität ist das Maß an Konflikt die zweite Art von Unsicherheit in der Evidenztheorie. Analog zum GH-Wert entstammt die Definition der Dissonanz ebenfalls der allgemeinen Informationstheorie und hängt eng mit der nachfolgend dargestellten Aggregierten Unsicherheit zusammen. Aus diesem Grund wird der DN-Kennwert im Laufe der folgenden Ausführungen weiter aufgegriffen.

Aggregierte Unsicherheit AU

Zur Beschreibung der Unsicherheitssituation als eine Kombination aus Unspezifität und Konflikt wurde die Kennzahl der Aggregierten Unsicherheit (AU) auf Basis der Glaubensfunktion einer Evidenz vorgestellt:

$$AU(Bel) = -\sum_{x \in \Theta} p_x \cdot \log_2 p_x \quad 5.17$$

Auch diese lässt sich im Rahmen der evidenztheoretischen Modellierung der FMEA-Risikobewertung für die kombinierten Evidenzen der Bewertungszahlen BZ_B, BZ_A und BZ_E verwenden. Die Berechnung erfolgt gemäß des in Abschnitt 4.2.2 dargestellten Algorithmus. Für das vorliegende Fallbeispiel der kombinierten Evidenz zur Bewertungszahl B auf Basis der drei Expertenschätzungen ergibt sich ein AU-Wert von $2{,}35$.

---

539 Vgl. Abschnitt 4.2.1.

Tabelle 5.2: Berechnung der Dissonanz für das vorliegende Fallbeispiel

Nr.	g	$m(g)$	$Pl(g)$	$m(g) \cdot log_2(Pl(g))$
1	$\{7,8,9\}$	$0,2667$	1	0
2	$\{8\}$	$0,3333$	$0,6667$	$-0,1950$
3	$\{9,10\}$	$0,3333$	$0,6667$	$-0,1950$
4	$\{1,2,\dots,10\} = \Theta_B$	$0,0667$	1	0
Summe				$-0,39$

Zur Quantifizierung der Unsicherheitssituation in der resultierenden Evidenz für die RPZ ist der AU-Wert hingegen nicht geeignet. Der Grund hierfür liegt in der Notwendigkeit, alle Elemente A der Potenzmenge des Wahrnehmungsrahmens auf das Maximum des Wertes $Bel(A)/|A|$ hin zu untersuchen. Für die Wahrnehmungsrahmen der Bewertungszahlen ergibt sich abzüglich des Elements der leeren Menge eine mögliche Anzahl von $2^{10} - 1 = 1023$ Elementen, für welche die Untersuchung des Maximums erfolgt. Würde diese Untersuchung für die Potenzmenge des Wahrnehmungsrahmens Θ_{RPZ} erfolgen, so müssten bereits in der ersten Iteration des Algorithmus $2^{120} - 1 = 1,329 \cdot 10^{36}$ Elemente untersucht werden. Da dies einen unmöglich realisierbaren Rechenaufwand darstellt, wird die Berechnung der Aggregierten Unsicherheit für die resultierende Evidenz der RPZ nicht weiterverfolgt.

Die Aggregierte Unsicherheit stellt eine vielversprechende Kenngröße zur Priorisierung von technischen Risiken bei der Planung der Eigenschaftsabsicherung dar. Sie vereint sowohl das Maß an Unspezifität als auch das Maß an Konflikt in einer mathematischen Kenngröße. Für den Fall, dass nur Unspezifität bzw. nur Konflikt in einer Evidenzsituation vorliegt, nimmt die Aggregierte Unsicherheit den GH-Wert bzw. den DN-Wert an. Folglich eignet sie sich prinzipiell als Priorisierungsgröße für technische Risiken, indem sie die Informationen aus zwei Unsicherheitskennwerten vereint. Allerdings ist es aufgrund des hohen Rechenaufwands nicht möglich, den AU-Wert für die Risikoprioritätszahl zu berechnen.

Konfidenzwert (CV)

Neben den dargestellten Unsicherheitskennwerten ist für die Priorisierung von Risiken auch die eigentliche Bewertung des Risikos hinsichtlich der Schwere und Auftretenswahrscheinlichkeit von Bedeutung. Zur Beschreibung der Lage eines Wertes, der durch eine Evidenz repräsentiert wird, wird in den Arbeiten von LIMBOURG[540], LIMBOURG/ROCQUIGNY[541] und LIMBOURG

[540] Vgl. Limbourg, P.: Dependability modelling under uncertainty, 2008, S. 115.

[541] Vgl. Limbourg, P.; Rocquigny, E. de: Uncertainty analysis using evidence theory, 2010, S. 561.

ET AL.[542] die Verwendung eines Konfidenzwertes (CV) vorgeschlagen. Dieser gibt Auskunft darüber, innerhalb welcher Grenzen sich der wahre Wert der Risikobewertung unter Berücksichtigung eines vorgegebenen Vertrauensniveaus befindet. Der CV-Wert besteht immer aus einem oberen und einem unteren Grenzwert.

Die Berechnung des CV-Wertes kann wie folgt vorgenommen werden: Es sei Θ ein Wahrnehmungsrahmen mit ordinalskalierten Merkmalen $t_1, t_2, \dots, t_n$ für die $t_1 < t_2 < \cdots < t_n$ gilt. Es sei weiterhin $1 - \alpha$ ein Vertrauensniveau mit $0 < \alpha < 1$. Häufig wird beim Vertrauensniveau der Wert $\alpha = 0{,}1$, $0{,}05$ oder $0{,}01$ gewählt. Weiterhin sei g_i ein fokales Element, in dem t_u das enthaltene Element mit dem niedrigsten und t_o das Element mit dem höchsten Rang im Wahrnehmungsrahmen bezeichnet. t_u und t_o werden nachfolgend zur sprachlichen Vereinfachung als niedrigstes und höchstes Element bezeichnet. Damit lässt sich der CV-Wert wie folgt berechnen:

$$CV_u(m) = t_n, \text{ für das gilt: } 1 - \alpha > \sum_{i=1}^{n} m(g) \text{ und } g = \{t_o, \dots, t_n, \dots, t_u\} \qquad 5.18$$

$$CV_o(m) = t_n, \text{ für das gilt: } 1 - \alpha > \sum_{i=1}^{n} m(g) \text{ und } g = \{t_u, \dots, t_n, \dots, t_o\} \qquad 5.19$$

Anhand des Fallbeispiels für die kombinierte Evidenz der Bewertungszahl BZ_B auf Basis der drei Expertenschätzungen soll nun die Berechnung des CV-Wertes veranschaulicht werden. Alle fokalen Elemente der kombinierten Evidenz lassen sich sowohl beginnend mit dem niedrigsten Element absteigend als auch beginnend mit dem höchsten Element aufsteigend anordnen (vgl. Tabelle 5.3 links und rechts). Für die absteigend und aufsteigend angeordneten fokalen Elemente werden die Glaubensmaße $m(g)$ kumuliert. Die Werte CV_u und CV_o ergeben sich, sobald das kumulierte Glaubensmaß das vorgegebene Vertrauensniveau (hier: $1 - \alpha = 0{,}9$) überschreitet. Im vorliegenden Fall ergeben sich damit die oberen und unteren Konfidenzwerte $CV_u = 7$ und $CV_o = 10$. Hieraus resultiert die Aussage, dass auf Basis der vorliegenden Evidenzsituation der wahre Wert für die Bewertungszahl BZ_B mit einem Vertrauensniveau von 90% zwischen 7 und 10 liegt. Die Berechnung des Vertrauenswertes einer resultierenden Evidenz für die Risikoprioritätszahl erfolgt analog und wird hier nicht näher ausgeführt.

Mithilfe des CV-Wertes kann die Lage einer Bewertungszahl bzw. der RPZ auf Basis eines definierten Vertrauensniveaus bestimmt werden. Je höher das Vertrauensniveau, desto konservativer erfolgt die Bestimmung der oberen und unteren Grenzen. Für den Fall, dass ein Vertrauensniveau von 1 gewählt wird, beinhaltet der CV-Wert das niedrigste und das höchste Element des Wahrnehmungsrahmens, welches in den fokalen Elementen zu finden ist.

[542] Vgl. Limbourg, P.; Savić, R., et al.: FTA using Dempster-Shafer theory, 2007, S. 721.

Tabelle 5.3: Bestimmung des CV-Wertes für das Fallbeispiel

Bestimmung CV_u				**Bestimmung CV_o**			
g_i	t_i	$m(g_i)$	$\sum m(g_i)$	g_i	t_i	$m(g_i)$	$\sum m(g_i)$
$\{\mathbf{9},10\}$	9	0,3333	0,3333	$\{\mathbf{8}\}$	8	0,3333	0,3333
$\{\mathbf{8}\}$	8	0,3333	0,6667	$\{7,8,\mathbf{9}\}$	9	0,2667	0,6
$\{\mathbf{7},8,9\}$	$t_n = 7$	0,2667	0,9333	$\{9,\mathbf{10}\}$	$t_n = 10$	0,3333	0,9333
$\{\mathbf{1},2,\ldots,10\}$	1	0,0667	1	$\{1,2,\ldots,\mathbf{10}\}$	10	0,0667	1

Erwartungswert (EV)

Neben dem Vertrauenswert wird in den oben genannten Arbeiten die Verwendung eines Erwartungswertes (EV) vorgeschlagen.[543] In Anlehnung an den Erwartungswert der Wahrscheinlichkeitstheorie gibt der EV-Wert für die Evidenz denjenigen Wert an, der *im Mittel* angenommen wird. Wie auch der Konfidenzwert besteht der Erwartungswert aus einem oberen und einem unteren Grenzwert.

Die Berechnung des Erwartungswertes lässt sich wie folgt beschreiben: Sei m eine Evidenz mit n fokalen Elementen $g_i = \{t_{u,i}, \ldots, t_{o,i}\}$. Der EV-Wert berechnet sich damit zu:

$$EV_u(m) = \sum_{i=1}^{n} m(g_i) \cdot t_{u,i} \qquad 5.20$$

$$EV_o(m) = \sum_{i=1}^{n} m(g_i) \cdot t_{o,i} \qquad 5.21$$

Die Berechnung des EV-Wertes wird anhand des Fallbeispiels der kombinierten Evidenz für die Bewertungszahl BZ_B in Tabelle 5.4 dargestellt. Nach Rundung der Werte ergibt sich ein Erwartungswert von $EV_u = 8$ und $EV_o = 9$.

Der Erwartungswert gibt die mittlere Lage der Bewertungszahl oder Risikoprioritätszahl an, die auf Basis der vorliegenden Evidenzen angenommen wird. Bei absolutem Konflikt der Aussagen innerhalb der Evidenzen wird der Mittelwert aus den zueinander im Widerspruch stehenden Aussagen gebildet. So würde sich der Erwartungswert für eine FMEA-Bewertungszahl, die durch die Evidenz $m_1(\{2\}) = 0{,}3333$, $m_2(\{3\}) = 0{,}3333$ und $m_3(\{8\}) = 0{,}3333$ beschrieben wird, zu $EV_u = EV_o = 4{,}333$ ergeben.

[543] Vgl. Limbourg, P.; Rocquigny, E. de: Uncertainty analysis using evidence theory, 2010, S. 561.; Limbourg, P.: Dependability modelling under uncertainty, 2008, S. 115.; Limbourg, P.; Savić, R., et al.: FTA using Dempster-Shafer theory, 2007, S. 721.

Tabelle 5.4: Berechnung des EV-Wertes für das Fallbeispiel

Bestimmung EV_u				Bestimmung EV_o			
g_i	$t_{u,i}$	$m(g_i)$	$m(g_i) \cdot t_{u,i}$	g_i	$t_{o,i}$	$m(g_i)$	$m(g_i) \cdot t_{o,i}$
$\{7,8,9\}$	7	0,2667	1,867	$\{7,8,9\}$	9	0,2667	2,4
$\{1,2,\ldots,10\}$	1	0,0667	0,0667	$\{1,2,\ldots,10\}$	10	0,0667	0,6667
$\{8\}$	8	0,3333	2,667	$\{8\}$	8	0,3333	2,667
$\{9,10\}$	9	0,3333	3	$\{9,10\}$	10	0,3333	3,333
		Summe:	**7,6**			Summe:	**9,067**

Sensitivitätsanalyse

Im Rahmen des Arbeitsschritts zur Analyse der Unsicherheitssituation kann neben der zuvor dargestellten Berechnung von beschreibenden Unsicherheitskennwerten auch eine Sensitivitätsanalyse durchgeführt werden. Diese ermöglicht eine Untersuchung, inwiefern sich Unsicherheiten in den Eingangsgrößen eines mathematischen Modells auf Ausgangsgrößen auswirken. Dabei lässt sich der Beitrag der Unsicherheit jeder einzelnen Eingangsgröße zur Unsicherheit auf die Ausgangsgrößen ermitteln und beispielsweise prozentual darstellen.

Für die resultierende Evidenz der Risikoprioritätszahl (RPZ) kann diese Sensitivitätsanalyse theoretisch[544] durchgeführt werden. Die Berechnung der RPZ lässt sich als Ausgangsgröße eines recht simplen mathematischen Modells mit den einzelnen FMEA-Bewertungszahlen als Eingangsgrößen beschreiben:

$$RPZ = \mathrm{BZ}_B \cdot \mathrm{BZ}_A \cdot \mathrm{BZ}_E \qquad 5.22$$

Im Rahmen der Sensitivitätsanalyse wird untersucht, welche der drei Bewertungszahlen mit welchem Anteil zur Unsicherheitssituation der Risikoprioritätszahl beiträgt. Auf Basis der Ergebnisse kann theoretisch[545] eine Entscheidung abgeleitet werden, ob eine nähere Untersuchung und Eingrenzung der Bewertungszahl BZ_B, BZ_A oder BZ_E erstrebenswert ist, um die Unsicherheit der Risikoprioritätszahl zu reduzieren. Da die Erläuterung der Sensitivitätsanalyse eine detaillierte mathematische Ablaufbeschreibung erfordert, wird dies im Abschnitt zur Implementierung der Methodik vorgenommen.[546]

[544] Wie im weiteren Verlauf der Arbeit gezeigt wird, ist die Durchführung einer Sensitivitätsanalyse für die Risikoprioritätszahl zwar technisch möglich, die Analyseergebnisse sind jedoch kaum für die Planung der Eigenschaftsabsicherung verwendbar (vgl. Abschnitt 5.2.2).

[545] Vgl. vorherige Fußnote.

[546] Vgl. Abschnitt 5.2.2.

5.1.4 Schritt 4 - Unsicherheitsbasierte Planung der Eigenschaftsabsicherung

Auf Basis der Unsicherheitskennwerte kann im vierten Arbeitsschritt eine Priorisierung der technischen Risiken zur Auswahl von absicherungsrelevanten Produkteigenschaften vorgenommen werden. Dabei werden die in der FMEA enthaltenen Risiken entsprechend ihrer Unsicherheitskennwerte durch verschiedene Priorisierungsmethoden sortiert.

Das Einbeziehen von epistemischen Unsicherheiten bei der Planung der Eigenschaftsabsicherung stellt einen neuartigen Ansatz dar. Bisherige Konzepte zur Absicherungsplanung stellen nur einen allgemeingültigen Zusammenhang zwischen der Risikobewertung und Eigenschaftsabsicherung her bzw. verweisen darauf, dass bei einer hohen Bewertung des Risikos eine Absicherung erforderlich ist. Die epistemische Unsicherheit bezüglich der Risikobewertung wird in bestehenden Vorgehensweisen zur Planung der Eigenschaftsabsicherung nicht berücksichtigt.

Unter der zusätzlichen Berücksichtigung von epistemischen Unsicherheiten bei der Bewertung technischer Risiken ergibt sich ein neues Bild für die Planung der Eigenschaftsabsicherung (vgl. Abbildung 5.7).

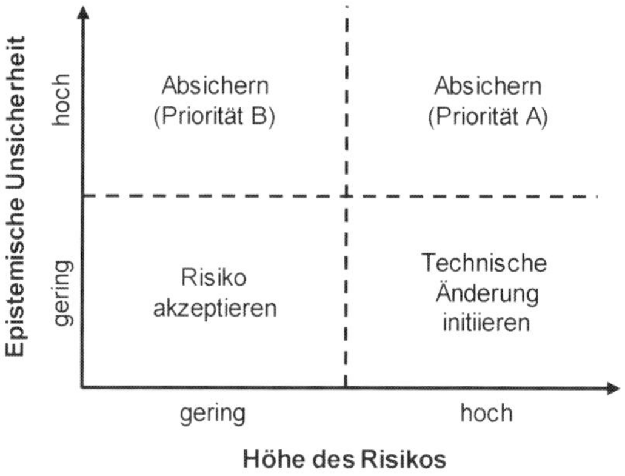

Abbildung 5.7: Einfluss von Risiko und Unsicherheit bei der Absicherungsplanung

Berücksichtigt man neben der Höhe des Risikos[547] auch das Unwissen bezüglich der Risikobewertung, so zeigt sich, dass die Notwendigkeit einer Eigenschaftsabsicherung nicht unmittelbar von der Höhe des Risikos abhängt, sondern insbesondere von der vorherrschenden epistemischen Unsicherheit. Ist diese gering, d. h. es herrscht hohe Klarheit über die Auswirkung oder Auftretenswahrscheinlichkeit eines Risikos, so ist eine Eigenschaftsabsicherung unabhängig von der Höhe der Bewertungszahl obsolet. Wird nämlich das Risiko mit hoher Aussagesicherheit als gering bewertet, so würde man das Risiko im weiteren Entwicklungsverlauf akzeptieren und nicht mit weiteren Maßnahmen behandeln. Wird allerdings das Risiko

[547] Beispielsweise in Form der Risikoschwere, welche durch die Bewertungszahl BZ_B der FMEA repräsentiert wird.

mit hoher Aussagesicherheit als hoch bewertet, so ist eine technische Änderung des Produktes ratsam, um das tatsächlich vorhandene Risiko durch gestalterische Maßnahmen zu reduzieren. Eine Durchführung von Aktivitäten der Eigenschaftsabsicherung würde in den beiden letztgenannten Fällen nur dazu führen, dass hohe oder geringe Risiko zu bestätigen. Aktivitäten der Eigenschaftsabsicherung besitzen folglich das Potenzial, Informationen über die tatsächliche Schwere, Eintritts- oder Entdeckungswahrscheinlichkeit eines Risikos zu liefern. Zur Reduzierung von Risiken im Sinne der Begrenzung von Auswirkungen oder Auftretenswahrscheinlichkeiten trägt die Eigenschaftsabsicherung nicht bei, sie verschafft lediglich ein klareres Bild der tatsächlichen Risikolage.[548]

Auf Basis dieser Erkenntnisse werden im Rahmen der vorliegenden Arbeit nachfolgend unterschiedliche Ansätze zur Priorisierung von technischen Risiken im Hinblick auf die Planung der Eigenschaftsabsicherung vorgeschlagen. Deren Anwendbarkeit und Eignung zur Erhöhung der Auswahleffektivität der abzusichernden Produktmerkmale werden anschließend im Rahmen der Validierung der Methodik untersucht.[549]

Zur Ableitung von Priorisierungsansätzen für technische Risiken lassen sich die in Tabelle 5.5 dargestellten Merkmale verwenden.

Tabelle 5.5: Mögliche Priorisierungsmerkmale

<table>
<tr><th colspan="7">Merkmale zur unsicherheitsbasierten Priorisierung von technischen Risiken</th></tr>
<tr><td>Aggregationsebene</td><td colspan="3">FMEA-Bewertungszahlen</td><td colspan="3">Risikoprioritätszahl</td></tr>
<tr><td>Bewertungszahlen</td><td colspan="2">BZ_B</td><td colspan="2">BZ_A</td><td colspan="2">BZ_E</td></tr>
<tr><td>Unsicherheitskennwerte</td><td>GH</td><td colspan="2">AW</td><td colspan="2">DN</td><td>AU</td></tr>
<tr><td>Lagekennwerte</td><td colspan="3">CV</td><td colspan="3">EV</td></tr>
</table>

Das *erste Merkmal*, welches bei der Ableitung von Priorisierungsansätzen eine Rolle spielt, ist die Aggregationsebene der Risikobewertung. Die Priorisierung von technischen Risiken kann zum einen auf Basis der Ebene der Bewertungszahlen erfolgen. Hierbei entsteht in der Folge die Möglichkeit, einzelne oder mehrere FMEA-Bewertungszahlen (*Merkmal 2*) in unterschiedlichen Reihenfolgen zu berücksichtigen. Zum anderen können technische Risiken anhand der aggregierten Risikoprioritätszahl priorisiert werden. Durch die Übertragung von Unsicherheiten in den einzelnen Bewertungszahlen spiegelt sich in der aggregierten Risikoprioritätszahl die gesamte Unsicherheitssituation wider.

[548] SIMON/SIMON führen diesen Gedanken in Bezug auf das Risiko- und Testmanagement aus: „Both risk management and testing do not directly affect or improve project outcomes [...], but give additional insights into and transparency about the project outcomes' status.", Simon, D.; Simon, F.: Integrating Test and Risk Management, 2012, S. 97.

[549] Vgl. Kapitel 6.

Neben der Aggregationsebene (Merkmal 1), welche auch die verschiedenen Bewertungszahlen (Merkmal 2) miteinschließt, können die zuvor erläuterten Unsicherheitskennwerte (*Merkmal 3*) zur Priorisierung von technischen Risiken verwendet werden. Wie im vorherigen Abschnitt 5.1.3 dargestellt, kommen dabei auf der unteren Aggregationsebene der Bewertungszahlen alle vorgestellten Kennwerte (GH, AW, DN und AU) in Frage. Für die Ebene der RPZ wurde jedoch bereits aufgezeigt, dass eine Berechnung der Aggregierten Unsicherheit (AU) nicht möglich ist, sodass dieser Kennwert für die RPZ nicht verwendet werden kann.

Als *viertes Merkmal* zur Priorisierung von Risiken können die Lagekennwerte einer Evidenz berücksichtigt werden. Sowohl der Vertrauenswert CV als auch der Erwartungswert EV lassen sich auf den Aggregationsebenen der Bewertungszahlen und der Risikoprioritätszahl verwenden.

Auf Basis dieser vier allgemeinen Priorisierungsmerkmale werden nachfolgend drei[550] verschiedene Priorisierungsansätze vorgeschlagen und näher untersucht.

Ansatz 1: Priorisierung auf Basis von AU-Klassen für Bewertungszahlen

Der erste Ansatz nimmt eine Priorisierung der technischen Risiken auf Basis der Aggregierten Unsicherheit (AU) mit allen drei FMEA-Bewertungszahlen BZ_B, BZ_A und BZ_E vor. Die Wahl der aggregierten Unsicherheit als Unsicherheitskennwert liegt hierbei darin begründet, dass sie sowohl die Unspezifität als auch das Maß an Konflikt der getätigten Aussagen in sich vereint.

Zur Durchführung der Priorisierung wird der AU-Kennwert für die drei Bewertungszahlen aller technischen Risiken berechnet und in Klassen eingeordnet. Die Einordnung in Klassen dient der Zusammenfassung von Risiken mit ähnlichen Unsicherheitskennwerten. Würde keine Klassifizierung der AU-Werte erfolgen, führten beispielsweise Unterschiede in den Nachkommastellen des Wertes von AU_B dazu, dass die Werte von AU_A und AU_E bei der Priorisierung unberücksichtigt blieben. Die Anzahl an Klassen k kann auf Basis der Anzahl an technischen Risiken in der FMEA (N) mithilfe der Formel von STURGES wie folgt festgelegt werden:[551]

$$k = 1 + 3{,}3219 \cdot \log_2 N \qquad 5.23$$

Die Priorisierung der technischen Risiken erfolgt auf Basis der folgenden Reihenfolge:

$$AU_B \rightarrow AU_A \rightarrow AU_E \qquad 5.24$$

Zunächst werden die Risiken absteigend gemäß der AU-Klassen für die Bewertungszahl BZ_B sortiert. Innerhalb jeder Klasse für AU_B werden anschließend die Risiken absteigend nach ihrem AU_A-Wert sowie daraufhin nach dem AU_E-Wert angeordnet. Diese Reihenfolge basiert auf der vom VDA vorgeschlagenen Vorgehensweise zur Priorisierung von in der FMEA dokumentierten Risiken zur Maßnahmenableitung anhand der Bewertungszahlen.[552] Allerdings erfolgt

---

[550] Es sei darauf hingewiesen, dass durch weitere Kombinationen der zuvor genannten Priorisierungsmerkmale zusätzliche Auswahlansätze denkbar sind.

[551] Vgl. Schulze, P. M.; Porath, D.: Statistik, 2012, S. 25.

[552] Vgl. VDA: Produkt- und Prozess-FMEA, 2012, S. 66.

im vorliegenden Fall die Priorisierung auf Basis der epistemischen Unsicherheit; nicht – wie vom VDA vorgeschlagen – auf Basis der Höhe der Bewertungszahlen.

Der erste Ansatz legt den Schwerpunkt bei der Risikopriorisierung auf die vorherrschende Unsicherheit bezüglich der Risikoschwere (BZ_B). Demzufolge werden bei der Planung der Eigenschaftsabsicherung diejenigen Risiken vorrangig berücksichtigt, bei denen hohe Unsicherheit bezüglich der möglichen Auswirkungen herrscht. Anschließend werden in einer zweiten Stufe Risiken höher priorisiert, bei denen Unklarheit über die tatsächliche Auftretenswahrscheinlichkeit herrscht. In einer dritten Stufe wird nachfolgend noch die Unsicherheit bezüglich der Entdeckungswahrscheinlichkeit in die Priorisierung mit einbezogen.

Ansatz 2: Priorisierung auf Basis von AU-Klassen und EV-Werten für Bewertungszahlen

Der zweite Ansatz nimmt eine gestaffelte Priorisierung auf Basis der AU- und EV-Kennwerte für die FMEA-Bewertungszahlen vor. Dies stellt insofern eine Erweiterung des ersten Ansatzes dar, als dass zusätzlich zum AU-Wert auch die Lage der Bewertungszahl anhand des Erwartungswerts (EV) berücksichtigt wird. Dabei wird auf den oberen EV-Wert zurückgegriffen, da dieser für die Risikobewertung kritischer ist. Wie auch im ersten Ansatz wird die Risikoschwere als erstes Priorisierungsmerkmal berücksichtigt, gefolgt von Auftretens- und Entdeckungswahrscheinlichkeit.

Die Priorisierung geschieht auf Basis der Reihenfolge:

$$AU_B \rightarrow EV_{B,o} \rightarrow AU_A \rightarrow EV_{A,o} \rightarrow AU_E \rightarrow EV_{E,o} \qquad 5.25$$

Analog zum ersten Priorisierungsansatz erfolgt zunächst eine Klassenbildung für die AU-Werte der in der FMEA dokumentierten Risiken, da der Priorisierungsvorgang ohne Berücksichtigung von Klassen bereits nach der Sortierung auf Basis des Wertes AU_B für viele Risiken beendet wäre.

In der ersten Priorisierungsstufe werden die technischen Risiken absteigend nach den Klassen der zugehörigen AU-Werte für die Risikoschwere AU_B sortiert. Anschließend werden diejenigen Risiken priorisiert, deren oberer Erwartungswert für die Risikoschwere $EV_{B,o}$ hoch ist. Hierdurch wird sowohl die Schwere des Risikos als auch das Unwissen über diese berücksichtigt. Analog für die Bewertungszahlen BZ_A und BZ_E erfolgt anschließend die Priorisierung zunächst nach den AU- (AU_A, AU_E) und dann den oberen EV-Werten ($EV_{A,o}$, $EV_{E,o}$).

Ansatz 3: Priorisierung auf Basis von GH-Klassen und CV-Werten für die Risikoprioritätszahl

Während die Priorisierung von Risiken für die Eigenschaftsabsicherung in den ersten beiden Ansätzen auf der Ebene der FMEA-Bewertungszahlen vorgenommen wird, berücksichtigt der dritte Ansatz die Unsicherheits- und Lagekennwerte für die aggregierte Risikoprioritätszahl

(RPZ). Da für die RPZ der AU-Wert nicht berechnet werden kann,[553] wird als Unsicherheitskennwert die Unspezifität[554] in Form des GH-Wertes verwendet. Zur Berücksichtigung der Lage der RPZ wird der Konfidenzwert eingesetzt.

Der dritte Ansatz nimmt die Risikopriorisierung wie folgt vor:

$$GH_{RPZ} \rightarrow CV_{RPZ,o} \qquad 5.26$$

Durch die Priorisierung von Klassen[555] für den GH-Wert der RPZ GH_{RPZ} wird in einem ersten Schritt die Unspezifität der RPZ berücksichtigt. Innerhalb der einzelnen GH-Klassen werden die Risiken absteigend gemäß ihres oberen Konfidenzwertes $CV_{RPZ,o}$ sortiert. Hierdurch werden diejenigen technischen Risiken bevorzugt beachtet, bei denen ein hoher RPZ-Wert unter Berücksichtigung eines vorgegebenen Konfidenzniveaus nicht ausgeschlossen werden kann.

Planung der Eigenschaftsabsicherung

Mithilfe der zuvor erläuterten Priorisierungsansätze ist es möglich, die in der FMEA dokumentierten technischen Risiken gemäß der vorherrschenden epistemischen Unsicherheit zu ordnen. Diese Rangfolge kann anschließend im Zuge der Planung der Eigenschaftsabsicherung bei der Auswahl absicherungsrelevanter Produkteigenschaften verwendet werden. Somit erfolgt eine gezielte Auswahl an Absicherungsaktivitäten, die einen größtmöglichen Beitrag zur Reduzierung von epistemischen Unsicherheiten bei der technischen Risikobewertung leistet.

5.1.5 Schritt 5 - Aktualisierung der Informationssituation

Im Zuge des vorherigen Schrittes wurden technische Risiken auf Basis einer Analyse der Unsicherheitssituation priorisiert, um eine Entscheidungsgrundlage für die Planung von Absicherungsaktivitäten bereitzustellen. Im Anschluss an die Absicherungsplanung kann die Spezifikation der Absicherungsmaßnahmen sowie Durchführung der Eigenschaftsabsicherung erfolgen. Unter der Annahme valider Absicherungsmethoden werden dabei zuverlässige Informationen über die tatsächliche Schwere und Auftretenswahrscheinlichkeit der untersuchten technischen Risiken gewonnen.

Ziel des fünften Arbeitsschritts ist die Rückführung der aus der Eigenschaftsabsicherung gewonnenen Erkenntnisse in die unsicherheitsbehaftete Risikobewertung. Diese Erkenntnisse werden als Evidenzen modelliert und der Informationssituation zur Risikobewertung hinzugefügt. Stellt sich beispielsweise für das Fallbeispiel[556] der drei Expertenschätzungen zur Bewertungszahl BZ_B im Rahmen der Eigenschaftsabsicherung heraus, dass das untersuchte technische Risiko mit $BZ_B = 8$ zu bewerten ist, wird die Evidenz $m_{B,4}(\{8\}) = 1$ hinzugefügt. Diese Evidenz wird dem Evidenztyp der Absicherung zugeordnet. Dies hat zur Folge, dass sie bei einer Neuberechnung der kombinierten Evidenz für die FMEA-Bewertungszahl BZ_B mit einer

---

[553] Vgl. Abschnitt 5.1.3.

[554] Wie im weiteren Verlauf der Arbeit (Abschnitt 5.2.2) noch gezeigt werden wird, ist die Priorisierung von Risiken auf Basis der Dissonanz für die resultierende Evidenz der Risikoprioritätszahl nicht sinnvoll.

[555] Die Klassenbildung erfolgt analog zur Vorgehensweise im ersten Priorisierungsansatz.

[556] Vgl. Abschnitt 5.1.1.

hohen Gewichtung $w_{B,4} = 10$ berücksichtigt wird. Hierdurch rücken bestehende Expertenschätzungen mit den Gewichtungen $w_{B,1} = w_{B,2} = w_{B,3} = 1$ in den Hintergrund.

Neben der zusätzlichen Evidenz aus der Eigenschaftsabsicherung können die Experten a-posteriori ihre ursprünglich vorgenommene Einschätzung korrigieren. Dies kann geschehen, wenn Sie den Ergebnissen der Eigenschaftsabsicherung Glauben schenken. Zweifeln sie die Resultate der Absicherung an (z. B. weil möglicherweise eine ungeeignete Prüfmethode gewählt wurde), so können sie auch bei ihrer ursprünglichen (unsicherheitsbehafteten) Risikoeinschätzung bleiben.

Bei korrekter Durchführung der Eigenschaftsabsicherung ergibt sich im Allgemeinen ein transparenteres Bild zur Bewertung des vorliegenden Risikos. Dies hat zur Folge, dass die Unsicherheit in der kombinierten Evidenz der Bewertungszahlen – und in der Folge auch in der Evidenz für die RPZ – reduziert wird. Diese Unsicherheitsreduktion kann mithilfe der Unsicherheitskennwerte quantifiziert werden, indem sie für die aktualisierten Evidenzen neu berechnet und mit den vorherigen Werten verglichen werden. Folglich kann der Beitrag von Aktivitäten der Eigenschaftsabsicherung zur Reduzierung von epistemischen Unsicherheiten bei der Bewertung technischer Risiken quantitativ beschrieben werden.

Auf Basis der neuen Informationssituation und der aktualisierten, im Allgemeinen reduzierten Unsicherheit, können weitere Maßnahmen eingeleitet werden. Diese können zum einen risikobezogen sein: Hat die Eigenschaftsabsicherung ergeben, dass Auswirkung und Auftretenswahrscheinlichkeit eines Risikos gering sind, so können das technische Risiko akzeptiert und die zugehörige Funktion als *abgesichert* bezeichnet werden. Wurde im Rahmen der Eigenschaftsabsicherung jedoch festgestellt, dass das Risiko eine unzulässig hohe Auswirkung oder Auftretenswahrscheinlichkeit besitzt, so lassen sich gestalterische Maßnahmen am Produkt zur Verringerung der Risikoschwere oder der Auftretenswahrscheinlichkeit vornehmen. Zum anderen können auch weitere unsicherheitsbezogene Maßnahmen eingeleitet werden, wenn die Reduzierung der Unsicherheit durch die Eigenschaftsabsicherung unzureichend ist. Dies wäre denkbar, wenn die Ergebnisse der Eigenschaftsabsicherung die zuvor vorliegende Risikobewertung nicht ausreichend eingrenzen können (zu hohe verbleibende Unspezifität) oder weiterhin ein unannehmbares Maß an Konflikt zu bestehenden Aussagen der Experten gegeben ist. In diesem Fall bedarf es einer neuen Planung von Aktivitäten der Eigenschaftsabsicherung, um die vorherrschende Unsicherheit auf ein akzeptables Maß zu reduzieren.

5.2 Implementierung der Methodik

Um sowohl die Anwendbarkeit der Methodik zur unsicherheitsbasierten Eigenschaftsabsicherung zu stärken sowie deren Nutzen im Rahmen einer Validierung prüfen zu können, wird nachfolgend eine prototypische Software-Implementierung vorgestellt. Zunächst wird dabei die allgemeine Vorgehensweise bei der Implementierung beschrieben (vgl. Abschnitt 5.2.1). Anschließend wird die Umsetzung der Methodik in einem Software-Prototyp erläutert (vgl. Abschnitt 5.2.2).

5.2.1 Vorgehensweise bei der Implementierung

Die Vorgehensweise zur Implementierung der Methodik lehnt sich an die Ausführungen von BEIERLE/KERN-ISBERNER an, welche einen Ablauf zur Entwicklung von wissensbasierten Systemen auf Basis der Arbeit von CASTILLO ET AL. vorschlagen.[557] Dieser Ablauf wird nachfolgend im Kontext des vorliegenden Anwendungsfalls näher erläutert.

1. Problembeschreibung

Im ersten Schritt einer softwaretechnischen Implementierung der Methodik wird das zu lösende Problem definiert, um die erforderliche Funktionalität des wissensbasierten Systems festzulegen. Dieser Schritt ist entscheidend für alle weiteren Entwicklungsaktivitäten.[558] Die Beschreibung der Problemstellung wird den bisherigen Forschungsergebnissen entnommen.

Bezogen auf die Ergebnisse im *Relevance Cycle* soll das wissensbasierte System den Anwender dabei unterstützen, die Auswahleffektivität von absicherungsrelevanten Produkteigenschaften bei der Planung der Eigenschaftsabsicherung zu erhöhen. Folglich soll die Implementierung der Methodik geeignete Vorschläge zur priorisierten Auswahl von technischen Risiken liefern, welche in die Absicherungsplanung miteinbezogen werden können.

Hinsichtlich der Ergebnisse im *Rigor Cycle* soll die softwaretechnische Implementierung die evidenztheoretische Modellierung abbilden und dabei sowohl auf bestehende Methoden (z. B. Evidenzkombination mithilfe des Weighted-Mixing Ansatzes oder Verwendung der in der Evidenztheorie etablierten Unsicherheitskennwerte) als auch auf bereits existierende IT-Artefakte zurückgreifen. Für letztere spielt die bereits implementierte MATLAB-Toolbox zur Abbildung der Evidenztheorie eine wichtige Rolle, da sie ein verifiziertes IT-Werkzeug darstellt, welches eine Vielzahl von Algorithmen zu evidenztheoretischen Methoden und Kennwerten beinhaltet.[559]

Im Hinblick auf die Ergebnisse im *Design Cycle* soll die Implementierung die entwickelte und in Abschnitt 5.1 dargestellte Methodik umsetzen. Dabei soll zum einen das Beschreibungsmodell zur Darstellung der FMEA-Risikobewertung unter Unsicherheit mithilfe der Evidenztheorie abgebildet werden. Zum anderen ist das aus fünf Arbeitsschritten bestehende Vorgehensmodell zu implementieren.

2. Identifikation und Festlegung der Wissensquellen

Der zweite Schritt bei der Entwicklung eines wissensbasierten Systems umfasst die Identifikation und Festlegung der Quellen, die das notwendige Wissen bereitstellen.[560] Da bereits im ersten Schritt der Methodik die evidenztheoretische Modellierung der drei Wissensquellen

- Expertenschätzungen,
- Feldinformationen vergleichbarer Produkte und

---

[557] Vgl. Beierle, C.; Kern-Isberner, G.: Methoden wissensbasierter Systeme, 2014, S. 19.

[558] Vgl. ebenda.

[559] Vgl. Auer, E.; Luther, W., et al.: A Verified MATLAB Toolbox, 2015.

[560] Vgl. Beierle, C.; Kern-Isberner, G.: Methoden wissensbasierter Systeme, 2014, S. 19.

- Ergebnisse der Eigenschaftsabsicherung

ausführlich behandelt wurde,[561] wird dieser Schritt nicht erneut erläutert.

3. Design des Systems

In diesem Schritt wird festgelegt, welche Strukturen zur Darstellung des Wissens in der Implementierung des Softwaresystems vorhanden sein müssen.[562] Diese können auf Basis der Methodik zur unsicherheitsbasierten Eigenschaftsabsicherung abgeleitet werden.

Zum einen bedarf es einer *Darstellung von technischen Risiken*, die in einer FMEA dokumentiert sind. Dies ist erforderlich, um eine Risikobewertung vornehmen zu können. Zum anderen ist eine Funktion zum Einlesen der FMEA aus bestehenden FMEA-Softwaresystemen wünschenswert, um manuelle Aufwände für den Datenaustausch zu reduzieren.

Weiterhin soll das System für jedes in der FMEA dokumentierte Risiko die Möglichkeit bieten, eine *Erfassung und Verarbeitung von Evidenzen* aus den oben genannten drei Wissensquellen für die FMEA-Bewertungszahlen vorzunehmen. Hierfür ist ein Dialogsystem erforderlich, welches die Eingabe und Speicherung von Evidenzen sowie deren nachfolgende mathematische Berechnungen realisiert. Dabei ist eine nachträgliche Änderung von Evidenzen wünschenswert, um auf Basis des fünften Arbeitsschritts der Methodik die Evidenzsituation im Bezug auf die Ergebnisse der Eigenschaftsabsicherung zu aktualisieren.

Die vorliegende Evidenz- sowie die zugehörige Unsicherheitssituation zu den Bewertungszahlen soll für jedes technische Risiko ersichtlich sein. Somit ist eine *Visualisierung der Evidenzen und der Unsicherheitskennwerte* erforderlich. Neben der Visualisierung dieser Evidenzen und Unsicherheitskennwerten für die einzelnen FMEA-Bewertungszahlen BZ_B, BZ_A und BZ_E soll das wissensbasierte System ebenso die resultierende Evidenz für die Risikoprioritätszahl sowie deren zugehörige Unsicherheitskennwerte darstellen können.

Auf Basis einer Analyse der Unsicherheitssituation wird in der Methodik eine Priorisierung von technischen Risiken zur Planung der Eigenschaftsabsicherung vorgenommen. Das wissensbasierte Softwaresystem soll dem Anwender folglich eine Möglichkeit bieten, die im System eingelesenen und bewerteten *technischen Risiken zu priorisieren*. Dabei sind die drei verschiedenen Ansätze zu berücksichtigen, die in Abschnitt 5.1.4 vorgestellt worden sind.

4. Auswahl des Entwicklungswerkzeugs

Bei der Auswahl eines geeigneten Entwicklungswerkzeugs für die Implementierung des wissensbasierten Systems sind die bisher festgelegten Anforderungen zu berücksichtigen.[563] Im Rahmen der vorliegenden Arbeit wird die Implementierung der Methodik zur unsicherheitsbasierten Eigenschaftsabsicherung mithilfe der Software MATLAB vorgenommen. Ausschlaggebend hierfür ist die Tatsache, dass mit der frei verfügbaren *Imprecise Probability Propagation*

---

[561] Vgl. Abschnitt 5.1.1.

[562] Vgl. ebenda.

[563] Vgl. ebenda.

Toolbox[564] wesentliche Programmbestandteile zur Modellierung von Evidenzen bereits vorhanden sind. An diese Bestandteile soll die Implementierung der Methodik anknüpfen.

5. / 6. / 7. Entwicklung, Testen und Verfeinerung eines Prototyps

Die Entwicklung, das Testen und die Verfeinerung eines Prototyps stellen ursprünglich drei separate Aktivitätsschritte bei der Vorgehensweise zur Entwicklung eines wissensbasierten Systems dar. Da die Entwicklung und Verfeinerung eines softwaretechnischen Prototypen eine Kernleistung im Bereich der gestaltungsorientierten Forschung darstellt, wird das Ergebnis dieser Aktivitäten im nachfolgenden Abschnitt 5.2.2 separat und detailliert ausgeführt.

Das *Testen des Prototyps* kann dabei im Kontext der gestaltungsorientierten Forschung zwei forschungsmethodischen Aktivitäten zugeordnet werden. Evaluations- und Testaktivitäten dienen zum einen der internen Untersuchung und daraus resultierenden Verbesserung des IT-Artefakts innerhalb des Design Cycle. Zum anderen kann die Evaluation des Systems dazu genutzt werden, einen Prototyp mit ausreichend hohem Reifegrad im Anwendungsfeld zu validieren. Diese Evaluationsaktivitäten werden im Rahmen des Kapitels 6 aufgegriffen.

8. Wartung und Pflege

Die Wartung und Pflege umfassen die kontinuierliche Fehlerbehebung und Anpassung des Systems an neue Entwicklungen.[565] Da im Rahmen der vorliegenden Forschungsarbeit keine vollständige Entwicklung einer verkaufsfähigen Softwarelösung angestrebt wird, werden diese Aktivitäten nicht näher erörtert.

5.2.2 Umsetzung in MATLAB

Im Zuge der Forschungsaktivitäten wurde die Methodik zur unsicherheitsbasierten Eigenschaftsabsicherung mithilfe der MATLAB-Entwicklungsumgebung in einem Software-Prototypen mit dem Kurztitel *UbEa* (Unsicherheitsbasierte Eigenschaftsabsicherung) implementiert. Die zentralen Bestandteile und Funktionen dieser prototypischen Umsetzung werden nachfolgend näher erläutert. Zur besseren Nachvollziehbarkeit erfolgt die Darstellung der Implementierung anhand eines Fallbeispiels für ein exemplarisches technisches Risiko. Die Inhalte der Risikobeschreibung stammen aus einer frei verfügbaren Darstellung einer Design-FMEA.[566] Die nachfolgend gewählten Zahlenwerte für die Risikobewertung sind rein fiktiv.

Das zentrale Element des Softwareprototypen ist das Hauptfenster der grafischen Benutzeroberfläche. Eine Übersicht des Hauptfensters ist in Abbildung 5.8 dargestellt. Die Bestandteile des Hauptfensters sowie weitere Dialogelemente werden nachfolgend anhand der fünf Arbeitsschritte des Vorgehensmodells zur unsicherheitsbasierten Eigenschaftsabsicherung erläutert.

---

[564] Vgl. Günther, T.; Petersen, J.: Imprecise Probability Propagation Toolbox, 2017; Auer, E.; Luther, W., et al.: A Verified MATLAB Toolbox, 2015.

[565] Vgl. Beierle, C.; Kern-Isberner, G.: Methoden wissensbasierter Systeme, 2014, S. 19.

[566] Vgl. SystemA Engineering: Design-FMEA, 2008.

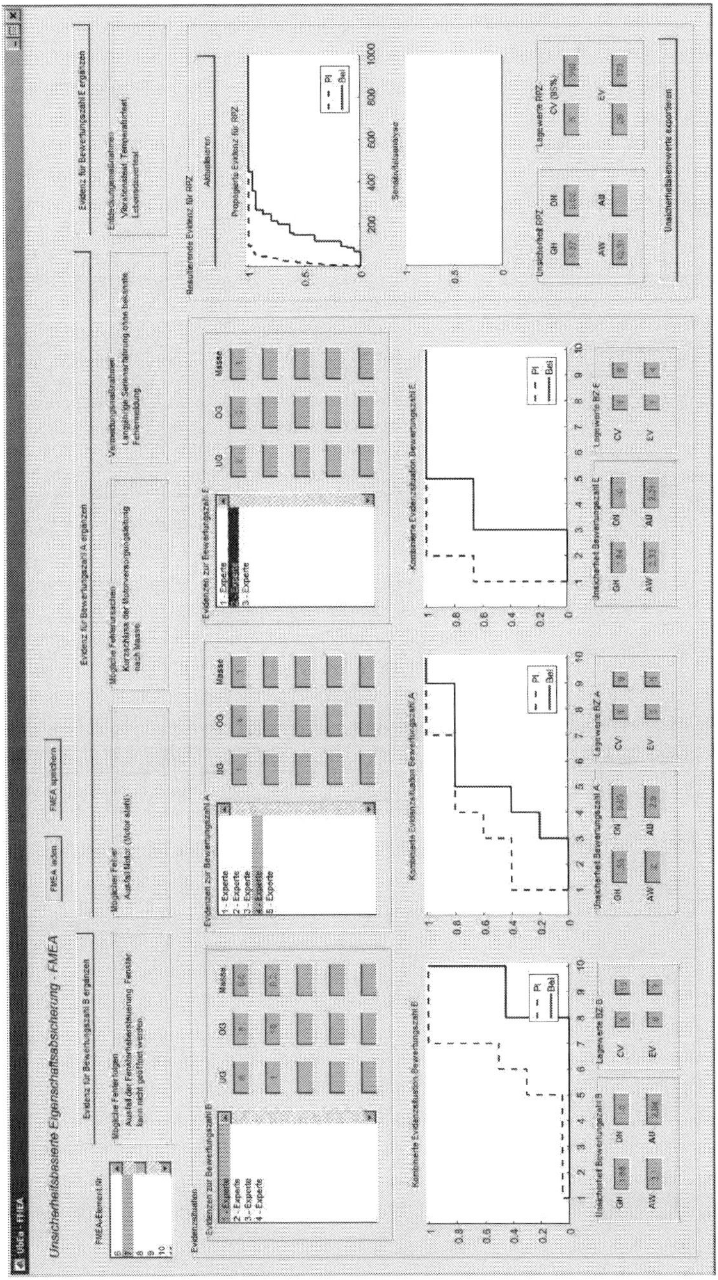

Abbildung 5.8: Hauptfenster der UbEa-Benutzeroberfläche

Import und Darstellung von technischen Risiken aus einer bestehenden FMEA

Ausgangsbasis der unsicherheitsbasierten Eigenschaftsabsicherung ist das Vorliegen einer FMEA, bei der bereits die Schritte der System-, Funktions- und Fehleranalyse durchgeführt worden sind. Im Rahmen der UbEa-Implementierung können Daten aus einer bestehenden FMEA anhand des CSV-Formats[567] importiert und im Hauptfenster dargestellt werden. Die Visualisierung der technischen Risiken im UbEa-Hauptfenster ist in Abbildung 5.9 anhand einer geteilten Darstellung illustriert.

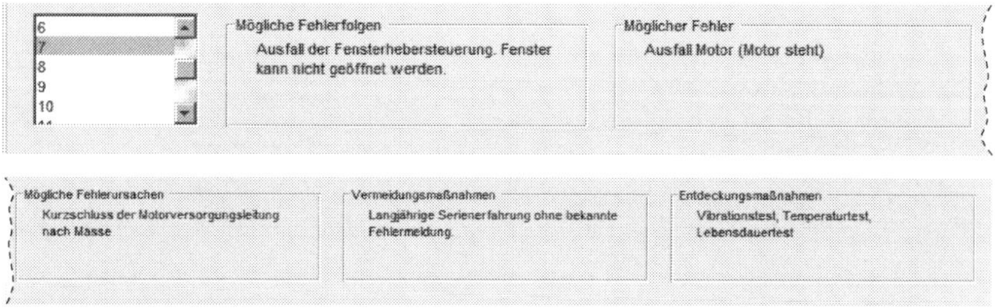

Abbildung 5.9: Darstellung technischer Risiken im UbEa-Hauptfenster (geteilte Ansicht)

Die verschiedenen Inhalte der Risikobeschreibung (Mögliche Fehlerfolgen, Mögliche Fehler, etc.) werden für das jeweils ausgewählte technische Risiko separat in einzelnen Textfeldern angezeigt. Die Auswahl verschiedener Risiken erfolgt mithilfe eines Listenfelds, welches den Index des jeweiligen technischen Risikos innerhalb der FMEA beinhaltet.

Erfassung von Evidenzen zu den FMEA-Bewertungszahlen (Schritt 1)

Die Implementierung des UbEa-Prototypen bietet die Möglichkeit, Evidenzen zu den FMEA-Bewertungszahlen für jedes in der FMEA hinterlegte technische Risiko zu erfassen. Hierfür wird zunächst das gewünschte Risiko im FMEA-Listenfeld[568] angewählt. Anschließend kann über eine der drei im oberen Bereich des Hauptfensters[569] dargestellten Schaltflächen „Evidenz für Bewertungszahl ergänzen" ein Dialogfenster aufgerufen werden, welches der Erfassung von Evidenzen dient (vgl. Abbildung 5.10). Das Fenster besitzt für alle FMEA-Bewertungszahlen jeweils die gleiche grafische Oberfläche zur Erfassung von Evidenzen. Allerdings wird beim Aufrufen des Dialogfensters im Programm festgehalten, ob es sich um eine Evidenz für BZ_B, BZ_A oder BZ_E handelt.

Auf der linken Seite des Dialogfensters kann ausgewählt werden, aus welcher Sensorquelle die neue Evidenz erfasst werden soll. Diese Auswahl hat Einfluss auf die Gewichtung der Evidenz bei der anschließenden Kombination mithilfe der Weighted-Mixing Methode. Auf der rechten Seite des Dialogfensters erfolgt die Eingabe der neuen Evidenz anhand der fokalen Elemente. Zu jedem fokalen Element wird jeweils eine untere und eine obere Grenze der Bewertungszahl angegeben. Falls nur ein einzelner Wert für die Bewertungszahl in der Evidenz

[567] Englisch: *Comma-separated values*.

[568] Vgl. Abbildung 5.9 (Darstellung der FMEA-Elemente).

[569] Vgl. Abbildung 5.8 (UbEa-Hauptfenster).

angegeben werden soll, so fallen untere und obere Grenze zusammen. Zudem wird das Glaubensmaß (Masse) für jedes fokale Element ergänzt. Hierdurch kann innerhalb der Evidenz die gesamte Glaubensmasse der Größe 1 auf mehrere fokale Elemente aufgeteilt werden.

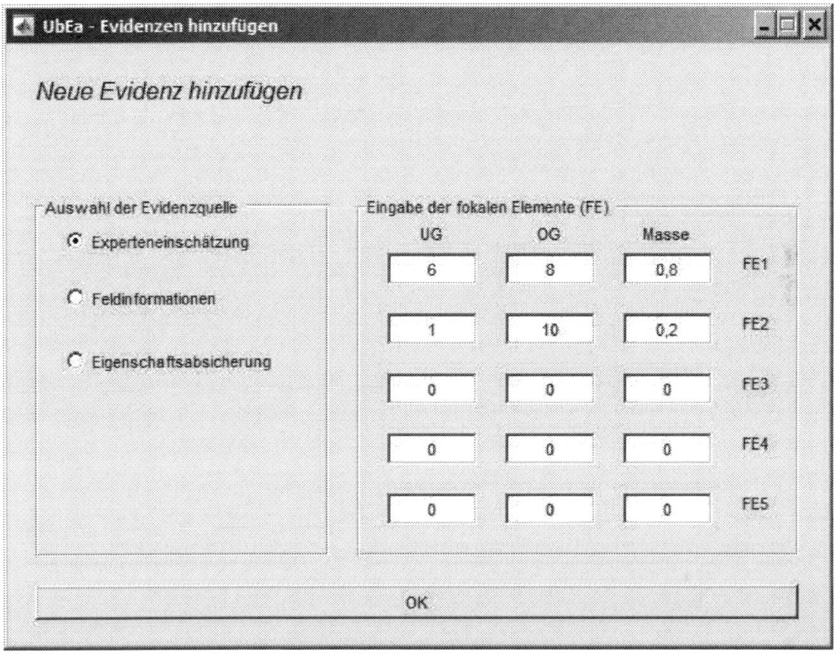

Abbildung 5.10: Dialogfenster zur Erfassung von Evidenzen

Die Erfassung von Evidenzen anhand der oberen und unteren Grenzen der Bewertungszahl liegt darin begründet, dass bei der UbEa-Implementierung auf bestehende Programmbestandteile der IPP-Toolbox[570] zurückgegriffen wird. Diese verwendet zur Modellierung von Evidenzen den Algorithmus *dsstruct*, der die fokalen Elemente einer Evidenz innerhalb einzelner Zeilen einer Matrix speichert. Die Spalten dieser Matrix beinhalten per Variablendefinition die untere Grenze, die obere Grenze sowie das Maß an Glauben (Massefunktion) für jedes fokale Element. Dieses Datenformat ist darauf zurückzuführen, dass die Implementierung der IPP-Toolbox auf intervallskalierten Merkmalen im Wahrnehmungsrahmen basiert und somit eine Beschreibung der fokalen Elemente anhand ihrer Intervallgrenzen möglich und sinnvoll ist.

Die Darstellung von Evidenzen anhand von oberen und unteren Grenzen der Bewertungszahlen sowie dem zugehörigen Glaubensmaß ist für den Anwendungsfall des UbEa-Prototyps grundsätzlich möglich und aufwandsminimierend, zieht jedoch verschiedene Implikationen für die nachfolgende Implementierung mit sich. Da alle Funktionalitäten der IPP-Toolbox von in-

[570] Vgl. Auer, E.; Luther, W., et al.: A Verified MATLAB Toolbox, 2015.

tervallskalierten Merkmalen ausgehen, muss bei Anwendung der Algorithmen für die vorliegenden ordinalskalierten FMEA-Bewertungszahlen bzw. die Risikoprioritätszahl stets geprüft werden, ob die Rechenoperationen zulässig sind. Dies hat zur Folge, dass verschiedene Funktionen der IPP-Toolbox im Rahmen der UbEa-Implementierung zu adaptieren sind, um Berechnungsfehler zu vermeiden. Die Fälle, bei denen eine Adaption der bestehenden Algorithmen erforderlich ist, werden im weiteren Verlauf der Ausführungen explizit ausgewiesen.

Bei der Eingabe von Evidenzen für FMEA-Bewertungszahlen mithilfe des in Abbildung 5.10 dargestellten Dialogfensters können im Bereich der Expertenschätzungen die folgenden Bewertungssituationen erfasst werden:

1. Die Einschätzung bezieht sich auf einen Einzelwert bei vollständiger Gewissheit.
2. Die Einschätzung bezieht sich auf eine Spanne für die jeweilige FMEA-Bewertungszahl bei vollständiger Gewissheit.
3. Die Einschätzung bezieht sich auf einen Einzelwert bei einer subjektiven Gewissheit des Experten von x %.
4. Die Einschätzung bezieht sich auf eine Spanne für die jeweilige FMEA-Bewertungszahl bei einer subjektiven Gewissheit des Experten von x %.
5. Die Einschätzung des Experten beinhaltet vollständiges Unwissen.

Die Eingabe von fokalen Elementen mithilfe des Dialogfensters ist für die zuvor genannten Bewertungssituationen in der nachfolgenden Tabelle 5.6 mit exemplarischen Werten dargestellt.

Tabelle 5.6: Eingabe von Evidenzen für verschiedene Bewertungssituationen

Bewertungssituation	Untere Grenze (UG)	Obere Grenze (OG)	Glaubensmaß
1	6	6	1
2	6	8	1
3	6	6	0,8
	1	10	0,2
4	6	8	0,8
	1	10	0,2
5	1	10	1

Zu erkennen ist, dass bei vorhandener Unsicherheit in der Expertenaussage ein Teil des zur Verfügung stehenden Glaubensmaßes auf die übergeordnete Ereignismenge des gesamten Wahrnehmungsrahmens gelegt wird. Bei den Bewertungssituationen 3 und 4 beträgt dieses

Maß exemplarisch 20%. Bei vollständigem Unwissen (Bewertungssituation 5) wird das gesamte Glaubensmaß dem Wahrnehmungsrahmen zugeschrieben, da nach der Definition des Wahrnehmungsrahmens ein Element wahr sein muss.

Die in Tabelle 5.6 aufgeführten Bewertungssituationen legen nahe, dass im Großteil der Anwendungsfälle ein bis zwei fokale Elemente ausreichen, um eine Evidenz für eine FMEA-Bewertungszahl darzustellen. Zur Verbesserung der Übersichtlichkeit und der Gebrauchstauglichkeit ist der Umfang jeder Evidenz in der UbEa-Implementierung auf maximal fünf fokale Elemente beschränkt. Theoretisch kann diese Anzahl auf 1023[571] fokale Elemente erweitert werden.

Abbildung 5.10 visualisiert ein Fallbeispiel, bei dem für die Bewertungszahl BZ_B eine Experteneinschätzung der Evidenzsituation hinzugefügt werden soll. Die Aussage des Experten ist, dass die Bewertungszahl mit einer Sicherheit von 80% zwischen 6 und 8 liegt. Dies entspricht der in Tabelle 5.6 dargestellten Variante 4. Nach Eingabe und Bestätigung der Werte im Dialogfenster wird die Evidenz mithilfe des genannten Algorithmus *dsstruct* erzeugt sowie der Evidenzsituation für die jeweilige Bewertungszahl des ausgewählten Risikos hinzugefügt und gespeichert.

Darstellung der Evidenzsituation (Schritt 1)

Die bereits erfassten Evidenzen zu den FMEA-Bewertungszahlen werden für das im Listenfeld ausgewählte Risiko in der Mitte des UbEa-Hauptfensters[572] dargestellt. Dies ist exemplarisch am Beispiel der Bewertungszahl BZ_B[573] in Abbildung 5.11 visualisiert.

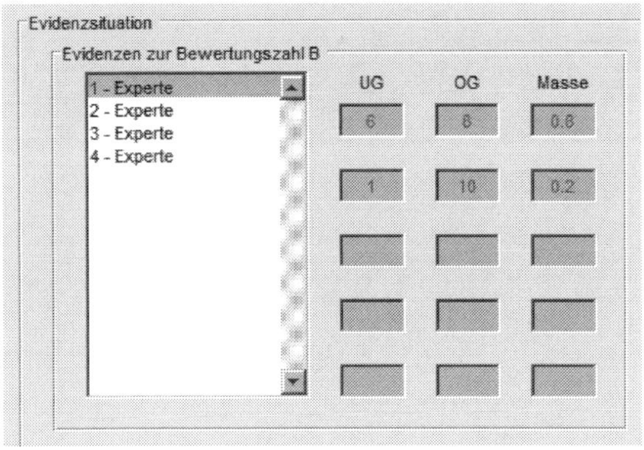

Abbildung 5.11: Exemplarische Darstellung der Evidenzsituation (Bewertungszahl B)

[571] Diese Zahl entspricht der Anzahl an Elementen der Potenzmenge des Wahrnehmungsrahmens für Bewertungszahlen abzüglich der leeren Menge: $2^{10} - 1 = 1023$.

[572] Vgl. Abbildung 5.8.

[573] Für die Bewertungszahlen BZ_A und BZ_E existieren gleichartige Darstellungen im Hauptfenster der UbEa-Implementierung.

Das Listenfeld auf der linken Seite der Darstellung zeigt an, welche Evidenzen zu dem ausgewählten FMEA-Element bereits vorhanden sind. Im Fallbeispiel sind dies vier Evidenzen vom Typ *Experteneinschätzung*. Bei Auswahl einer Evidenz im Listenfeld werden in den deaktivierten Textfeldern auf der rechten Seite der Darstellung die fokalen Elemente der jeweiligen Evidenz angezeigt. Die in Abbildung 5.11 ausgewählte Evidenz „1 - Experte" entspricht der zuvor beispielhaft erläuterten Experteneinschätzung. Die weiteren drei Evidenzen zur Bewertungszahl BZ_B sind zur besseren Nachvollziehbarkeit in Tabelle 5.7 aufgeführt.

Tabelle 5.7: Zahlenwerte der Evidenzen zur Bewertungszahl B im Fallbeispiel

Evidenz	Untere Grenze (UG)	Obere Grenze (OG)	Glaubensmaß
2 – Experte	7	8	1
3 – Experte	5	10	1
4 - Experte	7	10	1

Kombination von Evidenzen für Bewertungszahlen (Schritt 2)

Die für eine FMEA-Bewertungszahl vorliegenden Evidenzen werden im Rahmen der UbEa-Implementierung automatisch zu einer kombinierten Evidenz für die jeweilige Bewertungszahl aggregiert. Die Kombination erfolgt wie in Abschnitt 5.1.2 dargestellt anhand der Weighted-Mixing Methode. Somit kann zu jedem in der FMEA hinterlegten technischen Risiko eine kombinierte Evidenz für die Bewertungszahl BZ_B, BZ_A oder BZ_E erzeugt werden, sobald zwei Evidenzen für die jeweilige Bewertungszahl existieren.

Die Anwendung der Weighted-Mixing Methode ist bereits in der IPP-Toolbox[574] als Funktion *dswmix* implementiert, sodass der UbEa-Prototyp auf diese Funktionalität zurückgreift. Bei deren Anwendung sind die Gewichtungen der Evidenzen zu berücksichtigen, die miteinander kombiniert werden sollen. Diese Gewichtungen sind von der vorliegenden Sensorquelle (Experteneinschätzung, Feldinformation, Ergebnisse der Eigenschaftsabsicherung) abhängig, aus der die jeweilige Evidenz stammt. Im Rahmen der Methodik wurden diese Gewichte auf die Werte 1, 5 und 10 festgelegt.[575] Diese Werte sind als übergeordnete Variablen im UbEa-Prototyp hinterlegt und werden bei der Anwendung der Weighted-Mixing Methode berücksichtigt. Für die im zuvor genannten Fallbeispiel behandelte Bewertungssituation für die FMEA-Bewertungszahl BZ_B anhand von vier Experteneinschätzungen ergibt sich die in Tabelle 5.8 dargestellte kombinierte Evidenz. Zu erkennen ist, dass die Aussagen der Experten mit gleicher Gewichtung ($w_{Experte,i} = 1$) in die kombinierte Evidenz einfließen. Weiterhin wird deutlich, dass auf Basis der kombinierten Evidenzen kein direkter Rückschluss mehr auf die einzelnen Sensorquellen vorgenommen werden kann.

[574] Vgl. Günther, T.; Petersen, J.: Imprecise Probability Propagation Toolbox, 2017.

[575] Vgl. Abschnitt 5.1.2.

Tabelle 5.8: Kombinierte Evidenz der Bewertungszahl B (Fallbeispiel)

Fokales Element	{6,7,8}	{1,2,3,4,5,6,7,8,9,10}	{7,8}	{5,6,7,8,9,10}	{7,8,9,10}
Glaubensmaß	0,2	0,05	0,25	0,25	0,25

Darstellung der kombinierten Evidenzen (Schritt 2)

Während die einzelnen Evidenzen aus den Sensorquellen auf Basis ihrer fokalen Elemente in der UbEa-Implementierung visualisiert werden, ist eine solche Darstellung für die kombinierte Evidenz nicht zweckdienlich. Der Grund hierfür ist, dass bei dem im Allgemeinen größeren Umfang von kombinierten Evidenzen die zahlenmäßige Darstellung aller fokalen Elemente keinen Beitrag zur Übersicht der Evidenzsituation leistet. Stattdessen wird zur Visualisierung der kombinierten Evidenz auf die Verteilungsfunktionen für die Plausibilitäts- und Glaubensfunktion[576] $Pl(x)$ und $Bel(x)$ zurückgegriffen. Diese sind exemplarisch in Abbildung 5.12 für die in Tabelle 5.8 aufgeführte kombinierte Evidenz dargestellt. Auf der Abszisse sind die Elemente des Wahrnehmungsrahmens für die jeweilige Bewertungszahl $\{1,2,3,\dots,10\}$ aufgetragen. Die Ordinate stellt die Höhe der Verteilungsfunktion für $Pl(x)$ und $Bel(x)$ für die jeweilige Menge $\{1,\dots,x\}$ dar.

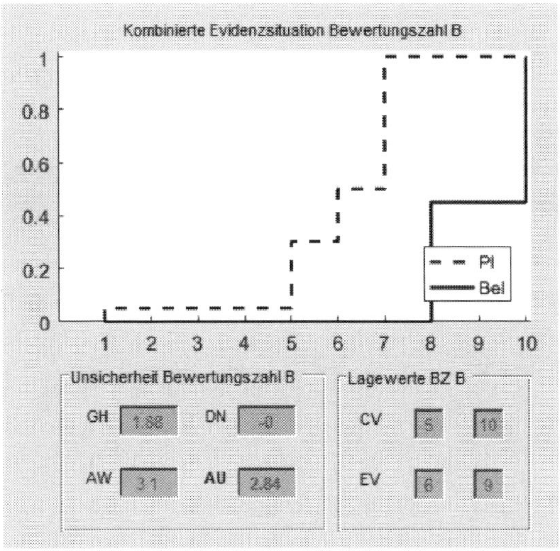

Abbildung 5.12: Visualisierung kombinierter Evidenzen im UbEa-Prototyp (Fallbeispiel)

Anhand der visuellen Erscheinungsform kann eine erste qualitative Einschätzung der kombinierten Evidenz vorgenommen werden: Ein starker Anstieg der Glaubensfunktion bei einem bestimmten Wert entsteht, wenn sich die fokalen Elemente zu diesem Wert hin verdichten.

576 Vgl. Abschnitt 4.2.1.

Dies bedeutet, dass laut den vorliegenden Aussagen die zu untersuchende Bewertungszahl kleiner oder gleich diesem Wert ist. Ein großer horizontaler Abstand zwischen den Werten der Glaubens- und Plausibilitätsfunktion weist auf breite fokale Elemente und somit ein hohes Maß an Unspezifität hin. Verlaufen beide Funktionen in der Vertikalen exakt auf dem gleichen Wert, deutet dies auf ein hohes Maß an Konflikt zwischen den vorhandenen Aussagen hin. Durch diese grafische Visualisierung kann somit ein erster Überblick über die gesamte Evidenzsituation für die zu untersuchende FMEA-Bewertungszahl gewonnen werden.

Zur Visualisierung der Verteilungsfunktion von $Pl(x)$ und $Bel(x)$ für eine kombinierte Evidenz wird auf die bereits in der IPP-Toolbox[577] implementierte Funktion *dscdf* zurückgegriffen. Allerdings wurde die Funktion modifiziert, um die Darstellung der in der Arbeit vorliegenden ordinalskalierten Wahrnehmungsrahmen zu ermöglichen.

Berechnung einer resultierenden Evidenz für die Risikoprioritätszahl (Schritt 2)

Sind für ein ausgewähltes technisches Risiko Evidenzen zu allen drei FMEA-Bewertungszahlen vorhanden, kann die Berechnung einer resultierenden Evidenz für die Risikoprioritätszahl (RPZ) vorgenommen werden. Dies geschieht mithilfe einer Monte-Carlo Simulation, die bereits in der IPP-Toolbox als Funktion *dsevalmc* implementiert ist.

Die Berechnung der Evidenz für die RPZ läuft mit einer hohen Anzahl[578] an Monte-Carlo-Iterationen folgendermaßen ab: In jeder Iteration wird aus jeder kombinierten Evidenz für die Bewertungszahlen BZ_B, BZ_A und BZ_E ein einzelnes fokales Element ausgewählt. Die Auswahl des fokalen Elements erfolgt auf Basis seines Glaubensmaßes. Fokale Elemente mit hohem Glaubensmaß werden in den Monte-Carlo-Iterationen häufiger ausgewählt als Elemente mit geringem Glaubensmaß. Für die drei ausgewählten fokalen Elemente (jeweils ein fokales Element für jede Bewertungszahl) erfolgt die Berechnung einer Risikoprioritätszahl, einmal auf Basis der drei unteren Grenzen und einmal basierend auf den drei oberen Grenzen. Ergebnis dieses Vorgangs sind die untere und obere Grenze für ein fokales Element einer Evidenz für die Risikoprioritätszahl. Das Glaubensmaß dieses errechneten fokalen Elements wird entsprechend der Anzahl an Monte-Carlo-Iterationen festgelegt.[579] Ergebnis aller Monte-Carlo-Iterationen ist eine resultierende Evidenz für die Risikoprioritätszahl, die auf Basis der kombinierten Evidenzen für die Bewertungszahlen BZ_B, BZ_A und BZ_E berechnet wurde.

Der Berechnungsvorgang für die resultierende RPZ-Evidenz wird zur besseren Nachvollziehbarkeit anhand des vorliegenden Fallbeispiels erläutert. Eine kombinierte Evidenz für die Bewertungszahl BZ_B wurde bereits in Tabelle 5.8 dargestellt. Für die Bewertungszahlen BZ_A und BZ_E werden die in Tabelle 5.9 und Tabelle 5.10 aufgeführten kombinierten Evidenzen angenommen.

577 Vgl. ebenda.

578 In der UbEa-Implementierung werden standardmäßig 1.000 Iterationen zur Berechnung der Evidenz für die RPZ durchgeführt.

579 Bei 1.000 durchzuführenden Iterationen ergibt sich eine Massefunktion von 0,001 für jedes fokale Element, welches im Rahmen einer einzelnen Monte-Carlo-Iteration errechnet wird.

Tabelle 5.9: Kombinierte Evidenz der Bewertungszahl A (Fallbeispiel)

Fokales Element	{1,2,3}	{3,4,5}	{4,5}	{1,2,3,4}	{7,8,9}
Glaubensmaß	0,2	0,2	0,2	0,2	0,2

Tabelle 5.10: Kombinierte Evidenz der Bewertungszahl E (Fallbeispiel)

Fokales Element	{1,2,3}	{2,3}	{1,2,3,4,5}
Glaubensmaß	0,3333	0,3333	0,3333

In einer ersten Iteration der Monte-Carlo-Simulation können möglicherweise die folgenden fokalen Elemente ausgewählt werden:

Bewertungszahl BZ_B: $g_B = \{7,8,9,10\}$ 5.27

Bewertungszahl BZ_A: $g_A = \{4,5\}$ 5.28

Bewertungszahl BZ_E: $g_E = \{2,3\}$ 5.29

Die Grenzen für das aus dieser Iteration resultierende fokale Element der RPZ ergeben sich zu:

$$t_{RPZ,u} = 7 \cdot 4 \cdot 2 = 56 \quad (5.30)$$

$$t_{RPZ,o} = 10 \cdot 5 \cdot 3 = 150 \quad (5.31)$$

Bei der genauen Definition des fokalen Elements für die Evidenz der RPZ ergibt sich die im Folgenden erörterte Problemstellung, welche dadurch entsteht, dass die UbEa-Implementierung auf der IPP-Toolbox aufbaut. Wie zuvor dargestellt erfolgt in der Toolbox die Definition von Evidenzen sowie aller zugehörigen Berechnungen auf Basis der unteren und oberen Grenzen der fokalen Elemente. Dabei wird aufgrund der Intervallskalierung angenommen, dass die wahre Größe eine reelle Zahl zwischen diesen beiden Grenzen darstellt. Bei der Berechnung von Evidenzen für die RPZ auf Basis einer Monte-Carlo Simulation kommt es jedoch zu einem Fehler in der Mengendefinition. Würde das oben genannte resultierende fokale Element für die RPZ auf Basis seiner oberen und unteren Grenze definiert werden, und angenommen werden, dass zwischen diesen Grenzen alle möglichen Elemente des Wahrnehmungsrahmens enthalten wären, ergäbe sich das folgende fokale Element g_1:

$$g_1 = \{56,60,63,64,70,72,75,80,81,84,90,96,98,100,\\ 105,108,112,120,125,126,128,135,140,144,147,150\} \quad (5.32)$$

Dies sind alle einelementigen Mengen des Wahrnehmungsrahmens für die Risikoprioritätszahl zwischen den beiden Grenzwerten 56 und 150. Auf Basis der Kombinationsmöglichkeiten der fokalen Elemente für die Bewertungszahlen, die bei der Berechnung der Evidenz für die Risikoprioritätszahl angenommen worden sind,[580] kann das fokale Element der Risikoprioritätszahl jedoch nur die folgenden Einzelmengen beinhalten:

$$g_1^* = \{56{,}64{,}70{,}72{,}80{,}84{,}90{,}96{,}100{,}105{,}108{,}120{,}135{,}150\} \quad 5.33$$

Hierdurch ergibt sich bei der nachfolgenden Berechnung von Unsicherheitskennwerten ein Fehler, da sowohl mögliche Schnittmengen als auch die Mächtigkeit der fokalen Elemente fehlerhaft berechnet werden. Am Beispiel der oben genannten Evidenz ergibt sich bei der Berechnung der Mächtigkeit ein Fehler von $\frac{|g_1|}{|g_1^*|} = \frac{26}{14} = 1{,}857$. Somit würde bei nachfolgenden Berechnungen fälschlicherweise von einer fast doppelt so großen Mächtigkeit des fokalen Elements ausgegangen werden. Dieser Fehler ist weiterhin nicht konstant, sondern für jedes fokale Element unterschiedlich, was eine Elimination des Fehlers erschwert.

Da die Berechnung aller Funktionen in der IPP-Toolbox auf Basis der oberen und unteren Grenzwerte der fokalen Elemente erfolgt, ist eine Anpassung der Funktionalitäten zum mathematisch korrekten Umgang mit der Evidenz für die Risikoprioritätszahl nicht mit vertretbarem Aufwand möglich. Auch die vollständige Neuentwicklung einer Toolbox, welche den fehlerlosen Umgang mit Evidenzen für die Risikoprioritätszahl ermöglicht, übersteigt den Umfang der vorliegenden Arbeit. Aus diesem Grund wird an der Definition von fokalen Elementen und deren Berechnung auf Basis der unteren und oberen Grenzen festgehalten. Auf die mögliche Fehlerhaftigkeit von Berechnungsergebnissen im Bezug auf die Risikoprioritätszahl sowie deren Auswirkung auf nachgelagerte Entscheidungsprozesse wird im weiteren Verlauf der Arbeit explizit hingewiesen.

Auf Basis der oben genannten ersten Monte-Carlo-Simulation ergibt sich daher unter der Annahme von 1000 durchzuführenden Iterationen die Evidenz $m_1(g_1) = 0{,}001$ für die Risikoprioritätszahl. Im Anschluss an die Durchführung aller Monte-Carlo-Iterationen werden die einzelnen Evidenzen zu einer Gesamtevidenz zusammengefasst. Tabelle 5.11 zeigt einen Ausschnitt der fokalen Elemente dieser Evidenz für das oben genannte Fallbeispiel, welches in einer exemplarischen Monte-Carlo-Simulation mit 1000 Iterationen entstanden ist. Die fokalen Elemente sind gemäß ihres Glaubensmaßes absteigend sortiert.

[580] Vgl. Formeln 5.27, 5.28 und 5.29.

Tabelle 5.11: Ausschnitt einer exemplarischen resultierenden Evidenz für die RPZ

Index	1	2	3	**4**	5	...	**998**	999	1000
Untere Grenze	7	84	7	**56**	5	...	**1**	4	8
Obere Grenze	120	216	160	**150**	90	...	**200**	250	150
Glaubensmaß	0,037	0,026	0,024	**0,024**	0,023	...	**0,001**	0,001	0,001

Anhand des Glaubensmaßes ist zu sehen, dass die oben exemplarisch erläuterte Kombination der drei fokalen Elemente[581] im Zuge der 1000 Monte-Carlo-Iterationen insgesamt 24 mal ausgewählt worden ist.[582] Im Gegensatz hierzu wurde die Kombination der fokalen Elemente

Bewertungszahl BZ_B: $g_B = \{1,2,3,\dots,10\}$ 5.34

Bewertungszahl BZ_A: $g_A = \{1,2,3,4\}$ 5.35

Bewertungszahl BZ_E: $g_E = \{1,2,3,4,5\}$ 5.36

nur einmal ausgewählt.[583] Ein Grund hierfür ist, dass in der kombinierten Evidenz für die Bewertungszahl BZ_B das fokale Element $g_B = \{1,2,3,\dots,10\}$ ein deutlich geringeres Glaubensmaß besitzt als andere fokale Elemente. Hierdurch wird das fokale Element g_B im Rahmen der Monte-Carlo Iterationen seltener zur Berechnung eines fokalen Elements für die Risikoprioritätszahl ausgewählt.

Die resultierende Evidenz für die RPZ wird im Rahmen des UbEa-Prototypen auf der rechten Seite des Hauptfensters[584] visualisiert. Die Darstellung erfolgt dabei analog zur kombinierten Evidenz anhand der Plausibilitäts- und Glaubensfunktion. Diese werden für die exemplarische resultierende Evidenz, die in Tabelle 5.11 ausschnittsweise dargestellt ist, in Abbildung 5.13 veranschaulicht. Zu erkennen ist, dass die resultierende Evidenz für die Risikoprioritätszahl kein fokales Element beinhaltet, dessen obere Grenze über dem Wert 450 liegt, der sich über die Kombination von $10 \cdot 9 \cdot 5 = 450$ ergibt. Weiterhin lässt sich aus der Abbildung ableiten, dass gemäß dem Verlauf der Glaubensfunktion die RPZ mit hoher Gewissheit unter 300 liegt.

---

[581] Vgl. Formeln 5.27, 5.28 und 5.29.

[582] Eine weitere Kombination von fokalen Elementen der Bewertungszahlen, welche die Grenzwerte $\{56,\dots,150\}$ für das fokale Element der Risikoprioritätszahl ergeben, existiert für die in Tabelle 5.8, Tabelle 5.9 und Tabelle 5.10 angegebenen Evidenzen nicht.

[583] Auch hier existiert nur diese eine Kombination von fokalen Elementen der Bewertungszahlen, aus welcher die Grenzwerte $1,\dots,200\}$ für das fokale Element der Risikoprioritätszahl resultieren.

[584] Vgl. Abbildung 5.8.

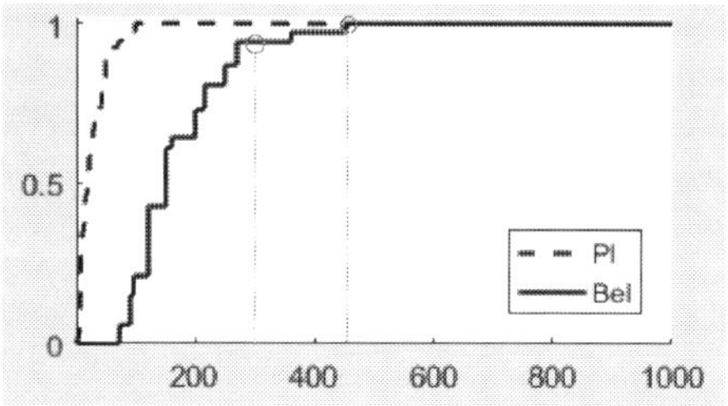

Abbildung 5.13: Visualisierung der exemplarischen resultierenden Evidenz für die RPZ

Darstellung der Unsicherheitssituation für die FMEA-Bewertungszahlen (Schritt 3)

Auf Basis der für ein technisches Risiko vorliegenden Evidenzen für die FMEA-Bewertungszahlen und die Risikoprioritätszahl erfolgt im dritten Schritt der Methodik eine Analyse der Unsicherheitssituation. Im Bezug auf die Bewertungszahlen werden die bereits vorgestellten Unsicherheitskenn- und Lagewerte für die kombinierte Evidenz berechnet und im unteren Bereich des Hauptfensters[585] angezeigt. Bei der Berechnung wird teilweise auf bereits vorhandene Algorithmen der IPP-Toolbox zurückgegriffen. Dabei existieren bereits einzelne Funktionen zur Berechnung von Generalized-Hartley Wert (GH), Aggregierter Intervallbreite (AW), Dissonanz (DN) Konfidenzwert (CV) und Erwartungswert (EV) für Evidenzen, die mithilfe der *dsstruct*-Funktion erstellt worden sind.

Allerdings sind die vorhandenen Algorithmen aufgrund der Annahme von intervallskalierten Merkmalen im Wahrnehmungsrahmen bis auf die Ausnahme der Dissonanz nicht anwendbar bzw. führen zu fehlerhaften Berechnungsergebnissen bei ordinalskalierten Wahrnehmungsrahmen. Aus diesem Grund werden die Algorithmen zur Berechnung der jeweiligen Unsicherheits- und Lagekennwerte unter der Berücksichtigung von ordinalskalierten Wahrnehmungsrahmen angepasst. Dies betrifft insbesondere die korrekte Berechnung der Mächtigkeit für die Kennwerte GH[586] und AW sowie die ganzzahlige Auswahl eines Elements des Wahrnehmungsrahmens bei der Berechnung des Erwartungswertes EV.

Zur Berechnung der Aggregierten Unsicherheit (AU) existiert derzeit noch kein implementierter Algorithmus für die MATLAB-Entwicklungsumgebung. Dieser wurde in der vorliegenden Arbeit auf Basis der Ausführungen von KLIR[587] entwickelt und durch Testszenarien verifiziert.[588]

Die Unsicherheitskennwerte für die im Fallbeispiel genannten kombinierten Evidenzen (vgl. Tabelle 5.8 bis Tabelle 5.10) werden nachfolgend vorgestellt und im Zusammenhang mit ihrer

[585] Vgl. Abbildung 5.8.

[586] Die korrekte Berechnung der Mächtigkeit für den GH-Kennwert bezieht sich hier auf die FMEA-Bewertungszahlen. Die Berechnung dieses Kennwerts für die Risikoprioritätszahl wird nachfolgend thematisiert.

[587] Vgl. Klir, G. J.: Uncertainty and information, 2006, S. 230 ff.

[588] Zur Verifikation des Algorithmus wurde zum einen das von KLIR vorgestellte Fallbeispiel zur Berechnung des AU-Wertes verwendet. Zum anderen wurden kombinierte Evidenzen für Bewertungszahlen verwendet, die entweder nur ein mehrelementiges fokales Element oder zwei einelementige widersprüchliche fokale Elemente beinhalten. In beiden Fällen entspricht die aggregierte Unsicherheit dem Generalized-Hartley Wert bzw. dem Wert der Dissonanz für die kombinierte Evidenz.

Evidenz näher erläutert. Abbildung 5.14 zeigt im oberen Bereich die kombinierte Evidenz der Bewertungszahl BZ_B sowie die zugehörigen Unsicherheitskennwerte im unteren Bereich.

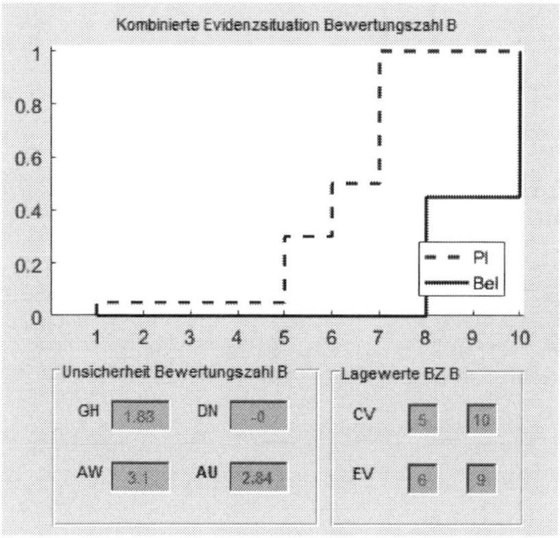

Abbildung 5.14: Unsicherheitssituation der kombinierten Evidenz (Bewertungszahl B)

Die Unspezifität der Evidenz wird durch den GH-Wert sowie den AW-Wert zum Ausdruck gebracht. Ersterer liegt bei $GH_B = 1{,}88$. Dies ist darauf zurückzuführen, dass alle fokalen Elemente der kombinierten Evidenz für die Bewertungszahl BZ_B auf Intervalle gelegt worden sind. Der AW-Wert liegt bei $AW_B = 3{,}1$. Da bei den fokalen Elementen für die kombinierte Evidenz der Bewertungszahl BZ_B keine Widersprüchlichkeit herrscht, ist die Dissonanz $DN_B = 0$. Der AU-Wert beläuft sich auf $AU_B = 2{,}84$. Dieser ist höher als der GH-Wert, da neben der Unspezifität der einzelnen fokalen Elemente auch deren Verschiedenheit berücksichtigt wird.

Neben den Unsicherheitskennwerten werden in der UbEa-Implementierung auch die Lagewerte der kombinierten Evidenz angegeben.[589] Der Vertrauenswert liegt für die kombinierte Evidenz der Bewertungszahl BZ_B bei einem Vertrauensniveau von 95% zwischen 5 und 10. Bei der Berechnung der Grenzen des CV-Wertes fällt allein das fokale Element $\{1{,}2{,}3, \ldots ,10\}$ aus der Berechnung raus, da seine Massefunktion mit $m = 0{,}05$ genau auf dem Grenzwert liegt. Der Erwartungswert für die kombinierte Evidenz liegt zwischen 6 und 9. Zu erkennen ist, dass der Erwartungswert innerhalb der Grenzen des Vertrauenswertes liegt. Letzterer ist daher für eine konservative Abschätzung der Bewertungszahl stets die bessere Wahl.

Bei der kombinierten Evidenz für die Bewertungszahl BZ_A ergibt sich auf Basis der fokalen Elemente ein anderes Bild der Unsicherheitssituation (vgl. Abbildung 5.15).

589 Vgl. Abbildung 5.14 unten rechts.

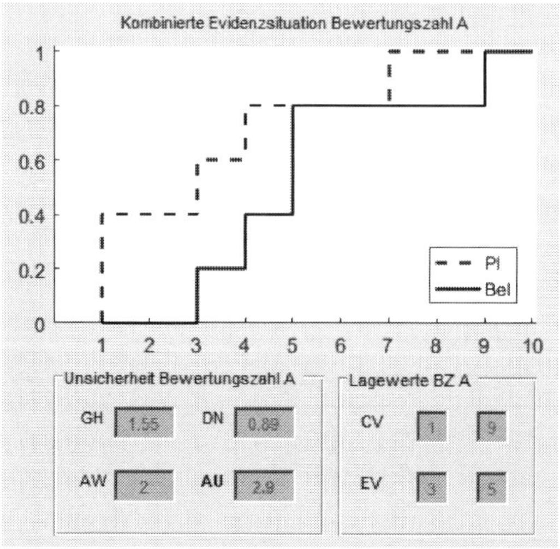

Abbildung 5.15: Unsicherheitssituation der kombinierten Evidenz (Bewertungszahl A)

Die Werte für GH und AW sind mit $GH_A = 1{,}55$ und $AW_A = 2$ niedriger als bei der Bewertungszahl BZ_B. Grund hierfür ist die geringere Breite der fokalen Elemente. Für die Dissonanz ergibt sich bei der Bewertungszahl BZ_A der Wert $DN = 0{,}89$. Dies ist darauf zurückzuführen, dass die fokalen Elemente $g_{A,1} = \{1{,}2{,}3\}$, $g_{A,3} = \{4{,}5\}$ und $g_{A,5} = \{7{,}8{,}9\}$ im direkten Widerspruch zueinanderstehen. Der Vollständigkeit halber sind in Abbildung 5.16 die kombinierte Evidenz für die Bewertungszahl BZ_E sowie deren Unsicherheitskennwerte aufgeführt.

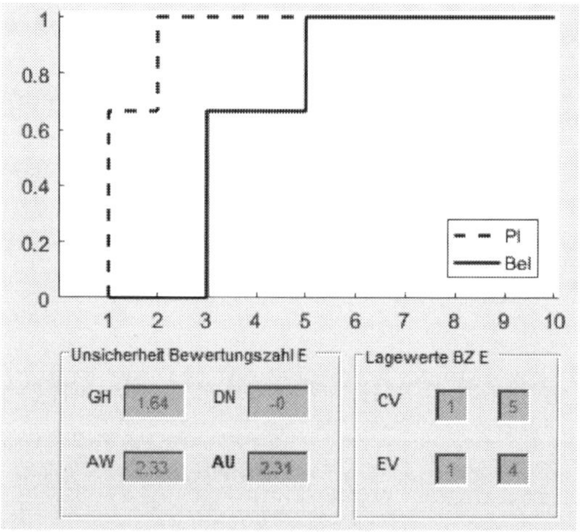

Abbildung 5.16: Unsicherheitssituation der kombinierten Evidenz (Bewertungszahl E)

Bezüglich der Unsicherheitssituation ergibt sich hier ein ähnliches Bild wie bei der kombinierten Evidenz für die Bewertungszahl BZ_B. Da im direkten Vergleich die fokalen Elemente eine geringere Mächtigkeit besitzen, sind die Werte für GH, AW und AU geringer.

Darstellung der Unsicherheitssituation für die RPZ (Schritt 3)

Wie in Abschnitt 5.1.3 dargestellt, lassen sich auch die Unsicherheitskennwerte GH, AW und DN sowie die Lagekennwerte CV und EV für die resultierende Evidenz der Risikoprioritätszahl berechnen. Wie jedoch bereits erläutert wurde, ist bei der Verwendung der Unsicherheitskennwerte zu berücksichtigen, dass sie auf Basis von fokalen Elementen berechnet werden, die ausschließlich über die Betrachtung von unteren und oberen Grenzen zustande gekommen sind. Die Werte sind daher aus mathematischer Sichtweise nicht korrekt, gleichwohl bietet sich die Möglichkeit, sie als Anhaltspunkte zur Planung der Eigenschaftsabsicherung heranzuziehen. Für die resultierende Evidenz der Risikoprioritätszahl ergeben sich die in Abbildung 5.17 dargestellten Unsicherheits- und Lagekennwerte.

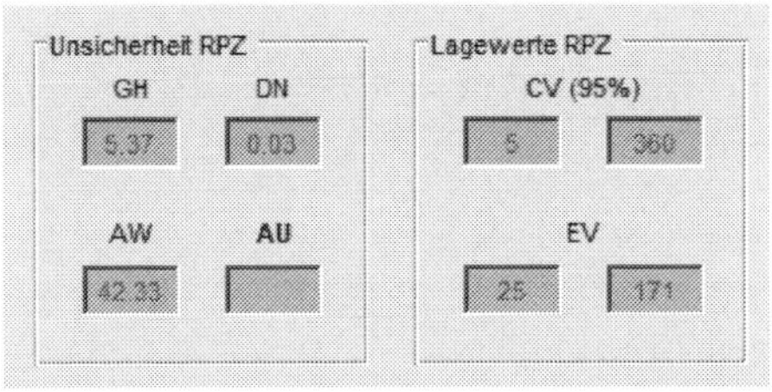

Abbildung 5.17: Unsicherheitssituation der resultierenden Evidenz für die RPZ

Anhand der Kennwerte $GH_{RPZ} = 5{,}37$ und $AW_{RPZ} = 42{,}33$ ist zu erkennen, dass sich die Unspezifität der kombinierten Evidenzen für die FMEA-Bewertungszahlen B, A und E in der Evidenz für die Risikoprioritätszahl ausbreitet. Die Dissonanz $DN_{RPZ} = 0{,}03$ wurde hingegen durch die Monte-Carlo-Simulation deutlich verringert. Dies ist dadurch zu erklären, dass durch zufällige Kombinationen von fokalen Elementen der Bewertungszahlen entsprechende fokale Elemente für die Risikoprioritätszahl entstehen, deren Grenzen sich überlappen und daher den vorhandenen Konflikt auflösen. Exemplarisch sei der Vergleich der in Tabelle 5.12 aufgeführten Kombinationen von fokalen Elementen genannt. Für die beiden Kombinationen ergeben sich die fokalen Elemente der RPZ zu $g_{RPZ,1} = \{5, \dots, 150\}$ und $g_{RPZ,2} = \{20, \dots, 250\}$. Der zuvor bestehende Konflikt zwischen $g_{A,1}$ und $g_{A,2}$ wird durch den Berechnungsvorgang der RPZ, der ausschließlich auf Basis der oberen und unteren Grenzwerte erfolgt, vollständig aufgelöst. Somit lässt sich festhalten, dass ein Großteil der Informationen über vorhandene Aussagekonflikte in den Bewertungszahlen durch die Berechnung der Risikoprioritätszahl verloren geht. Folglich eignet sich die RPZ *nicht* zur Planung der Eigenschaftsabsicherung bei Unsicherheit aufgrund von widersprüchlichen Aussagen.

Tabelle 5.12: Auflösung von Konflikt durch gezielte Auswahl von fokalen Elementen

	Kombination 1	Kombination 2
Bewertungszahl BZ_B	$g_{B,1} = \{5,6,7,8,9,10\}$	$g_{B,2} = \{5,6,7,8,9,10\}$
Bewertungszahl BZ_A	$g_{A,1} = \{1,3\}$	$g_{A,2} = \{4,5\}$
Bewertungszahl BZ_E	$g_{E,1} = \{1,2,3,4,5\}$	$g_{E,2} = \{1,2,3,4,5\}$

Sensitivitätsanalyse (Schritt 3)

Zur weiteren Untersuchung der Unsicherheitssituation wird im ESReDA-Rahmenwerk die Durchführung einer Sensitivitätsanalyse[590] vorgeschlagen. Hierzu existiert innerhalb der IPP-Toolbox[591] der Algorithmus *dssensitivity*, dessen Funktionsweise in Abbildung 5.18 für die Analyse einer resultierenden Evidenz für die RPZ dargestellt ist.

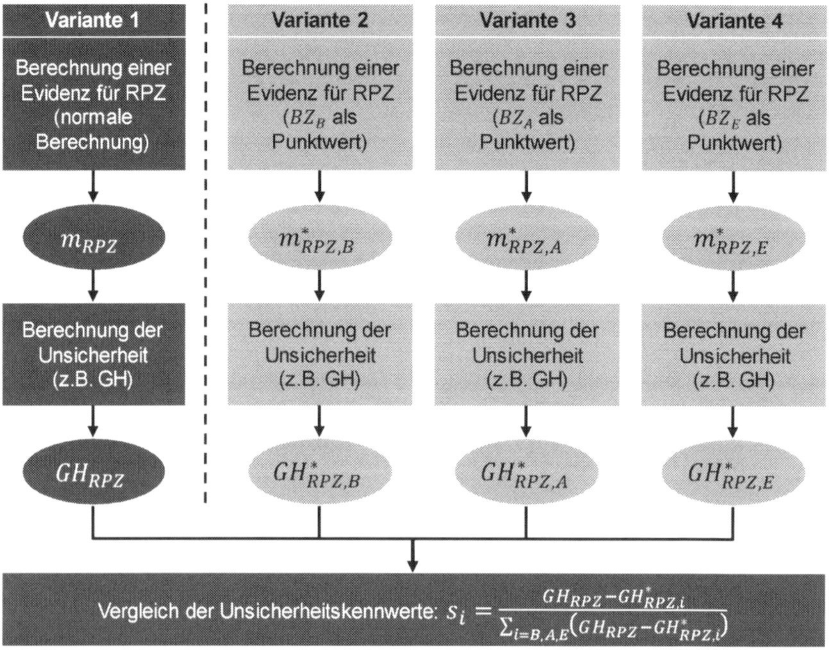

Abbildung 5.18: Funktionsweise der Sensitivitätsanalyse für die RPZ

[590] Vgl. Abschnitt 4.1.3 und 5.1.3.

[591] Vgl. Günther, T.; Petersen, J.: Imprecise Probability Propagation Toolbox, 2017.

Es erfolgen insgesamt vier verschiedene Berechnungsvarianten einer resultierenden Evidenz für die Risikoprioritätszahl auf Basis der kombinierten Evidenzen. Die erste Variante entspricht der *regulären*, bereits zuvor dargestellten, Ermittlung einer resultierenden Evidenz für die RPZ m_{RPZ}. Für diese Evidenz wird anschließend ein Unsicherheitskennwert – hier beispielsweise der GH-Wert – berechnet. Bei den verbleibenden drei Berechnungsvarianten wird jeweils eine der kombinierten Evidenzen der FMEA-Bewertungszahlen durch einen einzelnen Punktwert ersetzt. Die Unsicherheit bezüglich der entsprechenden Bewertungszahl wird folglich auf Null reduziert. Die Wahl des Punktwertes erfolgt auf Basis der zufälligen Auswahl eines Wertes aus einem fokalen Element. Für die drei letztgenannten Varianten ergibt sich daher eine resultierende RPZ-Evidenz $m^*_{RPZ,i}$ mit $i \in \{B, A, E\}$, die eine geringere Unsicherheit als diejenige aus der ersten Berechnungsart m_{RPZ} aufweist, da jeweils eine der Bewertungszahlen auf einen Punktwert reduziert wurde. Der Unsicherheitskennwert $GH^*_{RPZ,i}$ mit $i \in \{B, A, E\}$ wird anschließend auch für die drei resultierenden RPZ-Evidenzen mit der reduzierten Unsicherheit $m^*_{RPZ,i}$ berechnet.

Um den Einfluss von Zufallseffekten, die bei der Auswahl eines einzelnen Punktwertes aus einem fokalen Element der Evidenzen für die Bewertungszahlen entstehen, auf die Berechnung des Unsicherheitskennwerts zu reduzieren, wird die zuvor genannte Berechnung der vier Unsicherheitskennwerte in größerer Anzahl wiederholt[592] und die Ergebnisse anschließend gemittelt.

Für jede der drei Bewertungszahlen kann ein Sensitivitätsindex berechnet werden:

$$s_i = \frac{GH_{RPZ} - GH^*_{RPZ,i}}{\sum_{i=B,A,E}(GH_{RPZ} - GH^*_{RPZ,i})} \qquad 5.37$$

Dieser Sensitivitätsindex gibt für jede Bewertungszahl an, wie stark die Unsicherheit bezüglich der Risikoprioritätszahl reduziert werden kann, wenn für die Bewertungszahl ein einzelner Punktwert vorliegen würde.

Zwar stellt die Sensitivitätsanalyse auf den ersten Blick ein vielversprechendes Werkzeug zur Analyse der Unsicherheitssituation dar, in der praktischen Anwendung erweist sie sich jedoch als weitestgehend *wirkungslos*. Dies soll nachfolgend anhand des totalen Differenzials der Risikoprioritätszahl sowie einem anschaulichen Fallbeispiel der UbEa-Implementierung erläutert werden.

Wie zuvor dargestellt stellt die Berechnung der Risikoprioritätszahl RPZ eine relativ einfache mathematische Funktion auf Basis der Eingangsgrößen der FMEA-Bewertungszahlen, hier zur vereinfachten Darstellung mit B, A und E bezeichnet, dar:

---

[592] Die UbEa-Implementierung führt 100 Wiederholungen der Sensitivitätsanalyse durch, bevor die Unsicherheitskennwerte sowie die Sensitivitätsindizes berechnet werden. Weiterhin wird bei der Berechnung der vier Varianten für die RPZ-Evidenz die Anzahl an Iterationen für die Monte-Carlo-Simulation auf 500 beschränkt. Dies geschieht, um den Rechenaufwand zu reduzieren, der in dieser Konstellation für die genannten vier Varianten der RPZ-Evidenz bereits $100 \cdot 4 \cdot 500 = 200.000$ Iterationen erfordert und nach eigenen Untersuchungen eine Berechnungszeit von durchschnittlich 1,48 Sekunden auf einem derzeit handelsüblichen Rechner in Anspruch nimmt.

$$RPZ = B \cdot A \cdot E \quad 5.38$$

Das totale Differenzial für diese Funktion lautet:

$$dRPZ = \frac{\partial RPZ}{\partial B} \cdot dB + \frac{\partial RPZ}{\partial A} \cdot dA + \frac{\partial RPZ}{\partial E} \cdot dE \quad 5.39$$

Nach Ausführung der partiellen Ableitungen ergibt sich das totale Differenzial in der Schreibweise:

$$dRPZ = A \cdot E \cdot dB + B \cdot E \cdot dA + B \cdot A \cdot dE \quad 5.40$$

Die Änderungsempfindlichkeit der Risikoprioritätszahl in Bezug auf die drei FMEA-Bewertungszahlen ist folglich von der jeweiligen Höhe der Bewertungszahlen abhängig. Nun seien im Rahmen eines weiteren Fallbeispiels folgende Evidenzen für die Bewertungszahlen angenommen:

$$m_B(\{8,9\}) = 1 \quad 5.41$$

$$m_A(\{8,9\}) = 1 \quad 5.42$$

$$m_E(\{1,2\}) = 1 \quad 5.43$$

Für jede FMEA-Bewertungszahl ist eine Evidenz mit jeweils einem fokalen Element vorhanden, welches zwei Einzelwerte beinhaltet. In diesem Fallbeispiel nehmen die Bewertungszahlen BZ_B und BZ_A hohe Werte an, während die Bewertungszahl BZ_E niedrige Werte annimmt. Für alle drei Evidenzen besitzt der Unsicherheitskennwert GH den Wert

$$GH_B = GH_A = GH_E = 1 \cdot \log_2 2 = 1 \quad 5.44$$

Die Unsicherheit in Form von Unspezifität ist demnach für alle Bewertungszahlen gleich groß. Anhand der verschiedenen Ausprägungen des totalen Differenzials, die auf Basis der vorliegenden Evidenzen möglich sind, wird deutlich, dass für dieses Fallbeispiel die Änderung der RPZ stark von der Ausprägung der Bewertungszahl BZ_E abhängig ist. Dies zeigt nachfolgend die fallbeispiel-spezifische Darstellung des totalen Differenzials:

$$dRPZ = AE \cdot dB + BE \cdot dA + BA \cdot dE$$

mit $AE \in \{8,9,16,18\}$, $BE \in \{8,9,16,18\}$ und $BA \in \{64,72,81\}$ 5.45

Veränderungen der Bewertungszahl BZ_E (dE) wirken sich in diesem Beispiel demnach auf die Risikoprioritätszahl ungefähr vier- bis zehnmal so stark aus wie Veränderungen der Bewertungszahlen BZ_B und BZ_A.

Nun werden im Rahmen der Sensitivitätsanalyse die Evidenzen der Bewertungszahlen zur Berechnung des Unsicherheitseinflusses wiederholt[593] auf einen Punktwert reduziert, der innerhalb des jeweiligen fokalen Elements liegt. Variationen in der Bewertungszahl BZ_E wirken sich dabei – wie zuvor gezeigt – bedeutend stärker aus als Variationen der Bewertungszahlen BZ_B und BZ_A. Dies hat zur Folge, dass im Ergebnis der Sensitivitätsindex für die Bewertungszahl BZ_E mit einem durchschnittlichen Wert von $s_E \approx 0{,}83$ deutlich größer ist, als die Indizes der Bewertungszahlen BZ_B und BZ_A mit $s_B \approx s_A \approx 0{,}085$.[594] Die Berechnungsergebnisse für das vorliegende Fallbeispiel sind in Abbildung 5.19 dargestellt.

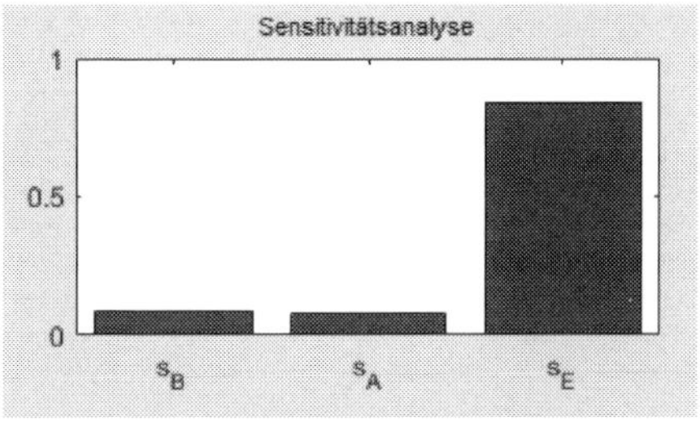

Abbildung 5.19: Ergebnisse der Sensitivitätsanalyse (Fallbeispiel)

Somit lässt sich schlussfolgern, dass die Sensitivitätsanalyse *nicht* zur Absicherungsplanung verwendet werden kann. Zwar zeigt der jeweilige Sensitivitätsindex auf, bei welcher Bewertungszahl zusätzliche Informationen den größten Beitrag zur Unsicherheitsreduzierung leisten, allerdings ist anhand des Fallbeispiels erkennbar, dass ein Risiko mit hoher Schwere und Auftretenswahrscheinlichkeit keine Eigenschaftsabsicherung erfordert, sondern eine konstruktive Reduzierung von Risikoschwere bzw. Eintrittswahrscheinlichkeit. Daher lässt sich festhalten, dass die Sensitivitätsanalyse keine verlässlichen Anhaltspunkte zur Absicherungsplanung liefert. Aus diesem Grund ist diese Funktion im UbEa-Prototypen zwar implementiert, für die Anwendung jedoch deaktiviert.

Priorisierung der vorhandenen Risiken (Schritt 4)

Auf Basis der vorliegenden Unsicherheitssituation bei der Risikobewertung wird im vierten Methodik-Schritt eine Priorisierung der in der FMEA dokumentierten Risiken vorgenommen. Im Rahmen der Erläuterungen zur Methodik wurden dabei drei verschiedene Priorisierungsansätze vorgestellt, welche die vorhandenen Risiken auf Basis der vorliegenden Unsicherheits- und Lagekennwerte für die FMEA-Bewertungszahlen oder die Risikoprioritätszahl sortieren.

Der vierte Arbeitsschritt der Methodik wird durch ein separates Dialogfenster (vgl. Abbildung 5.20) realisiert, welches über die Schaltfläche „Risikopriorisierung durchführen“ im unteren rechten Bereich des UbEa-Hauptfensters aufgerufen werden kann.

[593] Im Rahmen der UbEa-Implementierung werden 100 Wiederholungen vorgenommen (siehe oben).

[594] Die durchschnittlichen Werte der Sensitivitätsindizes wurden auf Basis mehrerer Berechnungsläufe mit den für das oben genannte Fallbeispiel festgelegten Evidenzen für die Bewertungszahlen gewonnen.

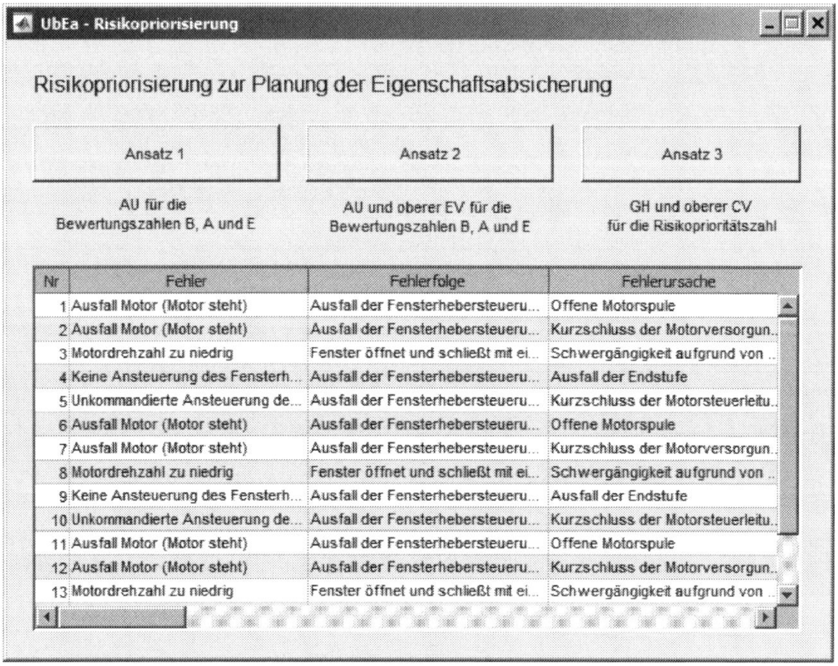

Abbildung 5.20: UbEa-Dialogfenster zur Risikopriorisierung

Im unteren Bereich des Dialogfensters sind in tabellarischer Form alle Risiken dargestellt, die in der eingelesenen FMEA dokumentiert sind. Hierbei sei noch einmal angemerkt, dass die aufgeführten Risiken aus einer exemplarischen, frei verfügbaren FMEA[595] stammen. Scrollt man die Tabelle weiter nach rechts,[596] sieht man, dass zu jedem Risiko alle Unsicherheits- und Lagekennwerte für die Bewertungszahlen und die resultierende RPZ angegeben sind.

Mithilfe der drei Schaltflächen im oberen Bereich des Dialogfensters ist es nun möglich, einen der drei Priorisierungsansätze zur Planung der Eigenschaftsabsicherung auf Basis der vorliegenden Unsicherheitssituation anzuwählen. Durch die Auswahl einer der drei Schaltflächen wird im Programmablauf der entsprechende Priorisierungsalgorithmus gestartet, woraufhin die technischen Risiken in der tabellarischen Darstellung anschließend neu angeordnet werden. Zum direkten Vergleich der Priorisierungsergebnisse können die drei Ansätze in beliebiger Anzahl und Reihenfolge angewählt werden.

[595] Vgl. SystemA Engineering: Design-FMEA, 2008.

[596] In Abbildung 5.20 nicht dargestellt.

Spezifikation und Durchführung der Eigenschaftsabsicherung (Schritt 4)

Auf Basis der vorgenommenen Priorisierung der technischen Risiken kann nun die Spezifikation und Durchführung der Eigenschaftsabsicherung vorgenommen werden. Dieser Arbeitsschritt wird im Rahmen der hier vorgestellten UbEa-Implementierung nicht umgesetzt, da hierzu bereits verschiedene Softwaresysteme existieren.

Aktualisierung der Informationssituation (Schritt 5)

Auf Grundlage der Ergebnisse der Eigenschaftsabsicherung wird im fünften Schritt die Informationssituation zur Risikobewertung in Form von Evidenzen aktualisiert. Hierzu existieren im Rahmen der UbEa-Implementierung zwei Möglichkeiten. Zum einen kann für jede der FMEA-Bewertungszahlen über die im Hauptfenster oben gelegenen Schaltflächen eine zusätzliche Evidenz vom Typ „Eigenschaftsabsicherung" ergänzt werden (vgl. Abbildung 5.21).

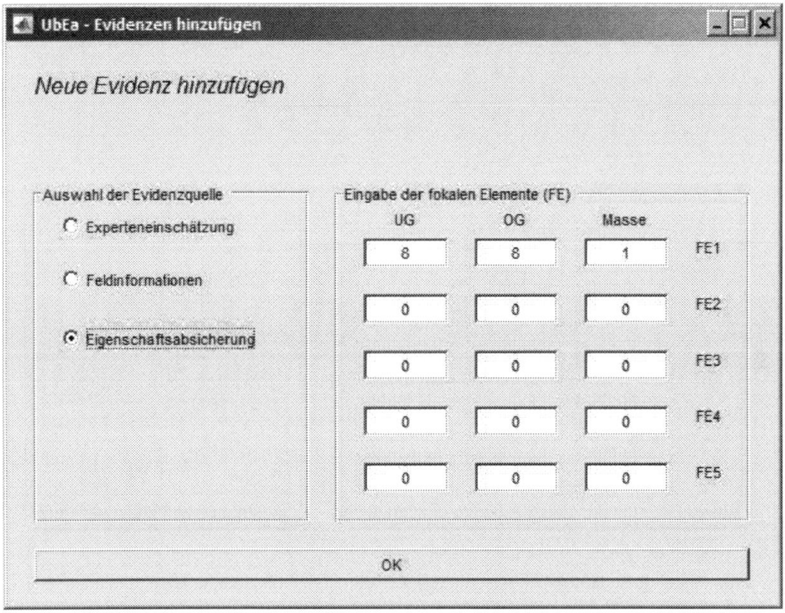

Abbildung 5.21: Ergänzung von Evidenzen auf Basis der Eigenschaftsabsicherung

Diese Evidenz grenzt auf Basis der Ergebnisse der Eigenschaftsabsicherung die bestehende Risikobewertung hinsichtlich Risikoschwere (BZ_B), Auftretenswahrscheinlichkeit (BZ_A) oder Entdeckungswahrscheinlichkeit (BZ_E) ein. Dabei besitzt die Evidenz bei der anschließenden Fusion zu einer kombinierten Evidenz für die jeweilige Bewertungszahl eine deutlich höhere

Gewichtung.[597] Im Bezug auf das zuvor genannte Fallbeispiel ist in Abbildung 5.21 eine Evidenz aus der Eigenschaftsabsicherung dargestellt, nach deren Ergebnissen die Risikoschwere (Bewertungszahl B) mit der Zahl 8 zu bewerten ist.

Neben der Ergänzung von Evidenzen vom Typ „Ergebnisse der Eigenschaftsabsicherung" besteht im Rahmen der UbEa-Implementierung auch die Möglichkeit, bestehende Evidenzen (z. B. aus den a-priori Expertenschätzungen) nachträglich anzupassen bzw. aus der Evidenzsituation für eine Bewertungszahl zu entfernen. Dies geschieht durch die Auswahl und einen Doppelklick auf die entsprechende Evidenz innerhalb der Darstellung der Evidenzsituation im Hauptfenster.[598] Hierbei öffnet sich das in Abbildung 5.22 dargestellte Dialogfenster zur Anpassung bestehender Evidenzen.

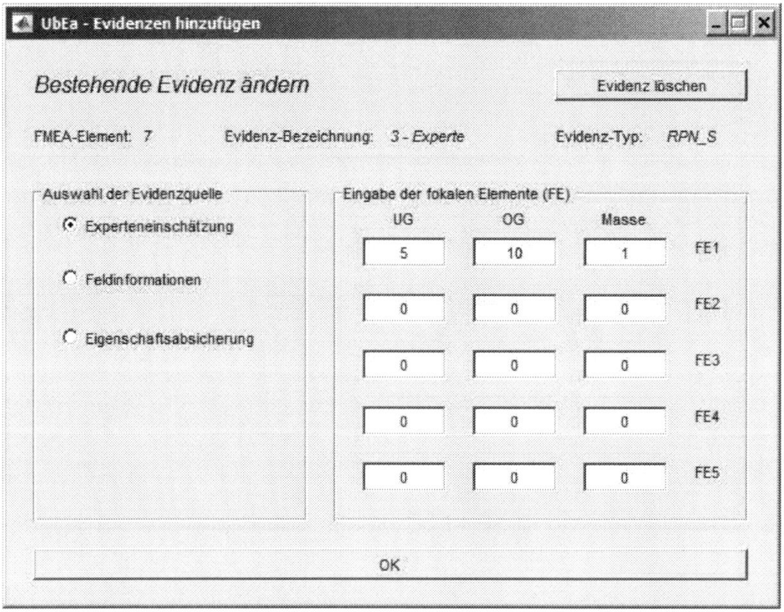

Abbildung 5.22: Dialogfenster zur Anpassung oder Löschung von Evidenzen

In diesem Fenster kann beispielsweise die bestehende Schätzung des Experten auf Basis der Ergebnisse der Eigenschaftsabsicherung korrigiert bzw. auch durch die Schaltfläche „Evidenz löschen" (oben rechts) vollständig zurückgezogen werden. Die Anpassung der Evidenz könnte für das in Abbildung 5.11 dargestellte Fallbeispiel erfolgen, indem der Experte seine Einschätzung auf Basis der Ergebnisse der Eigenschaftsabsicherung korrigiert und seine Bewertung ebenfalls auf den Wert 8 anpasst. Es bestünde jedoch auch die Möglichkeit, eine gewisse

597 Vgl. Abschnitt 5.1.1.

598 Vgl. Abbildung 5.11.

Rest-Unsicherheit in seiner Bewertung zu belassen und die Breite des fokalen Elements auf die Werte $\{7{,}8{,}9\}$ zu beschränken.

Auf Basis der aktualisierten Risikoeinschätzung durch zusätzliche oder angepasste Evidenzen ergibt sich eine neue kombinierte Evidenz für die jeweilige FMEA-Bewertungszahl, die für das vorliegende Fallbeispiel in Abbildung 5.23 einschließlich der zugehörigen Unsicherheits- und Lagekennwerte dargestellt ist.

Der nun aktualisierten kombinierten Evidenz für die Bewertungszahl BZ_B liegen folgende Anpassungen zugrunde:

- Experte 1 korrigiert seine Evidenz zu: $m_{B,1}(\{7{,}8\}) = 1$
- Experte 2 korrigiert seine Evidenz zu: $m_{B,2}(\{8\}) = 1$
- Experte 3 zieht seine Aussage zur Risikobewertung zurück.[599]
- Experte 4 korrigiert seine Evidenz zu: $m_{B,4}(\{7{,}8{,}9\}) = 1$
- Es liegt eine Evidenz 5 auf Basis der Absicherung vor: $m_{B,5}(\{8\}) = 1$

Auf Basis der Gewichtungen ergibt sich mit der Weighted-Mixing Methode die in der folgenden Tabelle 5.13 dargestellte kombinierte Evidenz.

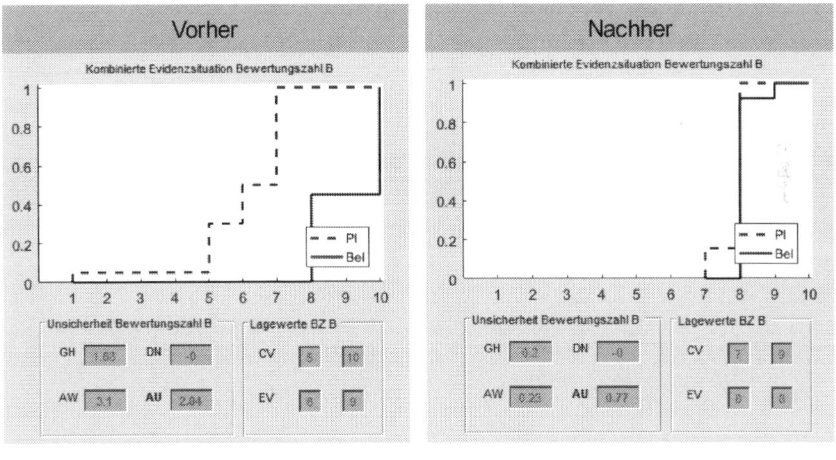

Abbildung 5.23: Kombinierte Evidenz der Bewertungszahl B (vorher/nachher)

Wurde die Bewertungssituation aktualisiert, lassen sich die Unsicherheitskennwerte der kombinierten Evidenz vor und nach der Durchführung der Eigenschaftsabsicherung vergleichen.[600] Zu sehen ist, dass der Wert für die Aggregierte Unsicherheit (AU) in der aktualisierten Bewertungssituation von $AU_{vorher} = 2{,}84$ auf $AU_{nachher} = 0{,}77$ reduziert werden konnte. Die verblei-

[599] D. h. seine ursprüngliche Evidenz wird aus der Bewertungssituation gelöscht.

[600] Vgl. Abbildung 5.23 unten.

bende Unsicherheit resultiert aus den beiden fokalen Elementen {7,8} und {7,8,9}. Die Unspezifität, gemessen durch den Generalized-Hartley-Wert (GH) wurde um ca. 90% auf den Wert $GH_{nachher} = 0{,}2$ verringert. Weiterhin wurde das Intervall der Lagekennwerte sowohl für den Vertrauens- als auch für den Erwartungswert deutlich eingeschränkt ($CV_{nachher} = [7{,}9]$ und $EV_{nachher} = 8$).

Tabelle 5.13: Fokale Elemente der aktualisierten kombinierten Evidenz (Fallbeispiel)

Fokales Element	{7,8}	{7,8,9}	{8}
Glaubensmaß	0,077	0,077	0,846

Auch die Unsicherheit in der resultierenden Evidenz der RPZ wurde durch die zusätzlichen Informationen aus der Eigenschaftsabsicherung verringert (vgl. Abbildung 5.24).

Allerdings sind die Effekte nicht so stark ausgeprägt wie bei der zuvor dargestellten kombinierten Evidenz für die Bewertungszahl BZ_B. Sowohl der GH- als auch der AW-Wert der resultierenden Evidenz für die Risikoprioritätszahl wurden um ca. 6% (GH) bzw. 18% (AW) reduziert. Auch die Intervalle für den Konfidenz- und den Lagewert der Risikoprioritätszahl wurden durch die Aktualisierung der Risikobewertung leicht eingegrenzt. Die verbleibende Unsicherheit resultiert insbesondere daher, dass im vorliegenden Fallbeispiel ausschließlich eine Eingrenzung der Bewertung zur Risikoschwere (Bewertungszahl BZ_B) auf Basis der Eigenschaftsabsicherung vorgenommen wurde. Die Absicherungsaktivitäten können ebenfalls Informationen bezüglich der Eingrenzung der Bewertungszahlen BZ_A und BZ_E liefern.

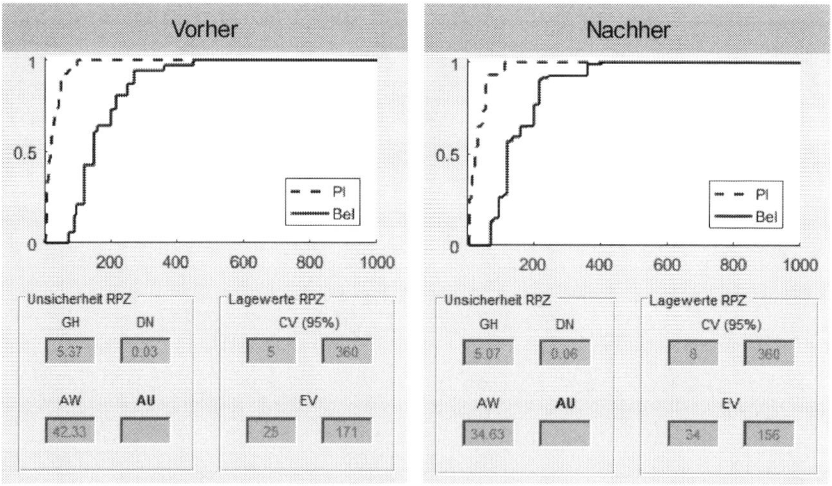

Abbildung 5.24: Resultierende Evidenz der RPZ (vorher/nachher)

5.3 Fazit

Im Rahmen der vorherigen Ausführungen wurde eine *Methodik zur unsicherheitsbasierten Eigenschaftsabsicherung* entwickelt und implementiert. Diese nimmt eine Priorisierung von technischen Risiken auf Basis vorherrschender Unsicherheiten bei der FMEA-Risikobewertung vor, was der Entscheidungsunterstützung zur Planung der Eigenschaftsabsicherung dient. Mithilfe der MATLAB-Entwicklungsumgebung wurde die Methodik in Form eines Software-Prototypen umgesetzt.

Der Neuheitsgrad der Methodik kann in drei zentralen Aspekten zusammengefasst werden:

- Durchgängige evidenztheoretische Modellierung der FMEA-Risikobewertung
- Verknüpfung von Unsicherheitsmodellierung und Eigenschaftsabsicherung
- Implementierung einer unsicherheitsbasierten Risikopriorisierung

Ein neuer Aspekt der entwickelten Methodik ist die durchgängige Modellierung des Prozesses zur FMEA-Risikobewertung unter der Berücksichtigung von epistemischen Unsicherheiten mithilfe der Evidenztheorie. Die Mehrzahl der bisherigen Methoden im technischen Risikomanagement lassen es nicht zu, die vorherrschenden Unsicherheiten, die bei der Bewertung von technischen Risiken im Produktentwicklungsprozess vorliegen, explizit zu modellieren. Ein bedeutender Entwicklungsschritt zur Lösung dieser Problemstellung findet sich in den Arbeiten von LIMBOURG[601] sowie LIMBOURG ET AL.[602], die eine evidenztheoretische Modellierung der Risikobewertung mithilfe der Fehlerbaumanalyse (FTA) vornehmen. YANG ET AL.[603] übertragen diesen Ansatz auf die FMEA-Methode, allerdings sei auf die problematische Konzeption des Wahrnehmungsrahmens sowie die ausschließliche Betrachtung von Expertenschätzungen hingewiesen. Die vorliegende Arbeit greift diese Aspekte auf und nimmt zum einen eine durchgängige evidenztheoretische Modellierung des Prozesses zur Bewertung technischer Risiken unter der Berücksichtigung der Anforderungen an Wahrnehmungsrahmen und Evidenzen vor. Zum anderen bezieht die Methodik unterschiedliche Arten von Informationsquellen zur Risikobewertung mit entsprechenden Gewichtungen in den Bewertungsprozess mit ein. Hierdurch werden sowohl eine praktikable Abbildung des Prozesses zur Bewertung von technischen Risiken im Produktentwicklungsprozess als auch eine mathematische Analyse der Unsicherheitssituation anhand etablierter Kennwerte der Evidenztheorie ermöglicht.

Ein zweiter Aspekt, der den Neuheitsgrad der Methodik charakterisiert, ist die explizite Verknüpfung der Unsicherheitsmodellierung mit der Planung der Eigenschaftsabsicherung. Bisherige Arbeiten deuten einen Zusammenhang zwischen der Modellierung von epistemischen Unsicherheiten und der Beschaffung zusätzlicher Informationen auf einer allgemeingültigen Ebene an. Die vorliegende Methodik zur unsicherheitsbasierten Eigenschaftsabsicherung nimmt eine Priorisierung von technischen Risiken anhand der vorherrschenden epistemischen

[601] Vgl. Limbourg, P.: Dependability modelling under uncertainty, 2008.

[602] Vgl. Limbourg, P.; Savić, R., et al.: FTA using Dempster-Shafer theory, 2007.

[603] Vgl. Yang, J.; Huang, H.-Z., et al.: Risk evaluation in FMEA, 2011.

Unsicherheiten bei der Risikobewertung vor und nutzt diese, um erforderliche Absicherungsaktivitäten zu planen. Die Ergebnisse der Eigenschaftsabsicherung können darüber hinaus in die Risikobewertung zurückgeführt werden. Somit erfolgt im Rahmen der vorliegenden Arbeit erstmalig eine konkrete Darstellung der wechselseitigen Beziehung zwischen Unsicherheitsmodellierung und Eigenschaftsabsicherung.

Den dritten neuartigen Aspekt der Methodik stellt die funktionsfähige und intern verifizierte MATLAB-Implementierung dar. Durch die IPP-Toolbox[604] existieren zwar bereits verschiedene Grundfunktionalitäten zur softwarebasierten Modellierung von Anwendungsproblemen der Evidenztheorie; eine durchgängige informationstechnische Abbildung des Prozesses zur Unsicherheitsmodellierung bei der FMEA-Risikobewertung mit anschließender Rückführung der Ergebnisse aus der Eigenschaftsabsicherung ist jedoch ein neuer Aspekt. Neben der entwickelten Methodik kann dieser implementierte Softwareprototyp als zentrales Artefakt angesehen werden, welches das Ergebnis der Aktivitäten im Design Cycle der gestaltungsorientierten Forschung repräsentiert.

Im Zuge der Ausarbeitung und Erläuterung der Methodik sowie deren Implementierung im UbEa-Prototyp wurde eine begleitende Analyse[605] durchgeführt, die bereits erste bedeutsame Erkenntnisse und Restriktionen – insbesondere bezüglich der Arbeitsschritte 2, 3 und 4 – zutage gebracht hat. Diese lassen sich wie folgt zusammenfassen:

- Schritt 2: Bei der Kombination von Evidenzen zur FMEA-Risikobewertung ist die Anwendung von DEMPSTERS Regel aufgrund möglicher Bewertungskonflikte ungeeignet.
- Schritt 3: Im Rahmen der UbEa-Implementierung ist die Berechnung des Generalized-Hartley Wertes für Evidenzen der Risikoprioritätszahl (RPZ) fehlerhaft. Grund hierfür ist der Aufbau des UbEa-Prototypens auf der IPP-Toolbox, die eine korrekte Berechnung der Mächtigkeit von fokalen Elementen der RPZ verhindert.
- Schritt 3: Bei der Quantifizierung der Unsicherheitssituation für die Risikoprioritätszahl ist eine Berechnung der Aggregierten Unsicherheit (AU) aufgrund des erheblichen Rechenaufwands nicht möglich.
- Schritt 3: Die Durchführung einer Sensitivitätsanalyse für die RPZ ist zwar technisch möglich, allerdings liefern die Ergebnisse keine entscheidenden Hinweise zur Priorisierung von technischen Risiken bei der Planung der Eigenschaftsabsicherung.
- Schritt 4: Zur Priorisierung von technischen Risiken für die Planung der Eigenschaftsabsicherung ist die Kenngröße der Dissonanz (DN) für die RPZ aufgrund des konfliktauflösenden Berechnungsvorgangs einer resultierenden Evidenz ungeeignet.

---

[604] Vgl. Auer, E.; Luther, W., et al.: A Verified MATLAB Toolbox, 2015.

[605] Dies entspricht der Vorgehensweise der gestaltungsorientierten Forschung im Design Cycle, die einen Balanceakt aus Gestaltung und Evaluation des zu entwickelnden Artefakts darstellt, vgl. Hevner, A. R.: Design Science Research, 2007, S. 91.

6 Validierung der Methodik

Im Rahmen des vorherigen Kapitels wurde eine Methodik zur unsicherheitsbasierten Eigenschaftsabsicherung (UbEa) entwickelt und in einer prototypischen Softwareimplementierung umgesetzt. Sowohl die Methodik als auch der Softwareprototyp stellen neue Design-Artefakte dar, welche im Zuge des Design Cycle erarbeitet und intern evaluiert worden sind.

Im Bezug auf die gestaltungsorientierte Forschung sind die im Design Cycle entwickelten und geprüften Artefakte einer weiteren, externen Evaluierung im Rahmen des Relevance Cycle zu unterziehen.[606] Eine geeignete Methode hierzu ist nach HEVNER ET AL. das Konzept der *Fallstudie*, in welcher das Artefakt im Rahmen einer unternehmerischen Anwendung erprobt und detailliert untersucht wird.[607]

Das vorliegende Kapitel beschreibt die Validierung der Methodik auf Basis einer unternehmerischen Fallstudie, die im Zuge des Forschungsvorhabens durchgeführt worden ist. In Abschnitt 6.1 wird zunächst das Validierungskonzept beschrieben. Anschließend erfolgt eine Darstellung der Vorgehensweise zur Validierung sowie deren Ergebnisse im Rahmen von zwei Fallstudien (vgl. Abschnitt 6.2). Das Kapitel schließt mit einer kritischen Reflexion der Validierungsergebnisse (vgl. Abschnitt 6.3), die eine Antwort auf die Forschungsfrage der vorliegenden Arbeit liefert.

6.1 Vorstellung des Validierungskonzepts

6.1.1 Ziel der Validierung

"Does the design artifact improve the environment and how can this improvement be measured?"[608] Diese Fragestellung von HEVNER beinhaltet die Zielsetzung der Validierung für die Methodik zur unsicherheitsbasierten Eigenschaftsabsicherung (UbEa). Gemäß der gestaltungsorientierten Forschung müssen die Forschungsergebnisse im relevanten Anwendungsbereich erprobt und evaluiert werden, um deren Beitrag zur Lösung der praktischen Problemstellung bewerten zu können.[609] Ziel der Validierung für die vorliegende Forschungsarbeit ist daher die Untersuchung, ob durch die Anwendung der entwickelten UbEa-Methodik die Absicherungsplanung für komplexe technische Produkte verbessert werden kann.

Die gewünschte Verbesserung, die im Rahmen der Validierung untersucht wird, ist eng mit der Beantwortung der Forschungsfrage verknüpft, auf welcher die vorliegende Arbeit basiert.[610] Formuliert man die Forschungsfrage in Form einer Nullhypothese

$$H_0: \mu_{E,Auswahl}^{UbEa} = \mu_{E,Auswahl}^{konventionell} \quad (6.1)$$

[606] Vgl. Hevner, A. R.: Design Science Research, 2007, S. 91.
[607] Vgl. Hevner, A. R.; March, S. T., et al.: Design Science, 2004, S. 86.
[608] Hevner, A. R.: Design Science Research, 2007, S. 89.
[609] Vgl. ebenda.
[610] Vgl. Abschnitt 1.2.

sowie einer Alternativhypothese

$$H_A: \mu_{E,Auswahl}^{UbEa} > \mu_{E,Auswahl}^{konventionell}, \quad 6.2$$

so kann die Durchführung der Validierung als ein Hypothesentest angesehen werden, bei dem untersucht wird, ob der Erwartungswert für die Auswahleffektivität der Absicherungsplanung unter Anwendung der UbEa-Methodik ($\mu_{E,Auswahl}^{UbEa}$) höher ist, als derjenige Erwartungswert von konventionellen Vorgehensweisen zur Planung der Eigenschaftsabsicherung ($\mu_{E,Auswahl}^{konventionell}$).

6.1.2 Validierungskonzept

Eine strikt *quantitative Validierung* ist im Rahmen dieser Arbeit jedoch nicht möglich. Zum einen existieren für konventionelle Vorgehensweisen der Absicherungsplanung keine frei verfügbaren Daten zur Quantifizierung der Auswahleffektivität $\mu_{E,Auswahl}^{konventionell}$. Dies ist darauf zurückzuführen, dass nur wenige Unternehmen die Effektivität Ihrer Absicherungsplanung in einer Kenngröße erfassen, in dem Sie die Anzahl an Fehlern, die im Zuge der Eigenschaftsabsicherung entdeckt worden sind, in ein Verhältnis zur gesamten Anzahl an Fehlern setzen, die zusätzlich im Zuge der Feldphase des Produktes auftreten. Sollte diese Kenngröße gemessen werden, sind die Werte jedoch aus Gründen der Geheimhaltung nicht öffentlich verfügbar. Somit kann die Kenngröße $\mu_{E,Auswahl}^{konventionell}$ im Rahmen dieser Arbeit nicht ermittelt werden.

Zum anderem lässt sich der Erwartungswert für die Auswahleffektivität der Absicherungsplanung unter Anwendung der UbEa-Methodik $\mu_{E,Auswahl}^{UbEa}$ im Rahmen des hier dargestellten Forschungsprozesses nicht sicher bestimmen. Zur Ermittlung der Auswahleffektivität muss sowohl die Anzahl an Fehlern, die im Zuge der Eigenschaftsabsicherung entdeckt werden, als auch die Anzahl an Fehlern in der Feldphase eines Produktes ermittelt werden. Der Einsatz der UbEa-Methodik ist jedoch zu einem Zeitpunkt der Absicherungsplanung vorgesehen, in dem weder Absicherungsaktivitäten durchgeführt worden sind, noch das Produkt in die Feldphase eingetreten ist. Da zwischen der Absicherungsplanung und der Feldphase eines komplexen technischen Produktes mehrere Monate bis Jahre liegen können, kann im Rahmen dieser Forschungsarbeit kein verlässlicher Wert für die tatsächliche Auswahleffektivität unter Anwendung der UbEa-Methodik ermittelt werden.

Aufgrund der vorherigen Ausführungen wird auf ein *qualitatives Validierungskonzept* zurückgegriffen. Dieses sieht die Anwendung und Evaluation der UbEa-Methodik auf Basis einer Fallstudie im unternehmerischen Kontext vor. Hierbei wird von Experten im Rahmen der unternehmerischen Absicherungsplanung eine Bewertung technischer Risiken für ein exemplarisches Produkt vorgenommen und mithilfe des UbEa-Softwareprototypens modelliert.[611] Hieraus lässt sich eine unsicherheitsbasierte Risikopriorisierung ableiten, deren Ergebnisse aus Sicht der unternehmerischen Experten diskutiert und bewertet werden können. Abschließend

[611] Bei der Auswahl von Fallstudien ist der eingegrenzte Objektbereich dieser Arbeit zu berücksichtigen, vgl. Abschnitt 2.3.2.

erfolgt eine übergreifende Evaluierung der Methodik zur unsicherheitsbasierten Eigenschaftsabsicherung anhand einer standardisierten Umfrage. Dieses qualitative Validierungskonzept wird nachfolgend näher erläutert.

Anwendung der Methodik zur unsicherheitsbasierten Eigenschaftsabsicherung

Zur Validierung wird die UbEa-Methodik im Rahmen von Fallstudien durch unternehmerische Experten zur Unterstützung der Absicherungsplanung für ein Produkt des jeweiligen Unternehmens angewendet. Dies geschieht im Zuge eines eintägigen Arbeitstreffens, in den Experten aus den relevanten Fachbereichen integriert werden, die an der Absicherungsplanung beteiligt sind.

Ausgangspunkt zur Anwendung der UbEa-Methodik sind identifizierte und hinsichtlich Ursachen und Folgen analysierte technische Risiken. Sollten diese zu Beginn des Workshops noch nicht vorliegen, können sie durch die Anwendung der FMEA-Methodik im Rahmen des Arbeitstreffens erfasst werden.

Auf Basis der vorliegenden technischen Risiken führen die anwesenden Experten eine unsicherheitsbasierte Risikobewertung gemäß Schritt 1 der Methodik durch.[612] Um den Prozess zur Erfassung der Risikobewertung in der praktischen Anwendung zu beschleunigen und zu vereinfachen, wurde eine entsprechende Tabellenvorlage entwickelt. Diese ist in Abbildung 6.1 ausschnittsweise dargestellt.

Möglicher Fehler (Risiko)	Mögliche Fehlerursache	Mögliche Fehlerfolge	Bestehende Vermeidungs-maßnahmen	Bestehende Entdeckungs-maßnahmen	Risikobewertung Experte 1					
					Schwere der Fehlerfolge		Auftretens-wahrscheinlichkeit der Ursache		Risiko, die Ursache NICHT zu entdecken	
					UG	OG	UG	OG	UG	OG
Ausfall der Fensterhebersteuerung. Fenster kann nicht geöffnet werden.	Offene Motorspule.	Ausfall Motor (Motor steht).	Bewährte konstruktive Auslegung. Detailänderung an bewährten Serienteilen.	Vibrationstest, Temperaturtest, Lebensdauertest.						
Ausfall der Fensterhebersteuerung. Fenster kann nicht geöffnet werden.	Kurzschluss der Motorversorgungsleitung nach Masse.	Ausfall Motor (Motor steht).	Langjährige Serienerfahrung ohne bekannte Fehlermeldung.	Vibrationstest, Temperaturtest, Lebensdauertest.						
Fenster öffnet und schließt mit einer zu geringen Geschwindigkeit.	Schwergängigkeit aufgrund von Lagerfehlern.	Motordrehzahl zu niedrig.	Gelegentlich auftretende Fehlerursache, geeignete, im Reifegrad fortgeschrittene Konstruktion.	Dauerlaufversuch bei erhöhtem Stress.						

Abbildung 6.1: Tabellenvorlage zur Erfassung der Risikobewertung (Ausschnitt)

Die Tabellenvorlage ermöglicht es jedem Experten, die vorliegenden Risiken hinsichtlich ihrer Schwere, Auftretens- und Entdeckungswahrscheinlichkeit gemäß der FMEA-Methodik zu bewerten. Dabei kann jeder Experte die Schätzung für die Bewertungszahl eines jeweiligen Risikos mit einem unteren Grenzwert (UG) und einem oberen Grenzwert (OG) angeben.

[612] Vgl. Abschnitt 5.1.1.

Sind von allen Experten die Risikobewertungen vorhanden, werden diese einschließlich der Risikobeschreibung in einer gesammelten Tabelle konsolidiert und mithilfe der CSV-Importfunktion[613] in den UbEa-Softwareprototypen integriert. Dieser führt die verbleibenden Schritte 2-4 der Methodik automatisiert durch und erstellt für die Experten eine Risikopriorisierung auf Basis der entwickelten Priorisierungsalgorithmen.[614]

Der fünfte Arbeitsschritt der Methodik, welcher die Aktualisierung der Informationssituation auf Basis der nachfolgenden Ergebnisse der Eigenschaftsabsicherung beinhaltet, wird aufgrund der vorhandenen zeitlichen Beschränkung aus den Validierungsaktivitäten ausgeschlossen.

Diskussion der Priorisierungsergebnisse

Die drei verschiedenen Priorisierungsergebnisse, welche durch die im UbEa-Softwareprototypen implementierten Algorithmen bereitgestellt werden, können durch die im Workshop anwesenden Experten hinsichtlich Ihrer Eignung zur Planung der Eigenschaftsabsicherung diskutiert werden. Dabei kann ein Vergleich zur konventionellen Vorgehensweise der Absicherungsplanung gezogen und evaluiert werden, ob durch die bereitgestellte Priorisierung die Auswahleffektivität bei der Absicherungsplanung verbessert werden kann.

Umfragebasierte Evaluation der Methodik

Um eine mögliche Verbesserung der Absicherungsplanung qualitativ bewerten zu können, wurde für die Validierung der UbEa-Methodik ein Online-Fragebogen entwickelt, den die Experten per Smartphone oder Laptop direkt im Anschluss an die Validierung ausfüllen können. Der Fragebogen umfasst fünf Aussagen, welche den Einfluss der Methodik auf Zielgrößen der Absicherungsplanung hinsichtlich Durchführungszeit, Durchführungsaufwand sowie Planungsqualität im Sinne der Auswahleffektivität untersuchen. Die Aussagen lauten wie folgt:

1. Wird bei der Absicherungsplanung die unsicherheitsbasierte Risikopriorisierung berücksichtigt, so kann die Absicherungsplanung schneller durchgeführt werden.
2. Wird bei der Absicherungsplanung die unsicherheitsbasierte Risikopriorisierung berücksichtigt, so kann der Aufwand der Absicherungsplanung reduziert werden.
3. Wird bei der Absicherungsplanung die unsicherheitsbasierte Risikopriorisierung berücksichtigt, so können Absicherungsaktivitäten gezielter ausgewählt werden.
4. Wird bei der Absicherungsplanung die unsicherheitsbasierte Risikopriorisierung berücksichtigt, so können durch eine gezielte Auswahl von Absicherungsaktivitäten mehr Fehler entdeckt werden.
5. Die Methodik zur unsicherheitsbasierten Risikopriorisierung verbessert insgesamt die Planung der Eigenschaftsabsicherung.

Zu jeder dieser Aussagen existiert eine Likert-Skala mit den fünf folgenden Antwortmöglichkeiten:

- stimme zu

[613] Vgl. Abschnitt 5.2.2.

[614] Vgl. Abschnitt 5.1.2 bis 5.1.4.

- stimme eher zu
- neutral
- stimme eher nicht zu
- stimme nicht zu

Dieser Online-Fragebogen wird im Anschluss an die Diskussion der Ergebnisse durch die unternehmerischen Experten in anonymer Form ausgefüllt. Die Ergebnisse der Auswertungen, insbesondere die Aussagen 4 und 5 lassen einen Rückschluss hinsichtlich der Beantwortung der Forschungsfrage zu, inwiefern die Auswahleffektivität durch die UbEa-Methodik gesteigert werden kann.

6.2 Durchführung der Validierung

6.2.1 Fallstudie 1: Lagerung von Motorspindeln

Die erste Fallstudie behandelt die unsicherheitsbasierte Risikopriorisierung für eine Lagerung von Motorspindeln (vgl. Abbildung 6.2). Hierbei wurde in Kooperation mit einem deutschen Hersteller für Motorspindeln im Werkzeugmaschinenbau eine technische Risikoanalyse mit anschließender Anwendung der Methodik zur unsicherheitsbasierten Eigenschaftsabsicherung durchgeführt sowie deren Ergebnisse evaluiert.

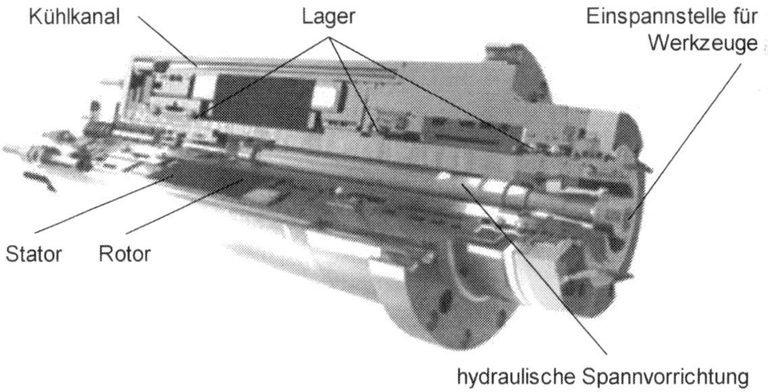

Abbildung 6.2: Schnittdarstellung einer Motorspindel[615]

Die Methodik wurde im Rahmen eines eintägigen Arbeitstreffens durchgeführt, an dem insgesamt vier Experten (Führungskräfte und Mitarbeiter) aus den Fachbereichen Produktentwicklung, Fertigung und Qualitätsmanagement teilnahmen. Zunächst wurde der Aufbau des zu

[615] Vgl. Glockner, C.: Werkzeugmaschinen, 2014, S. 1104.

untersuchenden Produktes sowie dessen Funktionalität erläutert. Anschließend wurden in Anlehnung an die FMEA-Vorgehensweise[616] anhand unterschiedlicher Systemelemente und -funktionen mögliche Risiken in Form von potenziellen Fehlern identifiziert, deren Ursachen sowie Folgen analysiert und dokumentiert. Auf Basis der dokumentierten Fehler, Fehlerursachen und Fehlerfolgen erfolgte eine unsicherheitsbasierte Risikobewertung durch die anwesenden Experten. Hierbei bewertete jeder Workshop-teilnehmer für sich die Schwere, Auftretenswahrscheinlichkeit und Entdeckungswahrscheinlichkeit der einzelnen Risiken mithilfe der in Abbildung 6.1 dargestellten Tabellenvorlage. Die Bewertungen wurden anschließend konsolidiert und mithilfe der CSV-Importfunktion in den UbEa-Softwareprototypen integriert.

Mit der vorliegenden Datenbasis konnte eine Analyse der Unsicherheitssituation sowie eine automatisierte Priorisierung der vorhandenen Risiken mithilfe der verschiedenen Priorisierungsalgorithmen durchgeführt werden. Die Ergebnisse der Risikopriorisierung durch die Algorithmen wurden durch die Workshop-teilnehmer diskutiert und mit der bestehenden Absicherungsplanung abgeglichen. Zum Abschluss des Arbeitstreffens wurde der Online-Fragebogen zur unsicherheitsbasierten Risikopriorisierung durch die anwesenden Experten ausgefüllt.

Ergebnisse der Methodik-Anwendung

Im Rahmen des Arbeitstreffens wurden 66 technische Risiken der Motorspindel-lagerung durch die Experten, identifiziert, analysiert und bewertet. Ein exemplarischer Ausschnitt der identifizierten Risiken ist in Tabelle 6.1 dargestellt.

Tabelle 6.1: Ausschnitt der identifizierten Risiken (Fallstudie 1)

Nr.	Fehler	Fehlerursache	Fehlerfolge
16	Medienversorgung wird nicht gewährleistet.	Fremdkörper innerhalb der Medienkanäle.	Ausfall der Motorspindel.
35	Rohmaterial porös.	Gussfehler.	Medien vermischen sich ungewollt.
38	Form- und Lagetoleranzen werden nicht erreicht.	Inhomogenes Gefüge des Rohmaterials.	Reduzierte Lebensdauer der Motorspindel.
54	Beschichtung fehlerhaft.	Falsche Vorbehandlung verwendet.	Notwendige Oberflächengüte wird nicht erreicht.
63	Restspannungen im Material vorhanden.	Alterung des Materials.	Undefinierte Geometrieabweichungen.

[616] Vgl. Abbildung 3.4.

Im Anschluss an die Risikoidentifikation wurden alle 66 Risiken durch die Experten bewertet und die Bewertungen in den UbEa-Softwareprototypen integriert. Hierdurch konnten die Aussagen der Experten in Form von Evidenzen modelliert und kombiniert sowie eine Berechnung der zugehörigen Unsicherheitskennwerte für die jeweiligen Risiken berechnet werden. In Abbildung 6.3 sind die Unsicherheitskennwerte der technischen Risiken exemplarisch für die Bewertungszahl BZ_B dargestellt.

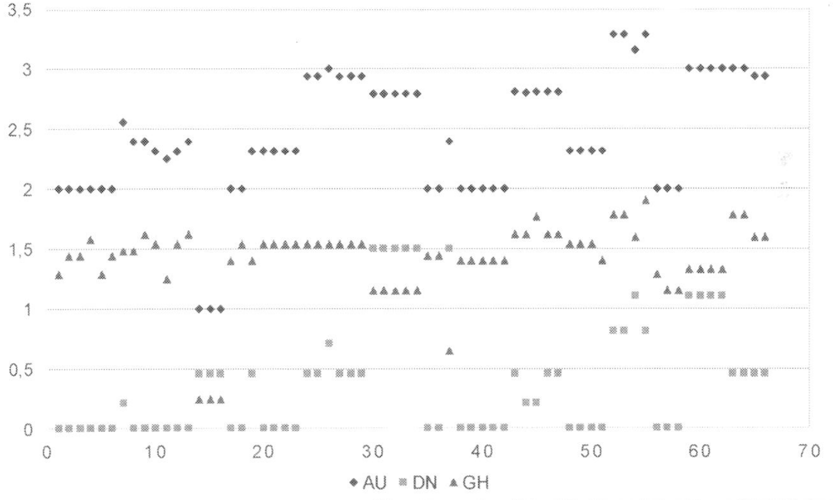

Abbildung 6.3: Unsicherheitskennwerte für die Bewertungszahl B

Zu erkennen ist, dass bei einer Vielzahl an Risiken kein Aussagekonflikt herrscht, beispielsweise bei den Risiken mit dem Index 1 bis 6, da der entsprechende Dissonanzwert (DN) bei 0 liegt. Hingegen ist die Unspezifität, gemessen durch den Generalized-Hartley Wert (GH), bis auf die Risiken mit dem Index 14 bis 16[617] sowie 37 durchweg hoch. Dies hängt mit der Tatsache zusammen, dass die anwesenden Experten ihre Unsicherheit bezüglich der tatsächlichen Fehlerschwere in die Risikobewertung durch breite Intervallschätzungen für die Bewertungszahl B eingebracht haben. Der Wert für die aggregierte Unsicherheit (AU) ist bei den Risiken mit dem Index 52 bis 55 am höchsten. Diese beschreiben technische Risiken bezüglich der Oberflächenbeschichtung; hier liegen sowohl eine hohe Unspezifität der getätigten Bewertungen als auch ein hoher Aussagekonflikt zwischen den Expertenaussagen vor.

Auf Basis der Unsicherheitskennwerte wurde mithilfe des UbEa-Softwareprototypen eine unsicherheitsbasierte Priorisierung der vorliegenden technischen Risiken durchgeführt. Hierbei wurden die drei verfügbaren Priorisierungsansätze angewendet und deren Ergebnisse an-

[617] Die Risiken mit dem Index 14 bis 16 sehen den Ausfall der Motorspindel als Fehlerfolge vor, die von den anwesenden Experten spezifisch mit einer hohen Bewertungszahl versehen wurde.

schließend durch die Experten diskutiert. Die Ergebnisse der Priorisierung finden sich ausschnittsweise in Tabelle 6.2 wieder. Dargestellt sind die ursprünglichen Indizes der technischen Risiken, die gemäß den drei verschiedenen Algorithmen auf die höchsten sieben Priorisierungsplätze eingeordnet worden sind. Zu erkennen ist, dass die beiden Ansätze 1 und 2 den technischen Risiken bezüglich der Oberflächenbeschichtung (Index 52 bis 55) die höchste Priorisierung zuweisen. Dies ist darauf zurückzuführen, dass die Aggregierte Unsicherheit der Bewertungszahl B für diese Risiken am höchsten ist (vgl. auch Abbildung 6.3).

Tabelle 6.2: Ergebnisse der Priorisierung (Ausschnitt)

	Prio. 1	Prio. 2	Prio. 3	Prio. 4	Prio. 5	Prio. 6	Prio. 7	...
Ansatz 1	52	55	54	53	59	43	45	...
Ansatz 2	55	54	52	53	43	63	45	...
Ansatz 3	36	63	35	37	38	20	21	...

Ein anderes Bild ergibt sich aus der Priorisierung des Ansatz 3, welcher die Unspezifität (GH) bezüglich der Risikoprioritätszahl sowie den oberen Erwartungswert (CV) im Rahmen der Priorisierung berücksichtigt. Hier erhalten unter anderem diejenigen Risiken eine hohe Priorität für die Absicherungsplanung, die einen möglichen Gefügefehler des verwendeten Gussmaterials beschreiben (Index 35-38).

Ergebnisse der Diskussion zu den vorgenommenen Priorisierungen

Die verschiedenen Priorisierungsergebnisse wurden von den anwesenden Experten diskutiert. Dabei lässt sich zusammenfassend festhalten, dass die Resultate der ersten beiden Algorithmen (Ansatz 1 und 2) aufzeigen, bei welchen Risiken zusätzliche Informationen erforderlich sind, um unspezifische Bewertungsaussagen sowie vorhandene Aussagekonflikte zu reduzieren. Diese Informationen können durch zusätzliche Aktivitäten der Eigenschaftsabsicherung gewonnen werden. Weiterhin wurde angemerkt, dass die Ergebnisse des dritten Priorisierungsansatzes einer intuitiv vorgenommenen Priorisierung der Risiken, insbesondere bezüglich der Höhe der vorgenommenen Risikobewertung, entsprechen. Somit können die verschiedenen Algorithmen sowohl zu intuitiven als auch zu kontra-intuitiven Priorisierungen führen, die bei der Absicherungsplanung berücksichtigt werden können.

Ergebnisse der umfragebasierten Evaluation

Im Anschluss an die Diskussion wurde der Online-Fragebogen zur Evaluation der UbEa-Methodik durch die anwesenden Experten ausgefüllt.[618] Die Ergebnisse sind in Abbildung 6.4 zusammengefasst. Zu sehen ist, dass die Experten tendenziell eine Verbesserung der Absi-

---

[618] Vgl. auch Abschnitt 6.1.2.

cherungsplanung durch den Einsatz der UbEa-Methodik sehen, indem ausschließlich zustimmende bzw. neutrale Antwortmöglichkeiten ausgewählt worden sind; bei keiner der vier Aussagen kam es zu einer ablehnenden Einschätzung durch die Teilnehmer.

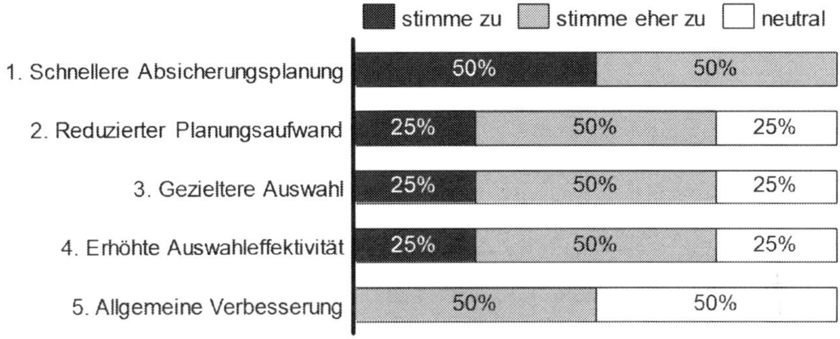

Abbildung 6.4: Ergebnisse der umfragebasierten Evaluation

Von besonderem Interesse für die vorliegende Arbeit ist die Beantwortung der dritten und vierten Fragestellung, da sie einen Rückschluss auf eine mögliche Erhöhung der Auswahleffektivität der Absicherungsplanung durch den Einsatz der UbEa-Methodik zulassen. Beide Aussagen erhalten das gleiche Maß an Zustimmung (stimme zu: 25%; stimme eher zu: 50%), sodass auf Basis dieser Evaluationsdaten grundsätzlich von einer *Zustimmung der Experten zur verbesserten Auswahleffektivität* durch die Anwendung der unsicherheitsbasierten Eigenschaftsabsicherung ausgegangen werden kann.

Darüber hinaus kann auf Basis der Einschätzungen zur ersten Aussage der Umfrage festgehalten werden, dass die teilnehmenden Experten von einer schnelleren Absicherungsplanung durch die Anwendung der UbEa-Methodik ausgehen. Weiterhin lässt sich grundsätzlich eine Zustimmung der Experten zu der Aussage identifizieren, dass der Einsatz der UbEa-Methodik mit einer Reduzierung des erforderlichen Planungsaufwands für die Eigenschaftsabsicherung einhergeht.

6.2.2 Fallstudie 2: Drehzahlsensor für Werkzeugmaschinen

Im Rahmen der zweiten Fallstudie zur Validierung wurde die Methodik zur unsicherheitsbasierten Eigenschaftsabsicherung bei einem Hersteller von Drehzahlsensoren angewendet. Untersuchungsobjekt der Validierung war dabei ein induktiver Drehzahlsensor, der in Werkzeugmaschinen zum Einsatz kommt, um beispielsweise die Rotationsgeschwindigkeit einer Motorspindel (vgl. Abschnitt 6.2.1) zu bestimmen.

Die Validierung der Methodik wurde im Rahmen eines Produktentwicklungsprojektes durchgeführt, in dem eine neue technische Lösung für einen Drehzahlsensor entwickelt werden soll, der ein reduziertes, marktbezogenes Anforderungsprofil erfüllt. Hierdurch versucht das Unternehmen, den Sensor zu einem reduzierten Zielpreis in einem neuen Markt zu platzieren. Die Entwicklungsaktivitäten befanden sich zum Zeitpunkt der Methodikanwendung noch in einem frühen Stadium, sodass neben technischen Risiken auch markt- und projektbezogene Risiken von Bedeutung waren.

Analog zur ersten Fallstudie fand die Validierung der Methodik im Rahmen eines eintägigen Arbeitstreffens statt. An diesem Treffen nahmen insgesamt sieben Personen des Unternehmens aus unterschiedlichen Fachbereichen teil:

- Geschäftsführung / Assistenz der Geschäftsführung: 2 Personen
- Vertrieb / Key-Account-Management: 2 Personen
- Produktentwicklung: 2 Personen
- Qualitätsmanagement: 1 Person

Im Rahmen des Arbeitstreffens wurde zu Beginn das zu Entwicklungsvorhaben mithilfe des unternehmensinternen Projektantrags erläutert. Anschließend wurden verschiedenartige Risiken, insbesondere Marktrisiken, Projektrisiken und technische Risiken identifiziert. Für jedes Risiko wurde eine Beschreibung des möglichen Fehlers sowie zugehöriger Folgen und Ursachen dokumentiert. Anschließend wurde eine unsicherheitsbasierte Risikobewertung durch die Teilnehmer des Arbeitstreffens vorgenommen. Analog zur ersten Fallstudie bewerteten die Anwesenden die Schwere, Auftretenswahrscheinlichkeit und Entdeckungswahrscheinlichkeit zu den Risiken anhand der in Abbildung 6.1 dargestellten Tabellenvorlage. Die Bewertungsergebnisse wurden anschließend in einem Master-Dokument zusammengefasst und in den Softwareprototypen der UbEa-Methodik integriert.

Auf Basis der Bewertungsergebnisse wurde mit dem UbEa-Softwareprototypen im Arbeitstreffen eine Analyse der Unsicherheitssituation sowie eine Priorisierung der Risiken anhand der drei entwickelten Priorisierungsansätze vorgenommen. Sowohl die Ergebnisse der Analyse als auch die der Priorisierung wurde mit den Teilnehmern des Arbeitstreffens kritisch diskutiert, bevor zum Abschluss des Arbeitstreffens der Online-Fragebogen zur unsicherheitsbasierten Risikopriorisierung ausgefüllt wurde.

Ergebnisse der Methodik-Anwendung

Im Rahmen der Risikoidentifikation wurden insgesamt 32 verschiedene Risiken identifiziert und dokumentiert. Tabelle 6.3 zeigt einen Ausschnitt der Risiken, die im Rahmen des Arbeitstreffens erfasst und analysiert wurden.

Tabelle 6.3: Ausschnitt der identifizierten Risiken (Fallstudie 2)

Nr.	Fehler	Fehlerursache	Fehlerfolge
8	Durch Markenwahrnehmung kann keine ausreichende Preisbereitschaft erzielt werden.	Schwache bestehende Marktpräsenz im Zielmarkt.	Fehlende Umsätze.
10	Zielpreis fehlerhaft definiert.	Marktanalyse fehlerhaft.	Fehlende Umsätze.

17	Markteinführungstermin kann nicht erreicht werden.	Verzögerte Entwicklungsfreigabe.	Fehlende Umsätze.
25	Technologien erfüllen die technischen Anforderungen nicht.	Machbarkeitsstudie fehlerhaft.	Entwicklungsstopp.
31	Technische Anforderungen werden übererfüllt.	Technologie ist leistungsfähiger als ursprünglich gedacht.	Fehlende Abgrenzung zu bestehenden Produkten.

Die identifizierten und dokumentierten Risiken wurden durch die anwesenden Unternehmensvertreter unabhängig voneinander bewertet, um eine Berechnung der Unsicherheitskennwerte im UbEa-Softwareprototypen zu ermöglichen. Abbildung 6.5 stellt diese beispielhaft für die Bewertungszahl BZ_B dar.

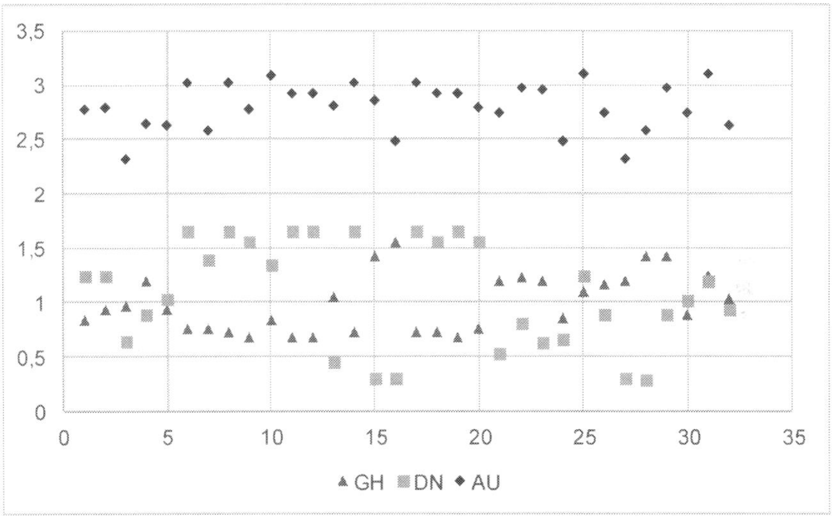

Abbildung 6.5: Unsicherheitskennwerte für die Bewertungszahl B

Anhand der Unsicherheitskennwerte für die Aggregierte Unsicherheit (AU) zur Bewertungszahl BZ_B zeigt sich, dass die Unsicherheitssituation entlang der identifizierten und bewerteten Risiken sowohl recht hoch als auch homogen ist.[619] Die Ursachen hierzu lassen sich durch eine separate Analyse der Maße für Unspezifität (GH-Wert) und Konflikt (DN-Wert) erläutern.

Die *Unspezifität*, gemessen im Generalized-Hartley (GH) Wert, liegt bei den bewerteten Risiken auf einem mittleren bis hohen Niveau. Dies lässt sich darauf zurückführen, dass sich der

[619] Die Unsicherheitsituation für die weiteren Bewertungszahlen BZ_A und BZ_E ergeben ein ähnliches Bild und werden nicht zusätzlich dargestellt.

zu entwickelnde Drehzahlsensor zum Zeitpunkt der Methodikanwendung noch in einem frühen Entwicklungsstadium befand. Somit lagen zum Bewertungszeitpunkt nur wenig Information zu den identifizierten Risiken vor, die zu den vorgenommenen Intervallschätzungen geführt haben. Vergleicht man die Ergebnisse der zweiten Fallstudie mit denen der ersten, fällt jedoch auf, dass die Unspezifität der Risikobewertung im hier beschriebenen Anwendungsfall tendenziell geringer ist. Dies bedeutet, dass die Teilnehmer des Arbeitstreffens bei der Einschätzung der Risiken generell kleinere Intervalle gewählt haben, was wiederum Rückschlüsse auf die Risikowahrnehmung der Teilnehmer ermöglicht.

Einen größeren Beitrag zur Unsicherheitssituation leistet das Maß an *Aussagekonflikt*, welches sich im Dissonanzwert (DN) widerspiegelt. Eine Ursache hierzu liegt in der Tatsache, dass in der zweiten Fallstudie eine höhere Anzahl von personenbezogenen Risikobewertungen vorliegt. Hierdurch steigt die Wahrscheinlichkeit eines vorhandenen Aussagekonflikts. Zu erkennen ist dies daran, dass für jedes identifizierte Risiko der Dissonanzwert über Null liegt. Weiterhin macht sich bei den Risiken mit den Indizes 6 bis 20 (Ausnahmen: 13, 15, 16) ein hoher Aussagekonflikt bemerkbar. Dies ist darauf zurückzuführen, dass es sich bei diesen Risiken um marktbezogene Risiken handelt, deren Risikofolge sich auf fehlende Umsätze oder Profitverlust bezieht. Diese Konsequenz wird durch die anwesenden Teilnehmer sehr unterschiedlich wahrgenommen: während die Vertreter der Geschäftsführung bzw. des Vertriebs diese Risikofolge als besonders schwerwiegend einstufen, herrscht im Bereich der Produktentwicklung oder des Qualitätsmanagements eine abweichende Risikoeinschätzung. Diese unterschiedliche Wahrnehmung macht sich schließlich in einem erhöhten Aussagekonflikt bemerkbar. Somit lässt sich zusammenfassend festhalten, dass sowohl eine sehr heterogene Bewertungsgruppe als auch eine Bewertung von Risiken unterschiedlicher Art (z. B. technische Risiken und Marktrisiken) die Unsicherheitssituation verstärkt.

Im Anschluss an die Analyse der Unsicherheitssituation wurde die unsicherheitsbasierte Risikopriorisierung mithilfe des UbEa-Softwareprototypen durchgeführt. Die Ergebnisse der verschiedenen Priorisierungsansätze sind ausschnittsweise für die sieben Risiken mit der höchsten Priorität in Tabelle 6.4 dargestellt.

Tabelle 6.4: Ergebnisse der Priorisierung (Ausschnitt)

	Prio. 1	Prio. 2	Prio. 3	Prio. 4	Prio. 5	Prio. 6	Prio. 7	...
Ansatz 1	31	25	14	10	6	8	17	...
Ansatz 2	31	25	10	6	14	8	17	...
Ansatz 3	10	16	9	15	30	13	4	...

Vergleicht man die Priorisierungsergebnisse der Ansätze 1 und 2 miteinander, so fällt auf, dass beide Ansätze zu einem sehr ähnlichen Ergebnis gelangen.[620] Die Risiken mit der höchsten Priorität (Index 31 und 25) beziehen sich auf die technische Machbarkeit des Entwicklungsvorhabens. Hier herrscht noch hohe Unsicherheit, ob die angestrebte technologische Lösung in der Lage ist, die Anforderungen zu erfüllen oder ob die technologischen Fähigkeiten sogar unerwartet hoch sind, was zu einer fehlenden Abgrenzung von bestehenden Produkten führen würde. Im Rahmen der Diskussion mit den Teilnehmern des Arbeitstreffens aus den technischen Bereichen wurde hieraus die Notwendigkeit betont, eine absichernde Machbarkeitsuntersuchung durchzuführen.

Die weiteren Priorisierungsergebnisse der Ansätze 1 und 2 umfassen insbesondere marktbezogene Risiken. Dabei stellen die Risiken mit den Indizes 6, 8, 10, 14 und 17 allesamt Risiken dar, die ausbleibende Umsätze für das Unternehmen zur Folge haben. Wie bereits bei der Analyse der Unsicherheitssituation beschrieben herrscht hier insbesondere Uneinigkeit der Teilnehmer bezüglich der Einschätzung der Risikoschwere.

Der dritte Priorisierungsansatz liefert auf den ersten Blick ein abweichendes Bild. Zwar erhält weiterhin das marktbezogene Risiko zur fehlerhaften Zielpreisdefinition (Index 10) eine hohe Priorität, die weiteren, höher priorisierten Risiken (Indizes 4, 9, 13, 15, 16, 30) finden sich jedoch – analog zu den Ergebnissen der ersten Fallstudie – nicht in den hoch priorisierten Risiken der Ansätze 1 und 2 wieder. Bei einer näheren Analyse konnte jedoch festgestellt werden, dass die hoch priorisierten Risiken des dritten Ansatzes ebenfalls eine fehlerhafte Markt- und Machbarkeitsanalyse umfassen.

Ergebnisse der Diskussionen zu den Priorisierungen

Die Diskussion der Priorisierungsergebnisse mit den Teilnehmern des Arbeitstreffens zeigte zum einem, dass die Methodik aus Sicht des Unternehmens die Möglichkeit bietet, gezielt diejenigen Risiken zu identifizieren, bei denen zum aktuellen Stand des Entwicklungsprojektes keine ausreichenden Informationen vorliegen, um eine valide Bewertung vornehmen zu können.

Zum anderen wurde von einigen Teilnehmern kritisch angemerkt, dass die Bewertung von technischen, marktbezogenen und projektbezogenen Risiken inhaltlich zu trennen und auch durch separate Expertengruppen zu bewerten sei. Dies führe dazu, dass die Bewertung der Risiken nicht durch Teilnehmer mit fehlendem Fachbezug verfälscht wird und somit die Unsicherheitssituation entlang der fachlichen Entscheidungsträger verlässlicher dargestellt werden kann.

Ergebnisse der umfragebasierten Evaluation

Auf Basis der Diskussion nahmen die Teilnehmer des Arbeitstreffens an der Evaluation der UbEa-Methodik durch den Online-Fragebogen teil. Hierbei wurden insgesamt 5 vollständige Antwortbögen registriert, deren Ergebnisse in Abbildung 6.6 dargestellt sind.

---

[620] Diese Beobachtung konnte auch bereits im Rahmen der ersten Fallstudie angestellt werden.

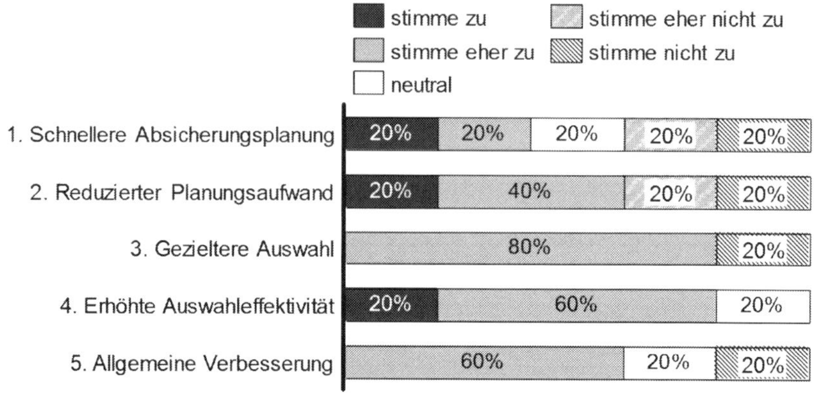

Abbildung 6.6: Ergebnisse der umfragebasierten Evaluation

Im Vergleich zur ersten Fallstudie ergibt sich in dieser umfragebasierten Evaluation ein differenziertes Bild. Zur möglichen Zielerfüllung einer schnelleren Absicherungsplanung durch die UbEa-Methodik lässt sich keine klare Aussage gewinnen, da alle fünf Antwortmöglichkeiten durch die Teilnehmer ausgewählt worden sind. Ähnlich fällt das Fazit zur Reduzierung des Planungsaufwands durch die Methodik zur unsicherheitsbasierten Eigenschaftsabsicherung aus. Zwar überwiegt die Zustimmung zur Reduzierung des Planungsaufwands knapp, dem stehen jedoch zwei ablehnende Einschätzungen gegenüber.

Bezüglich der gezielteren Auswahl und somit auch der möglichen Erhöhung der Auswahleffektivität von Absicherungsaktivitäten, die im Fokus des vorliegenden Forschungsvorhabens liegt, kann jedoch festgehalten werden, dass eine *erhöhte Zustimmung zu einer möglichen Verbesserung der Auswahleffektivität* herrscht. Insbesondere bei der direkten Frage zur Erhöhung der Auswahleffektivität existiert keine ablehnende Einschätzung der Teilnehmer, die einer möglichen Verbesserung dieser Zielgröße widerspricht.

6.3 Kritische Reflexion der Validierungsergebnisse

Im Rahmen der Validierungsaktivitäten wurde die Methodik zur unsicherheitsbasierten Eigenschaftsabsicherung im unternehmerischen Kontext erprobt und diskutiert. Unter Berücksichtigung der zuvor dargestellten Validierung sowie der Evaluationsergebnisse kann aufgrund der Zustimmung der Experten die Forschungsfrage dieser Arbeit

Kann die Auswahleffektivität von fehlerbehafteten Produkteigenschaften bei der Planung der Eigenschaftsabsicherung durch eine unsicherheitsbasierte Priorisierung von technischen Risiken gesteigert werden?

mit *ja* beantwortet werden.

Jedoch sind im Zuge einer kritischen Reflexion der Validierungsergebnisse die folgenden Punkte aufzuführen:

- Die Expertenaussagen stellen nur einen Schätzer für die Verbesserung der Auswahleffektivität dar.
- Das Betrachtungsobjekt der ersten Fallstudie befand sich bereits in der Serienproduktionsphase.
- Die Implementierung der Methodik bedarf einer Weiterentwicklung zur Überführung der Ergebnisse in die Absicherungsplanung.

Zunächst ist festzuhalten, dass die Aussagen der Experten bezüglich einer Verbesserung der Absicherungsplanung nur als Schätzer angesehen werden können. Eine tatsächliche, quantifizierbare Erhöhung der Auswahleffektivität konnte im Rahmen der Arbeit aufgrund des vorliegenden Validierungskonzeptes[621] nicht nachgewiesen werden. Dieser Fragestellung lässt sich jedoch im Rahmen eines längerfristigen Einsatzes der Methodik im unternehmerischen Kontext nachgehen. Im Kontext der vorliegenden Arbeit kann die vorgenommene beobachtende bzw. experimentelle Untersuchung im Rahmen der Fallstudien als gültige Methode zur Evaluierung des Design-Artefakts angesehen werden.[622]

Weiterhin ist anzumerken, dass zur Validierung im Rahmen der ersten Fallstudie ein Betrachtungsobjekt (Lagerung einer Motorspindel) gewählt worden ist, welches sich zum Zeitpunkt der Methodik-anwendung bereits in der Phase der Serienproduktion befand. Demnach besteht die Möglichkeit, dass die vorgenommene Risikobewertung der Experten durch das Wissen über tatsächlich in der Produktions- und Betriebsphase auftretende Fehler beeinflusst worden ist. Im Kontext des Arbeitstreffens wurde dieser Aspekt jedoch diskutiert und die Entscheidungsunterstützung der Methodik für die Planung der Eigenschaftsabsicherung im Zuge eines Produktentstehungsprozesses von den Experten bestätigt.

Darüber hinaus kann auf Basis von Diskussionen aus den Validierungsworkshops festgehalten werden, dass Weiterentwicklungsbedarf zur Überführung der Priorisierungsergebnisse in die Planung der Eigenschaftsabsicherung besteht. Im Rahmen der Arbeitstreffen mit den Unternehmen, die an den Fallstudien teilgenommen haben, wurden die Priorisierungsergebnisse anhand der Darstellung im implementierten Softwareprototypen besprochen. Dieser beinhaltet ausschließlich eine tabellarische Darstellung der priorisierten Risiken.[623] Von mehreren teilnehmenden Experten wurde die Anforderung geäußert, die Priorisierungsergebnisse weiter aufzubereiten und auf Basis einer softwaretechnischen Integration direkt in die Absicherungsplanung zu überführen, um eine verbesserte Planungsunterstützung zu erreichen. Dieser Aspekt wird im Rahmen des Ausblicks zur vorliegenden Arbeit aufgegriffen.

---

[621] Vgl. Abschnitt 6.1.2.

[622] Vgl. Hevner, A. R.; March, S. T., et al.: Design Science, 2004, S. 86.

[623] Vgl. Abbildung Abbildung 5.20.

7 Zusammenfassung und Ausblick

7.1 Zusammenfassung

Trotz erheblicher „Fortschritte bezüglich des Qualitätsniveaus im Produktentstehungsprozess“[624] weisen komplexe technische Produkte in ihrer Herstellungs- und Betriebsphase oftmals entwicklungsbedingte Fehler auf, die im Rahmen einer vorgelagerten, entwicklungsbegleitenden Eigenschaftsabsicherung hätten entdeckt und behoben werden können. Eine Ursache für dieses Defizit liegt darin begründet, dass es bestehenden Ansätzen zur Planung der Eigenschaftsabsicherung an quantitativer Entscheidungsunterstützung bei der Auswahl absicherungsrelevanter Produkteigenschaften mangelt. Weder werden die Ergebnisse einer technischen Risikobewertung standardisiert in die Absicherungsplanung überführt, noch werden wissensbezogene Unsicherheiten berücksichtigt, die bei der Bewertung von technischen Risiken während der Produktentstehung vorherrschen.

Um diese Problemstellung zu adressieren, wurde im Rahmen der vorliegenden Arbeit eine Methodik zur unsicherheitsbasierten Eigenschaftsabsicherung entwickelt, prototypisch in einer Softwareumgebung implementiert und validiert. Die Methodik ermöglicht es, technische Risiken auf Basis von Unsicherheiten, die bei der Risikobewertung vorherrschen, zu priorisieren und somit eine quantitative Entscheidungsunterstützung für die Auswahl absicherungsrelevanter Produkteigenschaften im Zuge der Absicherungsplanung bereitzustellen. Zur Berechnung von Unsicherheiten wird dabei auf die Evidenztheorie nach DEMPSTER/SHAFER zurückgegriffen: vorliegende, ggf. unspezifische Aussagen zu Bewertungszahlen der technischen Risiken werden unabhängig voneinander in Form von Evidenzen modelliert und miteinander kombiniert. Hierdurch können geeignete Unsicherheitskennwerte für die verschiedenen FMEA-Bewertungszahlen sowie die Risikoprioritätszahl auf Basis von Unspezifität und Widersprüchlichkeit der vorliegenden Aussagen berechnet werden. Diese Kennwerte spiegeln das vorherrschende Informationsdefizit zum jeweiligen Risiko wider und dienen dazu, die identifizierten technischen Risiken für die Planung der Eigenschaftsabsicherung zu priorisieren und somit eine Entscheidungsunterstützung bei der Auswahl absicherungsrelevanter Produktfunktionen bereitzustellen.

Die vorliegende Arbeit stellt anhand der gestaltungsorientierten Forschung[625] die Ergebnisse des Forschungsprozesses, aus dem die zuvor genannte Methodik hervorgegangen ist, dar:

Im Rahmen von *Kapitel 1* wurden einleitend die praktische und theoretische Problemstellung der mangelhaften Eigenschaftsabsicherung im Produktentstehungsprozess, die Zielsetzung und Forschungsfrage der Arbeit sowie das forschungsmethodische Vorgehen anhand der gestaltungsorientierten Forschung zusammengefasst.

---

[624] Prefi, T.: Qualitätsmanagement in der Produktentwicklung, 2014, S. 403.

[625] In der englischsprachigen Literatur mit dem Begriff „Design Science Research“ bezeichnet, vgl. auch Abschnitt 2.3.1.

Anschließend wurde in *Kapitel 2* der relevante Anwendungsbereich mit der zugehörigen praktischen Problemstellung und die daraus resultierende Zielsetzung für die Forschungsarbeit erläutert, sowie der Untersuchungsbereich definiert und abgegrenzt. Insbesondere die hohe Anzahl an Rückrufaktionen, die erhöhten Gewährleistungs- und Kulanzkosten sowie Störungen im Produktionsanlauf von komplexen technischen Produkten haben die praktische Zielsetzung der vorliegenden Arbeit motiviert, die Auswahl von absicherungsrelevanten Produkteigenschaften bei der Planung der Eigenschaftsabsicherung zu verbessern.

Auf Basis der Untersuchung des Anwendungsbereichs sowie der Definition von Anforderungen an die Problemlösung wurde in *Kapitel 3* der gegenwärtige Stand der Forschung untersucht. Dieser umfasst Arbeiten und Ansätze zur Planung der Eigenschaftsabsicherung, zum technischen Risikomanagement sowie zur Test- und Prüfplanung. Hierbei konnte herausgearbeitet werden, dass es bei der Auswahl bzw. Priorisierung von absicherungsrelevanten Produkteigenschaften an quantitativer Entscheidungsunterstützung mangelt. Weiterhin wurde herausgearbeitet, dass wissensbezogene Unsicherheiten, die bei der Bewertung von technischen Risiken im Zuge der Produktentwicklung vorliegen, weder ausreichend berücksichtigt noch im Rahmen der Absicherungsplanung adäquat genutzt werden.

Die Modellierung von wissensbezogenen Unsicherheiten, insbesondere im Kontext des technischen Risikomanagements, wurde in *Kapitel 4* fokussiert. Hierzu wurden zunächst die Grundlagen zur Modellierung von Unsicherheiten dargestellt und anhand der Evidenztheorie erläutert. Diese Theorie von DEMPSTER/SHAFER ermöglicht eine explizite Berechnung von wissensbezogenen Unsicherheiten und weist eine hohe Modellierungsflexibilität auf. Aus diesen Gründen wurde sie für die vorliegende Arbeit als geeignetes Modellierungswerkzeug ausgewählt. Anschließend wurde der weiterführende Stand der Forschung zur Unsicherheitsmodellierung im technischen Risikomanagement untersucht. Hierbei konnte unter Berücksichtigung der Ergebnisse aus Kapitel 3 das entscheidende Theoriedefizit abgeleitet werden, dass zwar verschiedene Ansätze zur Modellierung von Unsicherheiten im Risikomanagement vorhanden sind, bisher jedoch keine direkte Verknüpfung zwischen der Unsicherheitsmodellierung von technischen Risiken und der Absicherungsplanung existiert.

Um dieses Theoriedefizit aufzugreifen und einen Lösungsansatz für das zugrundeliegende Praxisproblem zu schaffen, wurde in *Kapitel 5* die Entwicklung und prototypische Implementierung einer Methodik zur unsicherheitsbasierten Eigenschaftsabsicherung als das zentrale Design-Artefakt dieser Arbeit im Kontext der gestaltungsorientierten Forschung vorgestellt. Die Methodik modelliert den Vorgang einer technischen Risikobewertung auf Basis der FMEA-Methode anhand der Evidenztheorie, indem Aussagen zu den FMEA-Bewertungszahlen aus unterschiedlichen Quellen in Form von Evidenzen erfasst und miteinander kombiniert werden. Dies ermöglicht die Berechnung von Unsicherheitskennwerten für jedes vorliegende technische Risiko, anhand derer die Risiken durch verschiedene Berechnungsverfahren priorisiert werden können. Die Priorisierungsergebnisse werden anschließend der Eigenschaftsabsicherung zur Verfügung gestellt, um erforderliche Absicherungsmaßnahmen für diejenigen Produkteigenschaften zu planen, bei denen eine hohe Unsicherheit bezüglich der vorliegenden technischen Risiken vorherrscht.

Im Rahmen von *Kapitel 6* wurde anschließend eine Validierung der Methodik zur unsicherheitsbasierten Eigenschaftsabsicherung anhand von Fallstudien vorgenommen. Im Zuge dieser Studien wurde die Methodik im unternehmerischen Kontext angewandt und deren Ergebnisse aus Sicht von Experten bewertet. Hierbei konnte herausgestellt werden, dass durch die Anwendung der Methodik eine geeignete Entscheidungsunterstützung für die Planung der Eigenschaftsabsicherung bereitgestellt werden kann, welche das Potenzial besitzt, die gezielte Auswahl von relevanten, fehleranfälligen Produkteigenschaften im Rahmen der Absicherungsplanung zu verbessern.

7.2 Ausblick

Die Erkenntnisse, die im Zuge des hier dargestellten Forschungsvorhabens gewonnen wurden, werfen weitere Fragestellungen auf, denen im Rahmen weiterführender Forschungsaktivitäten nachzugehen ist. Diese Fragestellungen betreffen sowohl die entwickelte Methodik als auch die übergeordnete Planung der Eigenschaftsabsicherung.

Im Bezug auf die Methodik zur unsicherheitsbasierten Eigenschaftsabsicherung erscheint eine *dynamische Modellierung von Gewichtungen für die erfassten Evidenzen* vielversprechend. Im Rahmen der vorliegenden Arbeit wurden die Evidenzgewichte für die unterschiedlichen Sensorkategorien durch statische Werte beschrieben. Dies entspricht einer vordefinierten, nicht-veränderlichen Güte der Risikobewertung durch die einzelnen Sensoren. Durch eine dynamische Modellierung der Evidenzgewichte bestünde die Möglichkeit, die Bewertungsgüte eines jeden Sensors (z. B. Experten mit unterschiedlichen Wissensständen) auf Basis der jeweils vorliegenden Unternehmenssituation anzupassen und somit realitätsgetreuer abzubilden. Hierbei ist denkbar, dass sich die Gewichtung einer Evidenz aus der jeweiligen Bewertungsgüte eines Sensors ergibt, die anhand eines Vorher-Nachher-Vergleichs der Bewertung vor und nach Durchführung der Eigenschaftsabsicherung ermittelt werden kann.

Weiterhin gilt es zu untersuchen, wie die *Überführung von Ergebnissen aus der Risikopriorisierung in die Absicherungsplanung* weiterentwickelt werden kann. Derzeit werden im Rahmen der Methodik zur unsicherheitsbasierten Eigenschaftsabsicherung die Priorisierungsergebnisse in allgemeiner Form derjenigen unternehmerischen Disziplin zur Verfügung gestellt, welche für die Planung der Eigenschaftsabsicherung verantwortlich ist. Eine weiterführende Verbesserung der Entscheidungsunterstützung für die Absicherungsplanung lässt sich zum einen vornehmen, indem die priorisierten Risiken erneut den zugehörigen Funktionsmerkmalen des Produktes zugeordnet werden. Hierdurch können direkt erforderliche Funktionsanalysen und -tests festgelegt werden. Zum anderen ist eine verstärkte softwaretechnische Integration der Priorisierungsergebnisse aus der Methodik in bestehende Systeme zur Durchführung der Absicherungsplanung denkbar. Durch eine direkte Überführung von hoch-priorisierten, absicherungsrelevanten Risiken besteht das Potenzial einer teilautomatisierten Erstellung des erforderlichen Designverifizierungsplans[626].

---

[626] In der englischsprachigen Literatur häufig mit dem Ausdruck „Design Verification Plan and Report" (DVP&R) bezeichnet.

Im Bezug auf die übergeordnete Planung der Eigenschaftsabsicherung bleibt offen, wie eine geeignete *Planung von Absicherungsmaßnahmen für unbekannte technische Risiken* vorgenommen werden kann. Die entwickelte Methodik zur unsicherheitsbasierten Eigenschaftsabsicherung liefert eine Entscheidungsunterstützung für die Planung von Absicherungsmaßnahmen für ausschließlich diejenigen Risiken, die im Rahmen des technischen Risikomanagements bereits identifiziert und bewertet worden sind. Nicht identifizierte Risiken werden von der Methodik explizit nicht untersucht. Geeignete Lösungsansätze zur Absicherungsplanung für unbekannte Risiken sind im Forschungsgebiet des explorativen Testens zu erwarten.

V Literaturverzeichnis

Adam, S.; Wünch, C.; Koch, M.: Ergebnisbericht „RE-Kompass 2013". Kaiserslautern, Oktober 2013.

Anderl, R.; Picard, A.; Albrecht, K.: Smart Engineering for Smart Products. In: Abramovici, Michael; Stark, Rainer (Hrsg.): Smart Product Engineering. Berlin. Springer, 2013, S. 1–10.

Auer, E.; Luther, W.; Gabor, R., et al.: A Verified MATLAB Toolbox for the Dempster-Shafer Theory, 2015.

Aven, T.: Some reflections on uncertainty analysis and management. Reliability Engineering & System Safety. 95. Jg., 2010, Nr. 3, S. 195–201.

Aven, T.: Risk analysis. 2. Auflage. Chichester. Wiley, 2015.

Aven, T.; Zio, E.: Some considerations on the treatment of uncertainties in risk assessment for practical decision making. Reliability Engineering & System Safety. 96. Jg., 2011, Nr. 1, S. 64–74.

Ball, P.; Roberts, S.; Natalicchio, A., et al.: Modelling production ramp-up of engineering products. Journal of Engineering Manufacture. 225. Jg., 2011, Nr. 6, S. 959–971.

Basse, I.: Systemtheoretische Modellierung von Qualitätsprüfungen in anlaufenden Montagesystemen. 1. Auflage. Aachen. Apprimus, 2015.

Baumgart, I.: Requirements Engineering. In: Lindemann, Udo (Hrsg.): Handbuch Produktentwicklung. München. Hanser, 2016, S. 425–453.

Beck, S.: Ein Konzept zur automatischen Lösung von Entscheidungsproblemen bei Unsicherheit mittels der Theorie der unscharfen Mengen und der Evidenztheorie. Karlsruhe. Universitätsverlag, 2005.

Beierle, C.; Kern-Isberner, G.: Methoden wissensbasierter Systeme. Grundlagen, Algorithmen, Anwendungen. 5. Auflage. Wiesbaden. Springer Vieweg, 2014.

Bentz, I.; Bilinski, A.; Bleyer, T., et al.: Gefährliche Produkte 2015. Informationen zur Produktsicherheit. Paderborn. Bonifatius, 2015.

Bentz, I.; Bilinski, A.; Bleyer, T., et al.: Gefährliche Produkte 2017. Informationen zur Produktsicherheit. Bönen. Kettler, 2017.

Bernards, M.: Modulare Prüfplanung. Aachen. Shaker, 2006.

Bhise, V. D.: Designing Complex Products with Systems Engineering Processes and Techniques. Hoboken. CRC Press, 2014.

Biedermann, W.; Kirner, K.; Kissel, M., et al.: Forschungsmethodik in den Ingenieurwissenschaften, 2012.

Blank, M.: Automatisierte Berücksichtigung von Qualitätsrisiken in der Prüfplanung. Darmstadt. VDI, 2010.

Bochtler, W.: Modellbasierte Methodik für eine integrierte Konstruktion und Arbeitsplanung. Aachen. Shaker, 1996.

Boersch, I.; Heinsohn, J.; Socher-Ambrosius, R.: Wissensverarbeitung. Eine Einführung in die Künstliche Intelligenz für Informatiker und Ingenieure. 2. Auflage. Heidelberg. Elsevier, 2007.

BSH Bosch und Siemens Hausgeräte GmbH: Freiwillige Sicherheitsmaßnahme für Geschirrspüler aus den Produktionsjahren 1999 bis 2005. München, 30.08.2013.

Burggräf, P.; Dannapfel, M.; Voet, H.: Potentials of Factory Standards in Production Ramp-Ups. Procedia CIRP. 51. Jg., 2016, S. 134–139.

Catrinu, M. D.; Nordgård, D. E.: Integrating risk analysis and multi-criteria decision support under uncertainty in electricity distribution system asset management. Reliability Engineering & System Safety. 96. Jg., 2011, Nr. 6, S. 663–670.

Dai, H.; Tseng, M. M.; Zipkin, P. H.: Design of traceability systems for product recall. International Journal of Production Research. 53. Jg., 2014, Nr. 2, S. 511–531.

Damm, J.: Risikobezogene Aufwandreduktion für Eignungsnachweise in der Produktion. Aachen. Apprimus, 2015.

Davies, A.; Hobday, M.: The business of projects. Managing innovation in complex products and systems. Cambridge. University Press, 2005.

Dietmayer, K.: Evidenztheorie. Ein Vergleich zwischen Bayes- und Dempster-Shafer-Methoden. In: Beyerer, Jürgen (Hrsg.): Informationsfusion in der Mess- und Sensortechnik. Karlsruhe. Universitätsverlag, 2006, S. 39–50.

DIN: Fehlzustandsbaumanalyse. Norm, DIN EN 61025. Beuth Verlag. Berlin, August 2007.

DIN: Risikomanagement - Grundsätze und Leitlinien. Entwurf, DIN ISO 31000. Beuth Verlag. Berlin, Januar 2011.

DIN: Begriffe und Benennungen - Allgemeine Grundsätze. Norm, DIN 2330. Beuth. Berlin, Juli 2013.

DIN: Fehlzustandsart- und -auswirkungsanalyse (FMEA) Vornorm, DIN EN 60812. Beuth. Berlin, 2015.

DIN: Qualitätsmanagementsysteme - Grundlagen und Begriffe. Norm, DIN EN ISO 9000. Beuth. Berlin, 2015.

Dresch, A.; Lacerda, D. P.; Antunes, J. A. V.: Design science research. A method for science and technology advancement. Cham. Springer, 2015.

Durga Rao, K.; Gopika, V.; Sanyasi Rao, V.V.S., et al.: Dynamic fault tree analysis using Monte Carlo simulation in probabilistic safety assessment. Reliability Engineering & System Safety. 94. Jg., 2009, Nr. 4, S. 872–883.

Durga Rao, K.; Kushwaha, H. S.; Verma, A. K., et al.: Quantification of epistemic and aleatory uncertainties in level-1 probabilistic safety assessment studies. Reliability Engineering & System Safety. 92. Jg., 2007, Nr. 7, S. 947–956.

Ehrlenspiel, K.; Meerkamm, H.: Integrierte Produktentwicklung. Denkabläufe, Methodeneinsatz, Zusammenarbeit. 5. Auflage. München. Hanser, 2013.

Eigner, M.; Stelzer, R.: Product Lifecycle Management. Ein Leitfaden für Product Development und Life Cycle Management. Berlin. Springer, 2009.

Elstner, S.; Biele, A.; Krause, D., et al.: Erhöhung der Flexibilität im Umgang mit späten Änderungen im Serienanlauf. Am Beispiel der Flugzeugindustrie. Zeitschrift für wirtschaftlichen Fabrikbetrieb. 108. Jg., 2013, Nr. 12, S. 962–966.

Engel, A.: Verification, validation, and testing of engineered systems. Hoboken, N.J. Wiley, 2010.

Europäische Kommission: Durchführungsbeschluss (EU) 2015/2182 der Kommission vom 24. November 2015 über eine Maßnahme Deutschlands gemäß der Richtlinie 2006/42/EG des Europäischen Parlaments und des Rates über das Verbot des Inverkehrbringens einer Geflügelrupfmaschine. In: Amtsblatt der Europäischen Union, 26.November 2015, S. L309/13-14.

European Commission: Rapid Alert System for dangerous non-food products. URL: http://ec.europa.eu/consumers/consumers_safety/safety_products/rapex/alerts/main/?event=main.notification&search_term=A11/0055/13&exclude_search_term=0&search_year=2013, zuletzt geprüft am: 11.03.2018.

European Commission: Rapid Alert System for dangerous non-food products. URL: http://ec.europa.eu/consumers/consumers_safety/safety_products/rapex/alerts/main/?event=main.notification&search_term=A12/0385/14&exclude_search_term=0&search_year=2014, zuletzt geprüft am: 11.03.2018.

European Commission: Rapid Alert System for dangerous non-food products. URL: http://ec.europa.eu/consumers/consumers_safety/safety_products/rapex/alerts/main/?event=main.notification&search_term=A12/0958/14&exclude_search_term=0&search_year=2014, zuletzt geprüft am: 11.03.2018.

European Commission: Rapid Alert System for dangerous products. 2016 Annual Report. Luxembourg. Publications Office of the European Union, 2017.

Felgen, L.: Systemorientierte Qualitätssicherung für mechatronische Produkte. München. Dr. Hut, 2007.

Ferdous, R.; Khan, F.; Sadiq, R., et al.: Fault and event tree analyses for process systems risk analysis. uncertainty handling formulations. Risk Analysis. 31. Jg., 2011, Nr. 1, S. 86–107.

Flage, R.; Baraldi, P.; Zio, E., et al.: Probability and possibility-based representations of uncertainty in fault tree analysis. Risk Analysis. 33. Jg., 2013, Nr. 1, S. 121–133.

FOCUS: Rückruf von Geschirrspülern kostet Hunderte Millionen. URL: http://www.focus.de/finanzen/news/unternehmen/geraete-koennen-in-brand-geraten-rueckruf-von-geschirrspuelern-kostet-hunderte-millionen_aid_1093818.html, zuletzt geprüft am: 11.03.2018.

Forchert, T.: Prüfplanung. Ein neues Prozessmanagement für Fahrzeugprüfungen. Karlsruhe. Universitätsverlag, 2009.

Fringo GmbH & Co. KG: Jahresabschluss zum Geschäftsjahr vom 01.01.2014 bis zum 31.12.2014. Bilanz, 19.12.2015.

Fringo GmbH & Co. KG: Jahresabschluss zum Geschäftsjahr vom 01.01.2015 bis zum 31.12.2015. Bilanz, 18.01.2017.

Gartzen, T.: Diskrete Migration als Anlaufstrategie für Montagesysteme. Aachen. Apprimus, 2012.

Garzotto, A.: Vollautomatische Erkennung von Schriftzeichen in gedrucktem Schriftgut. Erhöhung der Zuverlässigkeit durch Kombination von unsicherem Wissen aus konkurrierenden Quellen. Zürich. Universitätsverlag, 1994.

Glockner, C.: Werkzeugmaschinen. Werkstücke mit formgebenden Werkzeugen bearbeiten. In: Skolaut, Werner; Wallaschek, Jörg (Hrsg.): Maschinenbau. Ein Lehrbuch für das ganze Bachelor-Studium. Berlin. Springer, 2014, S. 1075–1117.

Göker, H. M.: Einbinden von Erfahrung in das konstruktionsmethodische Vorgehen. Darmstadt. VDI, 1996.

Grabe, B.: Evidenzbasierte Bewertung der 3D-Umfeldbeschreibung von Sensordaten für automotive Anwendungen. Düsseldorf. VDI, 2011.

Grady, J. O.: System verification. Proving the design solution satisfies the requirements. Amsterday, Boston. Elsevier/Academic Press, 2007.

Gross, R.; Löffler, M.: Prinzipien der Medizin. Eine Übersicht ihrer Grundlagen und Methoden. Berlin. Springer, 1997.

Günther, T.; Petersen, J.: Imprecise Probability Propagation Toolbox. URL: https://www.uni-due.de/informationslogistik/ipptoolbox.php, zuletzt geprüft am: 11.03.2018.

Haskins, C.: Systems engineering handbook. A guide for system life cycle processes and activities. 3. Auflage. San Diego. International Council of Systems Engineering, 2011.

Heidt, W.; Henn, G.; Käser, M.: Absicherung der Produkteigenschaften. ATZextra, 2008, November, S. 140–143.

Helton, J. C.; Burmaster, D. E.: Guest editorial: treatment of aleatory and epistemic uncertainty in performance assessments for complex systems. Reliability Engineering & System Safety. 54. Jg., 1996, S. 91–94.

Hevner, A. R.: A Three Cycle View of Design Science Research. Scandinavian Journal of Information Systems. 19. Jg., 2007, Nr. 2, S. 87–92.

Hevner, A. R.; March, S. T.; Park, J.: Design Science in Information Systems Research. MIS Quarterly. 28. Jg., 2004, Nr. 1, S. 75–105.

Heyn, M.: Methodik zur schnittstellenorientierten Gestaltung von Entwicklungskooperationen. Aachen. Shaker, 1999.

Hiraoka, Y.; Murakami, T.; Yamamoto, K., et al.: Method of Computer-Aided Fault Tree Analysis for High-Reliable and Safety Design. IEEE Transactions on Reliability, 2016, S. 687–703.

Hoppe, M.; Engel, A.: Improving the VVT Process. Evaluating the SysTest Results in Six Industrial Pilot Projects. INCOSE International Symposium. 15. Jg., 2005, Nr. 1, S. 1131–1147.

Hoppe, M.; Engel, A.; Shachar, S.: SysTest: Improving the verification, validation, and testing process. Assessing six industrial pilot projects. Systems Engineering. 10. Jg., 2007, Nr. 4, S. 323–347.

Hoppe, M.; Lévárdy, V.; Leardi, C., et al.: Application Experiences of the VVT Process Modeling Procedure for Verification and Validation Planning. INCOSE International Symposium. 14. Jg., 2004, Nr. 1, S. 1854–1866.

Horn, C.: Risikobasierte Qualitätsabsicherung elektrisch/elektronischer Systeme im Fahrzeugbau. Aachen. P3, 2008.

IATF: Anforderungen an Qualitätsmanagementsysteme für die Serien- und Ersatzteilproduktion in der Automobilindustrie. Norm, IATF 16949:2016. VDA QMC. Berlin, Oktober 2016.

IEEE: IEEE Standard for Software Reviews and Audits. Norm, IEEE Std 1028-2008. IEEE Press. New York, 2008.

Iivari, J.: A Paradigmatic Analysis of Information Systems As a Design Science. Scandinavian Journal of Information Systems. 19. Jg., 2007, Nr. 2, S. 39–64.

Ike, T.: Evidenzbasierte Analyse interner Konflikte bei der Fusion komplementärer Fahrzeugumfeldbeschreibungen. Düsseldorf. VDI, 2011.

International Organization for Standardization (ISO): Systems and software engineering - Systems and software Quality Requirements and Evaluation (SQuaRE) - System and software quality models. Norm. International Electrotechnical Commission. Geneva, 2011.

International Organization for Standardization (ISO): Software and systems engineering - Software testing - Part 1: Concepts and definitions. Norm, ISO/IEC/IEEE 29119-1:2013. International Electrotechnical Commission. Geneva, 2013.

International Organization for Standardization (ISO): Systems and software engineering - Systems and software Quality Requirements and Evaluation (SQuaRE) - Guide to SQuaRE. Norm. International Electrotechnical Commission. Geneva, 2014.

International Organization for Standardization (ISO): Systems and software engineering - System life cycle processes. Norm, ISO/IEC/IEEE 15288:2015. Institute of Electrical and Electronics Engineers. New York, 2015.

ISO/IEC/IEEE: Software and systems engineering - Software testing - Part 2: Test processes. Norm, ISO/IEC/IEEE 29119-2:2013. IEEE Press. New York, 2013.

Jahn, T.: Portfolio- und Reifegradmanagement für Innovationsprojekte zur Multiprojektsteuerung in der frühen Phase der Produktentwicklung. Stuttgart. IKTD, 2010.

Jeschke, S.; Jakobs, E.-M.; Dröge, A.: Exploring Uncertainty. Ungewissheit und Unsicherheit im interdisziplinären Diskurs. Wiesbaden. Gabler, 2013.

Jinjuan, F.; Xu, Z.; Chunhu, T.: Failure evaluation of coffee maker. Engineering Failure Analysis. 16. Jg., 2009, Nr. 6, S. 1948–1954.

Kamrani, A. K.; Azimi, M.: Systems engineering tools and methods. Boca Raton. CRC Press, 2011.

Kandt, A.; Pickshaus, T.; Fleischer, K., et al.: A New Model to Ascertain Product Maturity in Product Development Processes. Procedia CIRP. 50. Jg., 2016, S. 173–178.

Kantorovitch, J.: Future Smart Products Systems Engineering. In: Khosrow-Pour, Mehdi (Hrsg.): Encyclopedia of Information Science and Technology. Hershey. IGI Global, 2015, S. 3806–3817.

Klee, M.: Benchmark Zuverlässigkeit 2010/2011. URL: http://kbc-consultants.com/wp-content/uploads/KBC_Studie_Benchmark_Zuverlaessigkeit_2010_2011.pdf, zuletzt geprüft am: 11.03.2018.

Klee, M.: Zuverlässigkeit braucht neue Wege. Vergleichsstudie zur Reduktion von Gewährleistungskosten. Qualität und Zuverlässigkeit (QZ) 57. Jg., 2012, Nr. 1, S. 25–27.

Klir, G. J.: Uncertainty and information. Foundations of generalized information theory. Hoboken. Wiley, 2006.

Knetsch, T.: Unsicherheiten in Ingenieurberechnungen. Magdeburg. Shaker, 2006.

Kortler, S.: Absicherung von Eigenschaften komplexer und variantenreicher Produkte in der Produktentwicklung. München. Dr. Hut, 2014.

Kraftfahrt-Bundesamt: Jahresbericht 2008. Flensburg. Druckzentrum KBA, 2008.

Kraftfahrt-Bundesamt: Jahresbericht 2013/2014. Flensburg. Druckzentrum KBA, 2015.

Krehmer, H.: Vorgehensmodell zum Iterations- und Produktreifegradmanagement in der eigenschaftsbasierten Produktentwicklung. Erlangen-Nürnberg. VDI, 2012.

Krippner, D.: Agentenorientierter Ansatz in Produktentwicklungsprozessen. Aachen. Apprimus, 2010.

Kukolja, J.: Absicherung der unternehmensübergreifenden Produktentwicklung in komplexen Lieferketten. Aachen. Apprimus, 2009.

Kukulies, J.; Falk, B.; Schmitt, R. H.: Development of Optimized Test Planning Procedures for Stabilizing Ramp-up Processes by Means of Design Science Research. Procedia CIRP. 51. Jg., 2016, S. 93–98.

Laass, M. C.: Entwicklung eines Qualitätssensors für Social Media. Herzogenrath. Shaker, 2015.

Lanza, G.: Simulationsbasierte Anlaufunterstützung auf Basis der Qualitätsfähigkeiten von Produktionsprozessen. Karlsruhe, 2004.

Lanza, G.; Blank, T.; Haefner, B.: Design for Testability for Micro-mechatronic Systems. In: Abramovici, Michael; Stark, Rainer (Hrsg.): Smart Product Engineering. Berlin. Springer, 2013, S. 283–292.

Laufenberg, L.: Methodik zur integrierten Projektgestaltung für die situative Umsetzung des Simultaneous Engineering. Aachen. Shaker, 1996.

Letmathe, P.; Rößler, M.: Spillover Effects of Learning for Production Ramp-ups. Procedia CIRP. 51. Jg., 2016, S. 111–115.

Lévárdy, V.; Hoppe, M.; Honour, E.: Verification, Validation & Testing Strategy and Planning Procedure. INCOSE International Symposium. 14. Jg., 2004, Nr. 1, S. 1660–1674.

Liggesmeyer, P.: Software-Qualität. Testen, Analysieren und Verifizieren von Software. 2. Auflage. Heidelberg. Spektrum Akademischer Verlag, 2009.

Limbourg, P.: Dependability modelling under uncertainty. An imprecise probabilistic approach. Berlin. Springer, 2008.

Limbourg, P.; Rocquigny, E. de: Uncertainty analysis using evidence theory – confronting level-1 and level-2 approaches with data availability and computational constraints. Reliability Engineering & System Safety. 95. Jg., 2010, Nr. 5, S. 550–564.

Limbourg, P.; Savić, R.; Petersen, J., et al.: Fault tree analysis in an early design stage using the Dempster-Shafer theory of evidence. In: Aven, T.; Vinnem, Jan Erik (Hrsg.): Risk, reliability and societal safety. London. Taylor & Francis, 2007, S. 713–722.

Lindemann, U.: Methodische Entwicklung technischer Produkte. Methoden flexibel und situationsgerecht anwenden. Berlin. Springer, 2009.

Linder, A.; Anand, L.; Falk, B., et al.: Technical Complaint Feedback to Ramp-Up. Procedia CIRP. 51. Jg., 2016, S. 99–104.

Linß, G.: Prüfplanung. In: Pfeifer, Tilo; Schmitt, Robert (Hrsg.): Masing Handbuch Qualitätsmanagement. München. Hanser, 2014, S. 523–550.

Mag, W.: Grundzüge der Entscheidungstheorie. München. Vahlen, 1990.

March, S. T.; Storey, V. C.: Design Science in the Information Systems Discipline. An Introduction to the Special Issue on Design Science Research. MIS Quarterly. 32. Jg., 2008, Nr. 4, S. 725–730.

Maropoulos, P. G.; **Ceglarek, D.**: Design verification and validation in product lifecycle. CIRP Annals - Manufacturing Technology. 59. Jg., 2010, Nr. 2, S. 740–759.

McKay, J.; **Hamburg, M.**: Standard Glossary of Terms Used in Software Testing. Terms Used in the Advanced Level - Technical Test Analyst Syllabus, 26.03.2015.

Meisenzahl, J.; **La Cruz, M.** de; **Vollerthun, A.**: Establishing a Verification and Validation Process in Automotive Development. Increasing Product Quality while Reducing Costs. INCOSE International Symposium. 16. Jg., 2006, Nr. 1, S. 1134–1148.

Mi, J.; **Li, Y.-F.**; **Yang, Y.-J., et al.**: Reliability assessment of complex electromechanical systems under epistemic uncertainty. Reliability Engineering & System Safety. 152. Jg., 2016, S. 1–15.

Möller, N.; **Hansson, S. O.**: Principles of engineering safety. Risk and uncertainty reduction. Reliability Engineering & System Safety. 93. Jg., 2008, Nr. 6, S. 798–805.

Mühlhäuser, M.: Smart Products. An Introduction. In: Mühlhäuser, Max; Aitenbichler, Erwin; Ferscha, Alois (Hrsg.): Constructing Ambient Intelligence. Berlin. Springer, 2008, S. 158–164.

Müller, M.: Reifegradbasierte Optimierung von Entwicklungsprozessen am besonderen Beispiel der produktionsbezogenen Produktabsicherung in der Automobilindustrie. Saarbrücken. LKT, 2008.

Myers, G. J.; **Badgett, T.**; **Sandler, C.**: The art of software testing. 3. Auflage. Hoboken. Wiley, 2012.

Nagano, S.: Space systems verification program and management process. Systems Engineering. 11. Jg., 2008, Nr. 1, S. 27–38.

National Aeronautics and Space Administration (NASA): Systems Engineering Handbook. Washington, D.C. U.S. Government Printing Office, 2007.

Neuhausen, J.: Methodik zur Gestaltung modularer Produktionssysteme für Unternehmen der Serienproduktion. Aachen, 2002.

Oberkampf, W. L.; **Helton, J. C.**; **Joslyn, C. A., et al.**: Challenge problems: uncertainty in system response given uncertain parameters. Reliability Engineering & System Safety. 85. Jg., 2004, 1-3, S. 11–19.

Pedroni, N.; **Zio, E.**: Uncertainty analysis in fault tree models with dependent basic events. Risk Analysis. 33. Jg., 2013, Nr. 6, S. 1146–1173.

Peffers, K.; **Tuunanen, T.**; **Rothenberger, M. A., et al.**: A Design Science Research Methodology for Information Systems Research. Journal of Management Information Systems. 24. Jg., 2008, Nr. 3, S. 45–77.

Pernack, E.-F.: Arbeitsschutz. Jahresbericht 2014. Großbeeren, November 2015.

Perry, W. E.: Effective Methods for Software Testing. Includes Complete Guidelines and Checklists. 3. Auflage. Indianapolis. Wiley, 2006.

Pfeifer, T.: Transparente Projektreife in der Entwicklung. ZWF. 91. Jg., 1996, Nr. 11, S. 564–567.

Pfeifer-Silberbach, U.: Ein Beitrag zum Monitoring des Reifegrades in der Entwicklung eines Produktes. Aachen. Shaker, 2005.

Pinkster, I.; **Burgt, B.** van de; **Janssen, D., et al.**: Successful Test Management. An Integral Approach. Berlin. Springer, 2004.

Ponn, J.: Konzeptentwicklung und Gestaltung technischer Produkte. Systematisch von Anforderungen zu Konzepten und Gestaltlösungen. 2. Auflage. Heidelberg. Springer, 2011.

Prefi, T.: Qualitätsmanagement in der Produktentwicklung. In: Pfeifer, Tilo; Schmitt, Robert (Hrsg.): Masing Handbuch Qualitätsmanagement. München. Hanser, 2014, S. 401–440.

Rakowsky, U. K.: Fundamentals of the Dempster-Shafer Theory and its Applications to reliability modeling. International Journal of Reliability, Quality and Safety Engineering. 14. Jg., 2007, Nr. 6, S. 579–601.

Ren, Y.-T.; Yeo, K.-T.: Research Challenges on Complex Product Systems (CoPS) Innovation. Journal of the Chinese Institute of Industrial Engineers. 23. Jg., 2006, Nr. 6, S. 519–529.

Renner, T.: Performance-Management im Produktionsanlauf. Aachen, 2012.

Rocquigny, E. de; **Devictor, N.; Tarantola, S.**: Uncertainty in industrial practice. A guide to quantitative uncertainty management. Chichester. Wiley, 2008.

Ropohl, G.: Allgemeine Technologie. Eine Systemtheorie der Technik. Karlsruhe. Universitätsverlag, 2009.

Rumelt, R. P.; Schendel, D.; Teece, D. J.: Fundamental issues in strategy. A research agenda. Boston. Harvard Business School Press, 1994.

Schettler, H.: Quantifizierte Risikobewertung im Management von IT-Tests am Praxisbeispiel. In: Geuhs, Stefanie (Hrsg.): IT Risk Management 2003. Business Continuity, Risikoanalyse und Notfallplanung. Köln. COMPUTAS, 2003, S. 1–7.

Schettler, H.: Precision Testing. URL: http://pi.informatik.uni-siegen.de/stt/25_1/01_Fachgruppenberichte/TAV/TAV22P4Schettler.pdf, zuletzt geprüft am: 11.03.2018.

Schmidt, R. B.: Qualitätsgerechte Entwicklung softwareintensiver technischer Systeme. Aachen. Shaker, 2007.

Schmidt, S.: Die Diffusion komplexer Produkte und Systeme. Ein systemdynamischer Ansatz. Wiesbaden. Gabler, 2009.

Schmitt, R.; Große Böckmann, M.: Qualität in produzierenden Unternehmen Deutschlands 2010. Methoden, Systeme und Erfolgsfaktoren des modernen Qualitätsmanagements. Aachen. IPT, 2011.

Schmitt, R.; Pfeifer, T.: Qualitätsmanagement. Strategien - Methoden - Techniken. 5. Auflage. München. Hanser, 2015.

Schröder, M.: Klassifikation von Fehlerereignissen in produzierenden Unternehmen zur Erfüllung von Analysefunktionen im Anlauf. Aachen. Apprimus, 2016.

Schulze, P. M.; Porath, D.: Statistik. Mit Datenanalyse und ökonometrischen Grundlagen. 7. Auflage. München. Oldenbourg, 2012.

Segismundo, A.; Miguel, P. A. C.: Failure mode and effects analysis (FMEA) in the context of risk management in new product development. International Journal of Quality & Reliability Management. 25. Jg., 2008, Nr. 9, S. 899–912.

Shabi, J.; Reich, Y.: Developing an analytical model for planning systems verification, validation and testing processes. Advanced Engineering Informatics. 26. Jg., 2012, Nr. 2, S. 429–438.

Shabi, J.; Reich, Y.; Diamant, R.: Planning the verification, validation, and testing process. A case study demonstrating a decision support model. Journal of Engineering Design. 28. Jg., 2017, Nr. 3, S. 171–204.

Shafer, G.: A mathematical theory of evidence. Princeton. University Press, 1976.

Shannon, C. E.: A Mathematical Theory of Communication. The Bell System Technical Journal. 27. Jg., 1948, S. 379–423; 623-656.

Simon, D.; Simon, F.: Integrating Test and Risk Management. In: Faria, Joao Pascoal; Silva, Alberto; Machado, Ricardo J. (Hrsg.): Eighth International Conference on the Quality of Information and Communications Technology (QUATIC) Danvers. IEEE Press, 2012, S. 97–102.

Simon, D.; Simon, F.: Integrating Test Management and Risk Management. Testing to gain insight into risks. Köln, Oktober 2012.

Sneed, H. M.; Baumgartner, M.; Seidl, R.: Der Systemtest. Von den Anforderungen zum Qualitätsnachweis. 3. Auflage. München. Hanser, 2012.

Spillner, A.; Roßner Thomas; Winter, M., et al.: Praxiswissen Softwaretest - Testmanagement. Aus- und Weiterbildung zum Certified Tester. 2. Auflage. Heidelberg. dpunkt, 2008.

Spreckelsen, C.; Spitzer, K.: Wissensbasen und Expertensysteme in der Medizin. KI-Ansätze zwischen klinischer Entscheidungsunterstützung und medizinischem Wissensmanagement. Medizinische Informatik. Wiesbaden. Vieweg+Teubner, 2009.

Srikanth, H.; Williams, Laurie, Osborne, Jason: Towards the Prioritization of System Test Cases. Software testing, verification & reliability. 24. Jg., 2014, Nr. 4, S. 320–337.

Stachowiak, H.: Allgemeine Modelltheorie. Wien. Springer, 1973.

Stark, R.; Hayka, H.; Israel, J. H., et al.: Virtuelle Produktentstehung in der Automobilindustrie. Informatik-Spektrum. 34. Jg., 2011, Nr. 1, S. 20–28.

Stein, B.; Lettmann, T.: Modellierung wissensintensiver Probleme. Statistische Diagnose: Dempster/Shafer. Web Technology and Information Systems. Weimar, 17.01.2014.

Stenkamp, A.: Automatisierte Prüfmittelauswahl in einer CAD-basierten Prozesskette der Prüfplanung. Aachen. Shaker, 2008.

Süddeutsche Zeitung: Motortausch nach Brand. URL: http://www.sueddeutsche.de/auto/rueckruf-porsche-gt-motortausch-nach-brand-1.1916604, zuletzt geprüft am: 11.03.2018.

Sudol, A.: A Methodology for Modeling the Verification, Validation, and Testing Process for Launch Vehicles. Georgia. Institute of Technology, 2015.

SystemA Engineering: Design-FMEA. URL: http://www.systema-gmbh.de/methoden/fmea/design-fmea.html, zuletzt geprüft am: 11.03.2018.

The Institute of Electrical and Electronics Engineers (IEEE): Standard for system and software verification and validation. Norm, IEEE 1012-2012. Institute of Electrical and Electronics Engineers. New York, 2012.

Thomke, S.; Bell, D. E.: Sequential Testing in Product Development. Management Science. 47. Jg., 2001, Nr. 2, S. 308–323.

Tremp, H.; Scheuring, J.: IT-Systeme prüfen. Strategische und operative Testplanung sowie Testpraxis mit Repetitionsfragen und Lösungen. 2. Auflage. Zürich. Compendio, 2007.

Tücks, G.: Ramp-Up Management in der Automobilindustrie. Aachen. Apprimus, 2010.

Ulrich, H.: Der systemorientierte Ansatz in der Betriebswirtschaftslehre. In: Kortzfleisch, Gert von (Hrsg.): Wissenschaftsprogramm und Ausbildungsziele der Betriebswirtschaftslehre. Berlin. Duncker und Humblot, 1971, S. 43–60.

Ulrich, P.; Hill, W.: Wissenschaftstheoretische Grundlagen der Betriebswirtschaftslehre (Teil I) WiSt Wirtschaftswissenschaftliches Studium. 5. Jg., 1976, Nr. 7, S. 304–309.

van Aken, J. E.: Management Research as a Design Science. Articulating the Research Products of Mode 2 Knowledge Production in Management. British Journal of Management. 16. Jg., 2005, Nr. 1, S. 19–36.

VDA: Produktentstehung: Prozessbeschreibung - besondere Merkmale (BM) Das gemeinsame Qualitätsmanagement in der Lieferkette. Frankfurt am Main. Henrich, 2011.

VDA: Sicherung der Qualität in der Prozesslandschaft. Risikoanalysen - Produkt- und Prozess-FMEA. Qualitätsmanagement in der Automobilindustrie, Bd. 4. 2. Auflage. Frankfurt am Main. Henrich, 2012.

VDI: Entwicklungsmethodik für mechatronische Systeme. Richtlinie, VDI 2206. Beuth. Berlin, 2004.

Vivenzio, A.; Vivenzio, D.: Testmanagement bei SAP-Projekten. Erfolgreich planen - steuern - reporten bei der Einführung von SAP-Banking. Wiesbaden. Springer, 2013.

Vollerthun, A.: Test...Test...Test. Wie mittels Testmanagement die Produktqualität gesteigert wird. Qualität und Zuverlässigkeit (QZ) 51. Jg., 2006, Nr. 9, S. 33–37.

Wasserman, G. S.: Reliability verification, testing and analysis in engineering design. Mechanical engineering. New York. Marcel Dekker, 2003.

Waßmuth, S.: Office-basierte CAQ-Systeme. Am Beispiel der Integration von Prüfplanung, FMEA und Reklamationsmanagement. Ilmenau, 2009.

Weinzierl, J.: Produktreifegrad-Management in unternehmensübergreifenden Entwicklungsnetzwerken. Ein ganzheitlicher Ansatz zur Entscheidungsunterstützung im strategischen Anlaufmanagement. Dortmund. Praxiswissen, 2006.

Winkler, R. L.: Uncertainty in probabilistic risk assessment. Reliability Engineering & System Safety. 54. Jg., 1996, S. 127–132.

Yadav, O. P.; Singh, N.; Goel, P. S.: Reliability demonstration test planning. A three dimensional consideration. Reliability Engineering & System Safety. 91. Jg., 2005, Nr. 8, S. 882–893.

Yang, J.; Huang, H.-Z.; He, L.-P., et al.: Risk evaluation in failure mode and effects analysis of aircraft turbine rotor blades using Dempster–Shafer evidence theory under uncertainty. Engineering Failure Analysis. 18. Jg., 2011, Nr. 8, S. 2084–2092.

Zentis, T.: Modell zur Bewertung und Kontrolle technischer Risiken. Aachen. Apprimus, 2013.

Zentis, T.; Czech, A.; Prefi, T., et al.: Technisches Risikomanagement in produzierenden Unternehmen. Eine Untersuchung des Fraunhofer-Instituts für Produktionstechnologie IPT und der P3 Ingenieursgesellschaft. Aachen. Apprimus, 2011.

VI Anhang

A.1. Literaturverweis: Einführung in die Evidenztheorie

Im Rahmen der vorliegenden Arbeit wird eine Modellierung von Unsicherheiten mithilfe der Evidenztheorie vorgenommen. Hierzu wurde in Abschnitt 4.2.1 eine verkürzte Einführung in die für die Modellierung erforderlichen Begrifflichkeiten vorgenommen. In der zeitgenössischen Literatur existiert eine Vielzahl an ausführlichen Einführungen, die ein tieferes Verständnis der Evidenztheorie ermöglichen. Diese sind in der nachfolgenden Tabelle aufgeführt.

Autor(en)	Jahr	Titel der Arbeit	Seite(n)
Beierle, Christoph; Kern-Isberner, Gabriele	2014	Methoden wissensbasierter Systeme - Grundlagen, Algorithmen, Anwendungen	465-472
Stein, Benno; Lettmann, Theo	2014	Modellierung wissensintensiver Probleme - Statistische Diagnose: Dempster/Shafer	29-62
Aven, Terje; Zio, Enrico	2011	Some considerations on the treatment of uncertainties in risk assessment for practical decision making	73
Ferdous, Refaul et al.	2011	Fault and event tree analyses for process systems risk analysis: uncertainty handling formulations	93-95
Grabe, Bärbel	2011	Evidenzbasierte Bewertung der 3D-Umfeldbeschreibung von Sensordaten für automotive Anwendungen	66-71
Ike, Thorsten	2011	Evidenzbasierte Analyse interner Konflikte bei der Fusion komplementärer Fahrzeugumfeldbeschreibungen	16-27
Schroven, Frank	2011	Probabilistische Situationsanalyse für eine adaptive automatisierte Fahrzeuglängsführung	69-71
Yang, Jianping et al.	2011	Risk evaluation in failure mode and effects analysis of aircraft turbine rotor blades using Dempster–Shafer evidence theory under uncertainty	2086-2088
Limbourg, Philipp; Rocquigny, Etienne de	2010	Uncertainty analysis using evidence theory – confronting level-1 and level-2 approaches with data availability and computational constraints	551-552
Rao, S. S.; Annamdas, Kiran K.	2009	Dempster-Shafer Theory in the Analysis and Design of Uncertain Engineering Systems	137-139

Limbourg, Philipp	2008	Dependability modelling under uncertainty - An imprecise probabilistic approach	29-32
Liu, Liping; Yager, Ronald R.	2008	Classic Works of the Dempster-Shafer Theory of Belief Functions: An Introduction	1-34
Boersch, Ingo et al.	2007	Wissensverarbeitung - Eine Einführung in die Künstliche Intelligenz für Informatiker und Ingenieure	235-252
Limbourg, Philipp et al.	2007	Fault tree analysis in an early design stage using the Dempster-Shafer theory of evidence	715-718
Rakowsky, Uwe Kay	2007	Fundamentals of the Dempster-Shafer Theory and its Applications to reliability modeling	580-583
Dietmayer, Klaus	2006	Evidenztheorie - Ein Vergleich zwischen Bayes- und Dempster-Shafer-Methoden	43-47
Klir, George J.	2006	Uncertainty and information - Foundations of generalized information theory	166-169
Beck, Sebastian	2004	Ein Konzept zur automatischen Lösung von Entscheidungsproblemen bei Unsicherheit mittels der Theorie der unscharfen Mengen und der Evidenztheorie	153-156
Garzotto, Andreas	1994	Vollautomatische Erkennung von Schriftzeichen in gedrucktem Schriftgut - Erhöhung der Zuverlässigkeit durch Kombination von unsicherem Wissen aus konkurrierenden Quellen	51-57

In der Reihe **Ergebnisse aus der Produktionstechnik** zuletzt erschienen:

Ryschka, Simon:
Strategien für Technologieplattformen in diversifizierten Unternehmen
ISBN: 978-3-86359-699-6
Erscheinungsdatum: 15.03.2019

Fels, Antonia:
Development of an Algorithm for the Taktline Layout of Synchronized Job Shop Production
ISBN: 978-3-86359-698-9
Erscheinungsdatum: 11.03.2019

Marks, Alexander:
Wirtschaftliche Mitarbeiterqualifizierung durch lernorientierte Montagesystemgestaltung
ISBN: 978-3-86359-691-0
Erscheinungsdatum: 15.02.2019

Jasper, David:
Methodik zur investitionskosten-neutralen Steigerung der Energieeffizienz von Werkzeugmaschinen
ISBN: 978-3-86359-693-4
Erscheinungsdatum: 06.02.2019

Kreutzer, Ramon:
Methodik zur Bestimmung der Nutzenpotenziale von Felddaten cyber-physischer Systeme
ISBN: 978-3-86359-679-8
Erscheinungsdatum: 04.02.2019

Brack, Alexander:
Kontinuierliche Herstellung von miniaturisierten Endlosprofilen aus thermoplastischen Faserverbundkunststoffen
ISBN: 978-3-86359-679-8
Erscheinungsdatum: 18.01.2019

Walendzik, Pia:
Adaptive Gestaltung der Organisation von produzierenden Start-ups
ISBN: 978-3-86359-696-5
Erscheinungsdatum: 15.03.2019

Greschert, René:
Ausbildung tragfähigkeitssteigernder Grenzschichten in der Zahnradfertigung
ISBN: 978-3-86359-700-9
Erscheinungsdatum: 08.03.2019

Bletek, Thomas:
Oberflächenintegrität beim Ultrapräzisionsschleifen transparenter polykristalliner Keramiken
ISBN: 978-3-86359-688-0
Erscheinungsdatum: 07.02.2019

Ekanayake, Sarah:
Messtechnische Charakterisierung von CFK-Schäden mittels optischer Lock-in Thermografie
ISBN: 978-3-86359-685-9
Erscheinungsdatum: 05.02.2019

Kukulies, Jan:
Priorisierung technischer Risiken zur Planung der Eigenschaftsabsicherung auf Basis von Unsicherheit
ISBN: 978-3-86359-686-6
Erscheinungsdatum: 24.01.2019

Holsten, Maximilian:
Polarity-Dependent Removal Interferences in Sink EDM of Titanium Alloys
ISBN: 978-3-86359-684-2
Erscheinungsdatum: 31.12.2018

Augspurger, Thorsten:
Thermal Analysis of the Milling Process
ISBN: 978-3-86359-676-7
Erscheinungsdatum: 21.12.2018

Werner, Daniel:
Fertigung basaltfaserverstärkter Bauteile auf Basis duroplastischer Matrixsysteme mit aktivierbarer Adhäsion
ISBN: 978-3-86359-677-4
Erscheinungsdatum: 19.12.2018

Kantelberg, Jan:
Gestaltung agiler Entwicklungsprozesse technischer Produkte
ISBN: 978-3-86359-670-5
Erscheinungsdatum: 26.11.2018

Shirobokov, Anton:
Experimental and Numerical Investigations of Separation Mechanisms when Shearing Cured Carbon Fiber Reinforced Plastics with Thermoset Matrices
ISBN: 978-3-86359-665-1
Erscheinungsdatum: 16.11.2018

Driemeyer Wilbert, André:
Automated Zonal Finishing Process Design, Modeling and Optimization
ISBN: 978-3-86359-654-5
Erscheinungsdatum: 12.10.2018

Mattern, Christian:
Steigerung der Kollaborationsproduktivität in der interdisziplinären Produktentwicklung
ISBN: 978-3-86359-678-1
Erscheinungsdatum: 19.12.2018

Luckert, Melanie:
Potenzial der Fertigungssegmentierung zur Erhöhung der produktionslogistischen Leistungsfähigkeit
ISBN: 978-3-86359-671-2
Erscheinungsdatum: 07.12.2018

Lindner, Florian:
Pragmatic Process Chain Evaluation for Automotive Lightweight Applications
ISBN: 978-3-86359-673-6
Erscheinungsdatum: 16.11.2018

Rittstieg, Margarete:
Einflussfaktoren der Leistungsfähigkeit von Produktionsstandorten in globalen Produktionsnetzwerken
ISBN: 978-3-86359-669-9
Erscheinungsdatum: 15.11.2018

Ingeli, Jan:
Erweiterung der FE-basierten Zahnkontaktanalyse zur normkonformen Grübchentragfähigkeitsberechnung symmetrischer und asymmetrischer Verzahnungen
ISBN: 978-3-86359-647-7
Erscheinungsdatum: 11.10.2018

Edition Wissenschaft
Apprimus

FSC
www.fsc.org
MIX
Papier | Fördert gute Waldnutzung
FSC® C083411

Kolibri 360 GmbH
Ferdinand-Jühlke-Straße 7
99095 Erfurt, Deutschland
produktsicherheit@kolibri360.de